经典建筑　平立剖

［英］安德鲁·巴兰坦　著

马骏　译

北京出版集团公司
北京美术摄影出版社

经典建筑　平立剖

Key Buildings from Prehistory to the Present: Plans, Sections and Elevations

[英] 安德鲁·巴兰坦　著　马骏　译

北京出版集团公司
北京美术摄影出版社

目录

引言

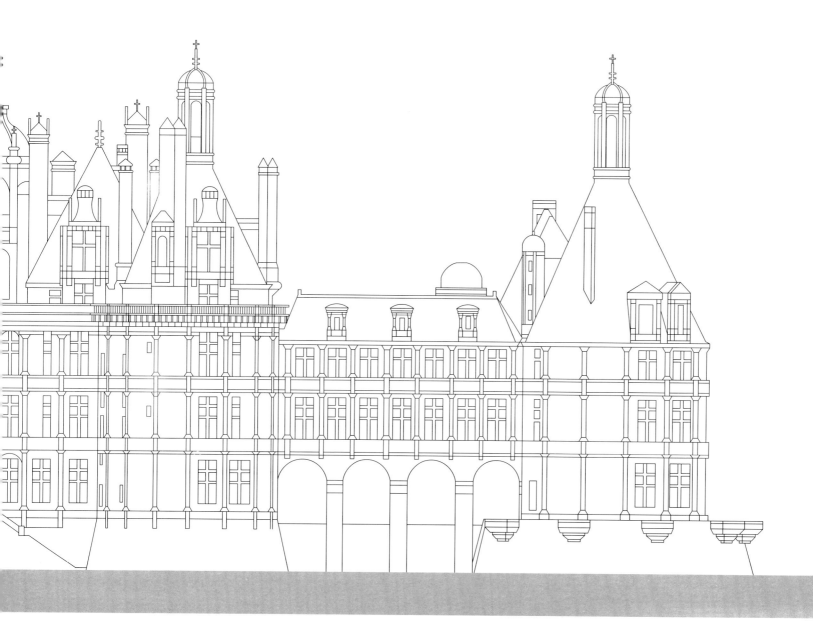

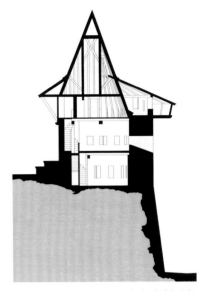

卡尔卡松城堡

建筑艺术包罗万象，本书探究了从史前到现代的一系列的经典建筑。每一章都通过世界上的若干建筑来讲述建筑艺术一个方面的内容。本书中呈现的建筑物都附有平面图、剖面图和立面图，以及摄影照片，而且将每一种类型都按时间顺序逼真地呈现出来。

很多情况下，一座建筑可以被列入不同的类型。例如，**胡夫金字塔**（见第14—15页）是一座纪念碑，**帝国大厦**（见第38—39页）则是一座办公大楼，但它们都被纳入第一章，目的是突出一些建筑所具有的文化属性。这是国际通用的方法，在单一的建筑图景上唤起人们对一个复杂多样国家的认知。如代表法国的是**埃菲尔铁塔**（见第36—37

页），代表中国的则是**苏州罗汉院双塔**。

代表性建筑的选择陷入窘境。虽然最好的建筑值得关注，但是寻常建筑更能表现出其所在社会的文化习俗、气候特征和工艺水平。令笔者感到压力最大的是第二章，其探究主体是民居。这一章包括世界不同地方的传统房屋以及一些世界知名的杰作和皇家住所。其中之一就是苏门答腊岛的**卡罗巴塔克民居**（见第58—59页），它和帕拉第奥的**卡普拉别墅**（见第70—71页）或者**新天鹅堡**（见第84—85页）截然不同，这三者唯一的相似点是都满足了相应人群的居住要求。

宗教场所是第三章中讲述的内容，修建它们需要付出特殊的努力，而且它们还通常

在所处地区居于首要的地位。就像**阿蒙－拉神庙群**（见第100—101页）一样，和国家政权息息相关，所以可以修建得非常大。例如**灵迦拉伊神庙**（见第122—123页）、**马德兰大教堂**（见第130—131页）就一直受到朝圣者的广泛支持而得以维持现状。

第四章的中心内容是历史防御工事，但是那些还在使用中的建筑不可能用平面图、剖面图和立面图来展示说明。例如，英国约克郡的曼威斯希尔信号监测站就无法呈现出来，尽管它有着怪异的美感。**雅典卫城**（见第168—169页）在17世纪还有着军事用途，直到一颗威尼斯炮弹击中了一座土耳其炸药仓库，从而炸毁了帕特农神庙。这是一个声

卡普拉别墅

名显赫的地方，却难以踏足。而19世纪，在被认定没有军事价值之后，**卡尔卡松城堡及周边**（见第184—185页）才被改造成一座极富美景的中世纪城市。

第五章的建筑是人们工作、学习或者旅途中经过的地方。通常建设这类大厦成本不高，但是即便如此，其规模和设计上的成就也足以让设计者名扬天下。泰特斯·索尔特的**索尔泰尔工业区**（见第208—209页）和**德国通用电气公司涡轮机工厂**（见第220—221页），其设计目标就是坚固实用，尽管如此，其文化影响力依然深远。

第六章涉及的是政府建筑，从宏伟的**维尔茨堡主教宫**（见第252—253页）一直到阿尔瓦·阿尔托在芬兰的**珊纳特赛罗市政厅**（见第260—261页）。而第七章则主要关注旨在提高人们生活质量的建筑。**埃皮道罗斯剧场**（见第266—267页），现在是一家避难所和疗养地，山腰的斜坡被改造成强力的几何形状，即使到现在，这里依然可以远眺周围的景观。

第八章讲述的内容是让人们想起那些伟大的人物和他们的丰功伟绩。现在，没有太多人知道波斯总督摩索拉斯的故事，但是**摩索拉斯陵墓**（见第288—289页）却是后世众多陵墓的典范。**林肯纪念堂**（见第300—301页）并不是林肯总统的埋葬地，它旨在纪念这位伟人，让人们不忘这个伟大国家的价值观。

第九章的内容是公共空间，目的是让人们了解城市运转的方式，列举的众多事实证明城市活力和生命力依赖于大街上和公共场所偶然或者临时的集会，以及在更加私密的空间召开的正式会议。

简而言之，本书呈现了众多领域的建筑成就。当然，这些统计并不齐全，但是笔者精选的所有建筑实例都非常有趣，目的是开阔您的眼界，让您留意到同样有趣而且可能就在您身边的伟大建筑。

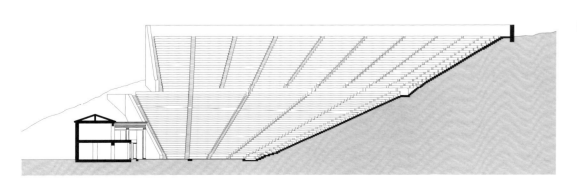

埃皮道罗斯剧场

第一章
文化标志性建筑

很多文化并没有留下纪念性的标志。蒙古文明就是伟大的动态文明之一，他们的文化始终以骑马、放牧、狩猎为中心，而非建筑。建筑史几乎忽视了这一类民族建筑，而是垂青于那些栖身于砖墙之中的静态文化，如埃及文明、罗马文明和中国文明。

乌鲁鲁是一处引人注目的地质景观，它被澳大利亚原住民选为纪念性的标志。作为一处景观性建筑，它对于发源于此的文化具有纪念性作用，因此，它也包含在本章之中。

危地马拉玛雅城人造山上的寺庙要小得多，它们的顶部平台相比乌鲁鲁山顶显得十分渺小，但登顶的人因为感受到他们身处的世界的不断变化而感动。在底部，有无尽的森林，林间小径很容易被快速长高的植物遮蔽，所以在这里很容易迷失方向。在顶部，可以越过树梢看到遥远的地平线。这就像进入了另一个有着完全不同空间概念的世界。很明显，这些建筑结构对于建造他们的文明来说十分重要——他们消耗了巨大的社会资源，而且有利于后世去定义文明。这些人是如何生活的? 我们并不了解。但我们知道，他们在那建筑里进行祭祀活动。对我们来说，这是文明的显著特点。

还有其他拔地而起的建筑有着神圣的色彩，如雅典卫城，那里建造有帕特农神庙，还有马丘比丘，在那里整个首脑机构呈现出半神状态，仿佛高高居于山峰之巅。或许这种特性保留在了现代世界的高楼之中，邀请我们走出常规街道层面的城市生活。从埃菲尔铁塔的顶部到帝国大厦，城市变成了一道景观，到达顶端的人可以看到自己所处的位置与其他制高点的联系，如蒙巴纳斯大厦和圣心教堂，克莱斯勒大厦和洛克菲勒中心，就像统治者在马丘比丘上看到的那样。就体验而言，山水是天然的或人造的，有意或无意的并没有很大区别。

洛杉矶是世界上最伟大的城市之一，它有许多精美的建筑远离公众视野，但它们也没有太多地域特色。这座城市具有宏伟景观价值的地方是规模巨大的高速公路立交桥。在现代社会，旅行是自由的表达，立交桥则是致自由的纪念碑。想象一下，未来一千年，当我们的后代学会了安于现状，那么它们就是多余的了。这些建筑物看起来将会多么超自然且具有纪念性意义。

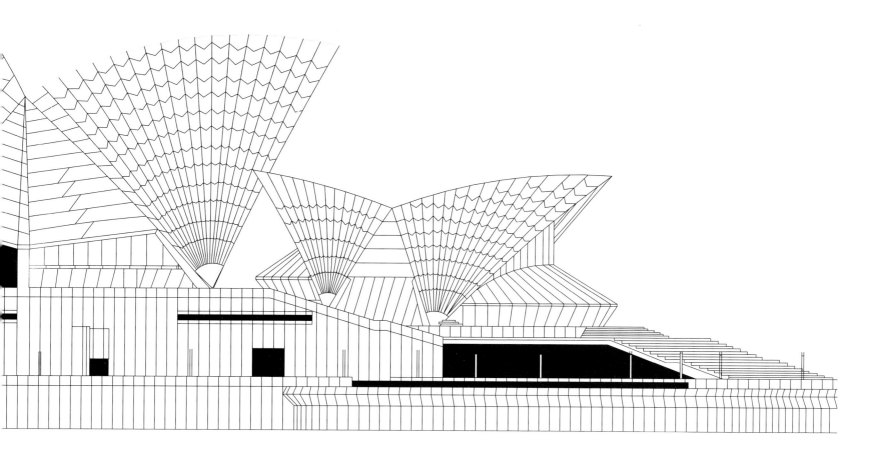

乌鲁鲁

皮詹加加拉部落

澳大利亚，北领地；黄金时代

这里展示的巨石，高345米（1130英尺）。它有两个名字——乌鲁鲁和艾尔斯巨石。这是因为该文化遗产对于拥有它的两种文化来说都具有重要意义。

现代澳大利亚大陆的管理者是欧洲人的后裔。这段历史可追溯到19世纪，正是那个时候有了"澳大利亚"这个名字，它源于拉丁词"australis"，意为"在南方"；也是在那个时候，准确地说是1873年，威廉·高斯"发现"了这块巨石，并以时任澳大利亚总理亨利·艾尔斯的名字为其命名。1987年，它被联合国教科文组织列入《世界遗产名录》。

在欧洲人的眼里，艾尔斯巨石根本不算是建筑学的研究对象，而是一处引人注目的地质构造，孤独地耸立在这片辽阔的平原，目睹了周遭岩石的蚀损与变迁。在远古时期的某个时候，它的沉积岩层曾是水平的，但随着地壳不断地隆起，现在几乎和地面垂直了。

巨石在地面之上的可见部分只是冰山一角，

它的整体穿透入地下深处。在这片景观中，巨石的卓尔不群意味着人们可以从很远的地方欣赏到它。在不同的大气环境中，尤其是旭日初升或落日西坠之时，巨石似乎也积极应和，随之不断变换着色彩，生机盎然。这是一个天然的奇观，散发出无穷的魅力，令人朝思暮想，流连忘返。

乌鲁鲁这个名字由来已久，或许已使用了有上万年的时间。土著文化的发展与大陆的移民本来不相关，但当两种文化最终得以接触交流时，土著居民解释世界的方式显然与移民截然不同。在土著文化里，并没有线性的历史记录或可供学习的书本，也没有房屋。通过根深蒂固的游牧习俗，即沿着传统的部落足迹进行迁移，可以看出他们对于祖先遗留下来的迁移地点有着深深的依恋。而很多类似的迁移路线都会交会于乌鲁鲁。

在土著传统里，对于地表特征的形成方式有着各种各样的传说。在祖先生活的时代，即黄金时代，世界毫无特色，直到后来造物主通过歌唱

等方式造出了岩石——那些能够变幻出岩石和溪流的歌曲会在传统的迁徙旅程（或被称为"歌之路"）中不断传唱，使得这种创造得以延续。

对于澳大利亚原住民来说，这并非他们的独特之处。对十场所与音乐之间共鸣的认知是很少能够被广泛接受的文化洞察力之一。在西方的传统里，俄耳甫斯的歌声和安菲翁的琴声教化、吸引试拜的石头建成了一座城池。约书亚通过弹奏音乐摧毁了耶利哥城的城墙。德国浪漫主义派声称建筑是凝固的音乐。鸟儿通过鸣叫声建立自己的领地，人类在这方面同筑巢的鸟儿惊人地相似，所以在音乐和建筑方面我们大概只不过是叫醒了"心中的鸟儿"，唤起了古老的原始本能。

乌鲁鲁周身形状各异的洞穴和裂缝被认为是各种事物的化身。仿佛是一张张嘴在无声地哀号，每喊出一个字，裂缝中就会涌出水花，身体更是无处不在。虽然时过境迁，乌鲁鲁在土著文化中始终作为一个纪念性的符号存在着。

图1：南侧立面图

图2：平面图

图3：图2中A-A区域的剖面图

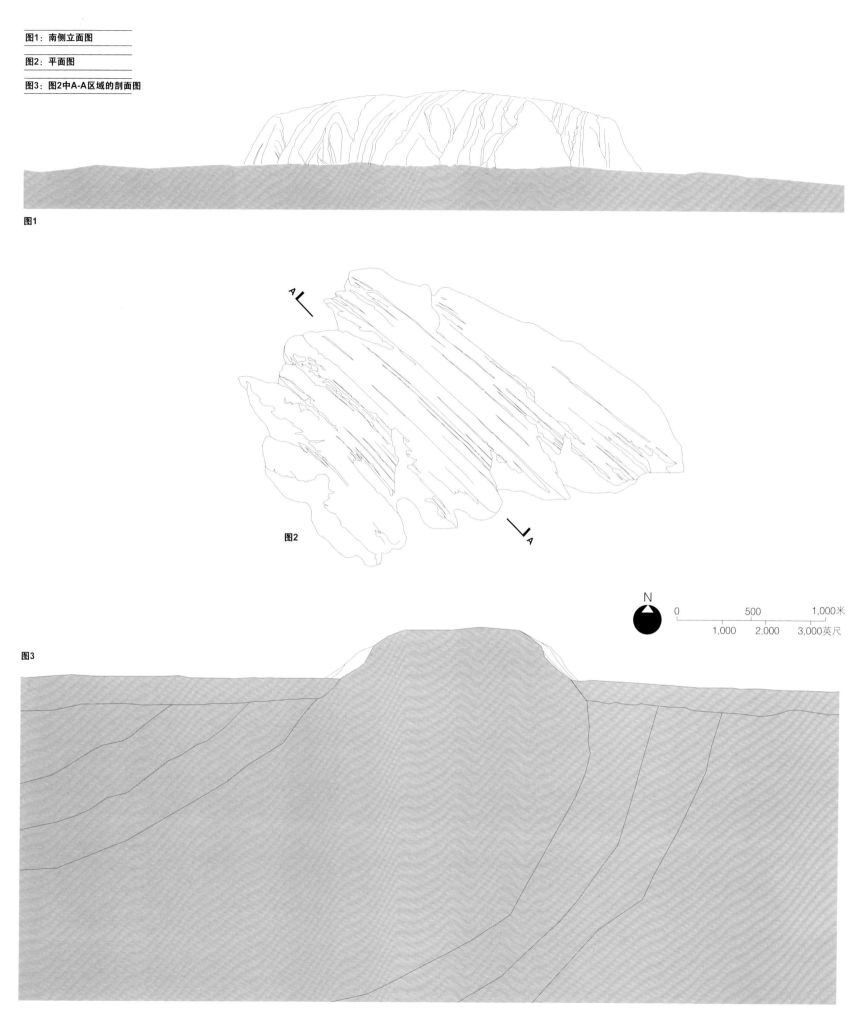

图1

图2

N

| 0 | 500 | 1,000米 |
| 1,000 | 2,000 | 3,000英尺 |

图3

胡夫金字塔

埃及，吉萨；约公元前2500年

吉萨大金字塔（即胡夫金字塔）是为了纪念一位神王而修建的，他就是法老胡夫，被希腊人称为基奥普斯。胡夫金字塔高146米（480英尺），作为世界上最高的人造建筑物长达4000年，直到规模宏大的尖顶中世纪教堂的出现才将其超越。

胡夫金字塔并不是前无古人。公元前2667年，伊姆霍特普于赛加拉组织建造了纪念法老左塞尔的金字塔，开创了埃及人通过金字塔纪念法老的先河。在这项传统持续了200年之后，胡夫金字塔才得以建立。但胡夫金字塔的规模是有史以来最大的，并且后无来者。伊姆霍特普所建的金字塔并没有如后来金字塔一般平直齐整的边缘线，而是基于已有的古老传统。传统的纪念性建筑都用泥砖砌成，高度较低，呈矩形，大小约相当于一座平房；法老的遗体埋葬在地下。这样的墓室结构就像是民居外面所搭的泥砖长凳（阿拉伯语中称作mastaba）。

左塞尔金字塔就像是用长凳层层堆叠起来的，呈层级式逐层向上缩小。这是首次没有采用泥砖，而是使用了更耐用的石头来建造这些"长凳"。这个大建筑群里其他的建筑物也都采用了石头作为建材，其中一些就好像是带有圆木撑杆和垂悬面料的帐篷，只不过是用石头建成的。

建造这些大金字塔所需的代价也非常大。在建造胡夫金字塔的时候，整个社会的结构体系都是围绕修建金字塔的需求而构建的。修建金字塔的劳动力呈现季节性特征，当尼罗河水泛滥造成土地无法耕种时，他们才会去修建金字塔。金字塔以及其他的庙宇和陵墓都建在高地上，距离冲积平原较远，不会占用耕地。古埃及社会中央集权的程度，其他很多古代社会都望尘莫及。这种情况的出现正是由于尼罗河的存在。尼罗河作为一条交通要道，同时也是通信要道，将社会的各个独立部分连接在一起。而沙漠则形成了一个天然的防御屏障。

金字塔内埋葬着法老、大量的珍宝，还有很多塑像，刻画出他在来世照看他的子民时所需要的一切物品。基本上所有的金字塔内的宝藏都在古代就遭盗取。唯一幸免于难而保留到现在才进行勘探的是一个小型的地下墓室，里面埋葬着一个相对而言似乎无关紧要的君主——图坦卡蒙。图坦卡蒙英年早逝，但其墓中陪葬的珍宝似乎在提醒着人们，他的葬礼规模一定宏大得惊人。

所有的金字塔都可追溯到古埃及王国的第三王朝和第四王朝时期，这一王国最终由于干旱而土崩瓦解。但金字塔的建造在那之前就停止了，因为人们似乎当时就已发现这根本无法持续下去。一个重要的原因就是金字塔过于招摇，公然揭示了皇家宝藏的下落。

在法老死后，要对其尸体进行防腐处理，以使其为来世做好准备。防腐处理的程序详细而复杂。所有的内脏都要被取出，并且分别经过防腐处理。这些程序都是在"河谷建筑"中完成的，通过这里的一个暗道，可以将制作好的木乃伊埋入金字塔。河谷建筑的密不透风可以保持其内部干爽，同时狭窄的小窗户可以保证足够的光照。

金字塔的边缘建有一面墙来阻止人们靠近。一座用来放置供品的寺庙依墙而建，但在金字塔被密封之后寺庙就成了一处神圣不可侵犯的区域。金字塔内部有许多通道可以通向尸体埋葬之处（一般是在地下），但胡夫金字塔内胡夫的遗体是埋在地上的——这似乎是由于建造者改变了想法，虽然金字塔内也建造了地下墓室，却没有使用。

金字塔笼罩着神秘的色彩，人们对于其功能赋予五花八门的解读，许多金字塔还涉及魔法和迷信的思想，使其更加扑朔迷离。

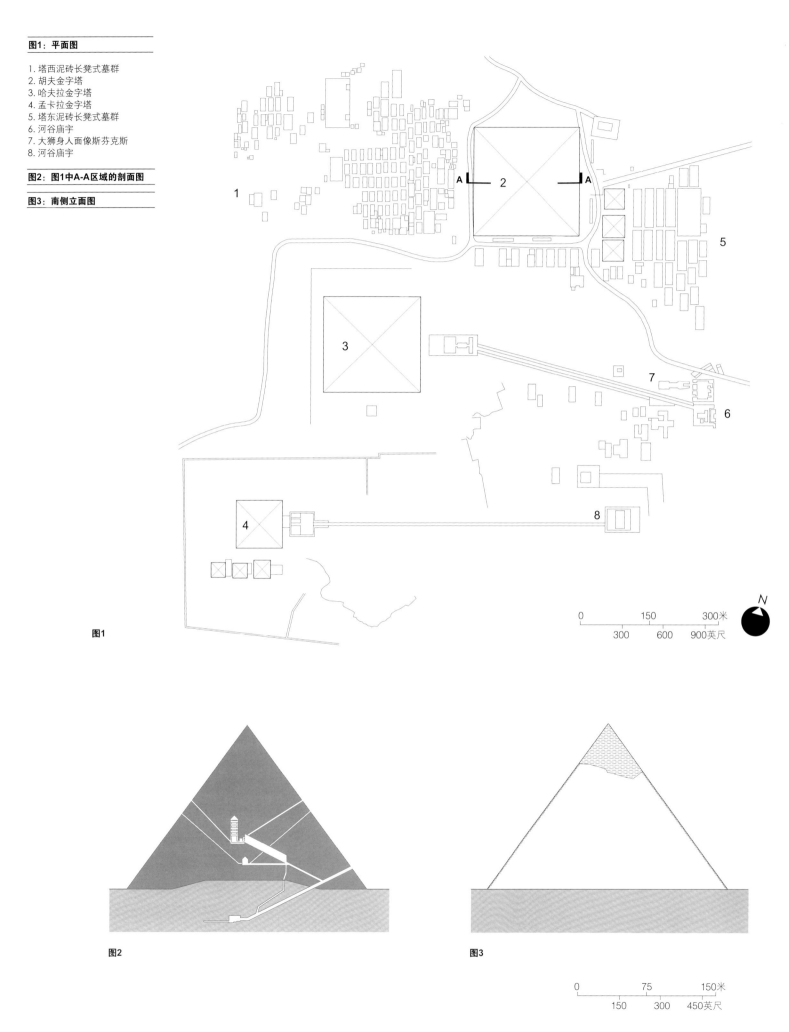

图1：平面图

1. 塔西泥砖长凳式墓群
2. 胡夫金字塔
3. 哈夫拉金字塔
4. 孟卡拉金字塔
5. 塔东泥砖长凳式墓群
6. 河谷庙宇
7. 大狮身人面像斯芬克斯
8. 河谷庙宇

图2：图1中A-A区域的剖面图

图3：南侧立面图

图1

0   150   300米
300   600   900英尺

图2

图3

0   75   150米
150   300   450英尺

帕特农神庙

伊克提诺斯

希腊，雅典；公元前447—公元前432年

帕特农神庙被尊崇为世界最杰出的艺术成就之一，是希腊的一个国际象征。它既奢华又复杂，吸收了早期建筑结构的精华，比起早先的神庙建筑，帕特农神庙更加高雅和精致。

帕特农神庙曾供奉着女神雅典娜，雅典城之名正是由她而来。神庙坐落在一处多石的高地，这里曾经是一座坚固的城池，但到公元前5世纪，已经成为一片圣域——雅典卫城。城中有几处重要的建筑，包括著名的伊瑞克提翁神殿，里面存放着宗教圣物。

帕特农这一类神庙的主要功能是安置神祇的祭拜雕像。在雕像可见的露天祭坛上祭祀，这样神就能够见证整个过程。所屠宰的动物通常是牛——会在圣殿中被煮熟并由男人分食。（女人也会参与某些仪式，但体面的女人总是与男人分开，单独用餐。）除了在这种场合，公民基本不吃肉。圣殿一般都有柱廊，里面有一排排的餐室，延伸成一个柱列。但雅典卫城之中，这些都不复存在了。

帕特农神庙将典型的希腊庙宇的特色融于一体。它四面都有台阶，形成了一个基座（即柱基），其上矗立着一根根立柱（周柱式）。这些立柱就是多立克柱，柱身有浅凹槽，柱头装饰十分简单，如圆盘状。柱头之上是多立克式庙宇典型的横饰带样式：依次排列着正方形和长方形的嵌板。长方形板上是三联浅槽饰，而正方形板上是排档间饰。排档间饰雕工精良，展现了神话传说中英勇的希腊人同异族斗争的情景。

帕特农神庙是当时最大的多立克式庙宇，每端有八根立柱而非寻常的六根。立柱由运自彭特利库斯山的光滑无瑕的大理石制造，这种石头经得住极高精度的雕刻过程。对于希腊庙宇来说，彩绘是很常见的，有时图案会非常复杂。但在这里，由于材料和工艺的质量是如此引人注目，以至于人们很难相信建筑结构曾被彩绘覆盖。只有在雕刻的单件中，还保留着底色的痕迹。

伊克提诺斯，即帕特农神庙的建筑师，同样建造了巴赛的阿波罗·伊壁鸠鲁神庙（第104—105页），他是多立克式寺庙的始祖。在这两个建筑中，他在建筑内部使用的立柱样式与建筑外部完全不同。帕特农神庙中有两座殿堂。前厅安置着著名的雅典娜像，这是由古代最著名的雕刻家之一——菲狄亚斯雕刻的，他同时还雕刻了奥林匹亚山的宙斯像。后厅用4根爱奥尼亚式立柱支撑，被当作国库使用，存放雅典城的税收和其他资产。

每个爱奥尼亚式柱头上都装点着典型的涡形装饰，其上方一条雕带在庙身周围绕行一圈，连为一体。帕特农神庙不同寻常的一点就在于它不仅仅拥有一条多立克样式的横饰带环绕在立柱上方，同时还有一条爱奥尼亚样式的浮雕带，高高地嵌在立柱后面的墙壁中。上面雕着浅浮雕，应该还有彩绘。但图案总是很隐蔽，断断续续地出现在立柱之间。

帕特农神庙一直大体保持完好，直至1687年土耳其当局将其作为火药库，遭到了威尼斯人的攻击。即使受到了严重破坏，雅典古迹的品质和规模都使得这个城市似乎比其严格意义上应得的地位更为重要。最终于1834年，雅典被选定为现代希腊的首都。

图4　　　　图5

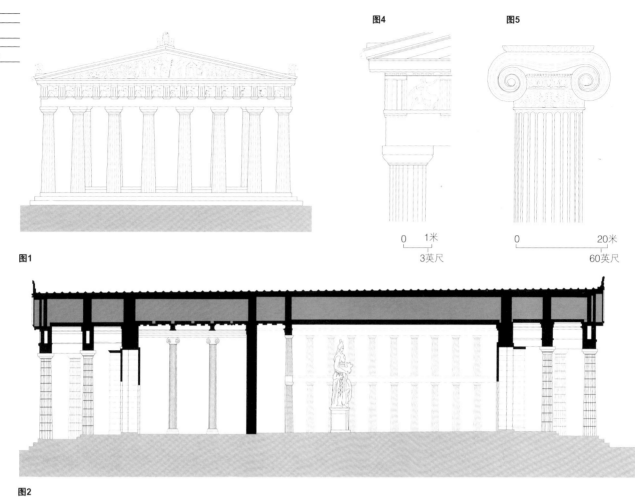

0　1米
3英尺

0　20米
60英尺

图1

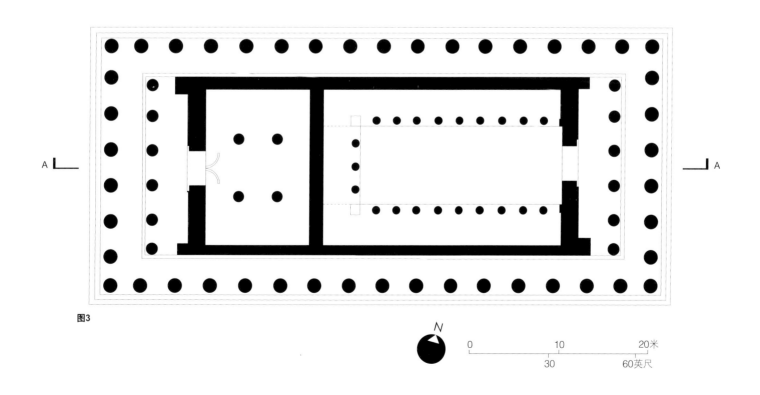

图2

A├　　　　　　　　　　　　　　　　　　　　　　　　　┤A

图3

N

0　　　　　10　　　　　20米
　　30　　　　　60英尺

罗马竞技场

意大利，罗马；70—82年

　　罗马曾是一个伟大帝国的首都。这个帝国于公元前146年吞并了希腊，对希腊的建筑风格也产生了巨大影响。它横跨了欧洲、北非和西亚——地中海沿岸的所有土地及周边的领土。竞技场建造之时，罗马是世界上面积最大、实力最强的城市，但它同时还面临着之前几乎从未碰到过的问题，其中就包括民众反抗的威胁。统治者的解决方法是提供"面包与马戏"，即食物和娱乐来转移公众对其恶劣的生活条件的不满与抗议。

　　罗马帝国内用来建造纪念性建筑的土地数量惊人，这些建筑既表达了对帝王的赞美与尊崇，又为公众的公共表演提供了场所。而大部分普通罗马市民却只能居住在宏伟纪念建筑之间的破旧简陋的房屋之中。

　　竞技场建在曾属于罗马皇帝尼禄的花园湖泊的遗址上。他是恺撒家族的最后一任皇帝，于公元前49年至公元68年统治罗马。罗马作家苏埃托尼乌斯在恺撒家族那段冷酷无情的统治历史中列出了他们中一些人的名字，其中就包括尼禄。传

闻说他腐化堕落，因为他将被大火烧毁的建筑所在地据为己有，打算在上面建造一座宫殿。因此他的直接继任者——提图斯·弗拉维乌斯·韦斯帕西亚努斯，也叫作苇斯巴芗，采取了更为顺应民意的行动，决定修建弗莱文圆形剧场，这就是后来的竞技场，因为它浩大的规模而举世闻名。

　　场内可容纳8万名观众共同观赏角斗士之间的搏斗或罪犯被野兽撕成碎片的场面。野兽们来自帝国最遥远的边界，通过活板门进入竞技场表演区，通过突然袭击吃掉对手。竞技场甚至可以将水引入表演区，表演海战的场面。

　　竞技场观赏区共有4层，观众按照等级划分，位于不同的层级。观众要对号入座，首先必须找到正确的底层拱门，然后登上呈阶梯状的座位；最贫穷的人被分配到最高层，这里距离表演区最远。圆形剧场所在地面相当平坦，所以座位排成的巨大阶梯能够以混凝土拱券支撑，而这正是罗马人所擅长的。建筑内部看上去就像一个连续不断的斜坡，而外部实际上分解为一列列4层建筑，

并相继用希腊立柱的风格——多立克式、爱奥尼亚式和科林斯式按顺序排列进行装饰，但这些构造装饰得十分简单，显示出了文化的融合和辉煌。它们算是简化版的立柱，因为柱身并没有刻上凹槽，同时，由于柱子背面与墙面融为一体，共同起支撑作用，所以它们并不是完整的柱体。墙上的拱形开口保证光照和空气能够进入，同时，减轻了大部分的砌体重量。顶层没有拱形开口，以扁平的壁柱装饰。观众席上方还曾有如桅杆一般的天篷来为观众遮阳。

　　罗马竞技场是一种起源于平民主义政治的建筑。它满足了民众的需求，保证了弗拉维王朝的建立。它是罗马现存最大的纪念性建筑。

图1：平面图

图2：立面图

图3：图1中A-A区域的剖面图

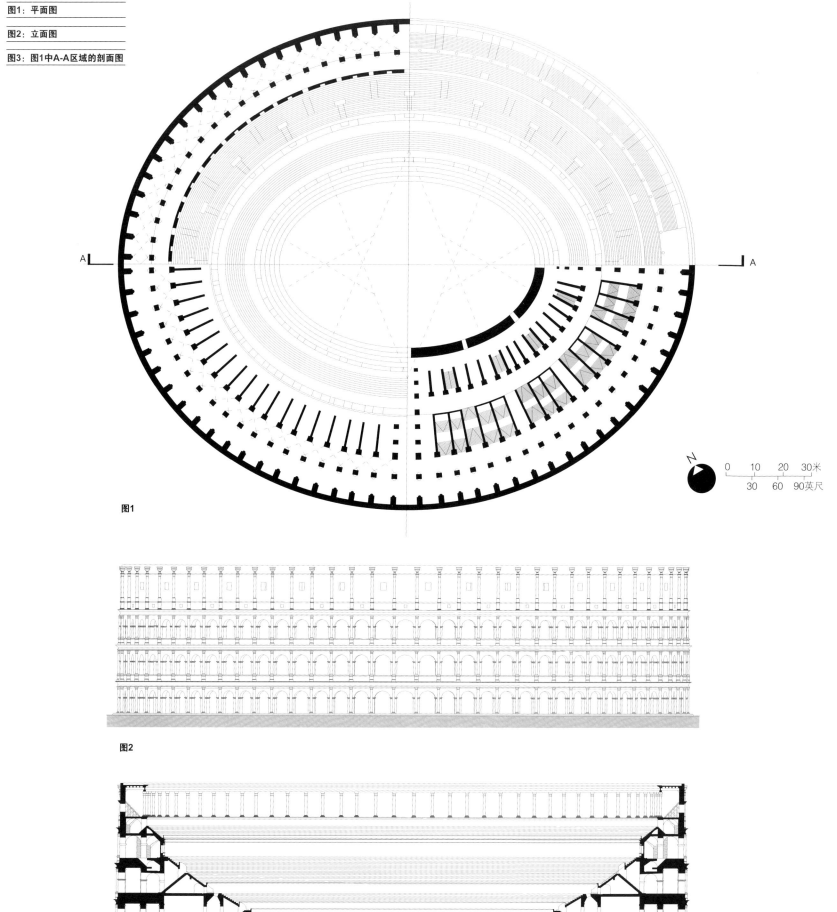

图1

图2

图3

蒂卡尔一号神庙

危地马拉；695年

蒂卡尔城是废弃古城的典型代表，即使它的真正名字知者甚少。现代人赋予其"Tik'al"（声音之地）之名，意在表明此地仍被古老的灵魂纠缠、困扰。它从10世纪开始被废弃，现在已被丛林包围。目前遗留有6座庙宇和繁茂的植被之下成千上万尚未发掘的房屋。6座神庙中最高的是四号神庙，高64米（210英尺）。

蒂卡尔城起源于玛雅文明，并曾盛极一时。它位于现墨西哥和危地马拉最南端——两片美洲大陆之间，即中美洲。蒂卡尔城建于公元前4世纪，庞大的纪念性结构显示它曾是权力的中心，但中间出现了一段衰落时期，其间它一直处在外部城邦的统治之下。在7世纪晚期，蒂卡尔城重新恢复了内部统治，修建了这些壮观的庙宇，以庆祝荣耀的回归。此时的统治者是阿赫卡王，他于公元682年建立了新秩序，同时开始在城内举行祭祀仪式。

蒂卡尔庙宇的巨大高度使参与统治的人脱离底层的普通生活而到达森林绿盖之上，

会当凌绝顶，拥有更加广阔的视野，使之感到仿佛达到了人生的顶峰。阿赫卡王就是考古学家们非常熟悉的"Ruler A"（统治者A），死后被他的继承人葬入一号神庙。

一号神庙的另一个叫法是大美洲虎神庙，因神庙门楣上雕刻的美洲虎而得名。陵墓内埋藏有大量珍宝，在其上方的建筑工程开始之前，陵墓就已被密封了。神庙的内部空间不大，是一间石室，用托臂支撑起石制穹顶，进而支撑起顶部厚重的石制建筑。

祭祀的工作正是在此完成。祭司先在被献祭人的身上划开一个口子，将仍在跳动的心脏撕扯出来，然后站到门前，将祭品高举着走出门，向太阳献祭，并展示给集合在底层的民众。

大量的建筑工作都致力于加固底层结构，使其能够支撑起高处的石室，居高临下，威风凛凛。金字塔似的形状并非暗指与埃及有所关联，而只是一种使高结构尽可能稳定的方式。神庙上刻有9条条形纹饰，代表地下世界的9层，到达顶

部石室的台阶的设计丝毫不考虑攀爬人的感受，台阶踏步高度很大，并且十分陡峭。

一号神庙面对着另一座结构相似的神庙——二号神庙，即面具之庙。二号神庙建造时间稍晚，位于大广场的另一侧。人们在这里会通过玩橡皮球的游戏来选出被献祭的人。赌注虽然很高，但"赌赢"未必总是游戏者的目的。

经典建筑 平立剖

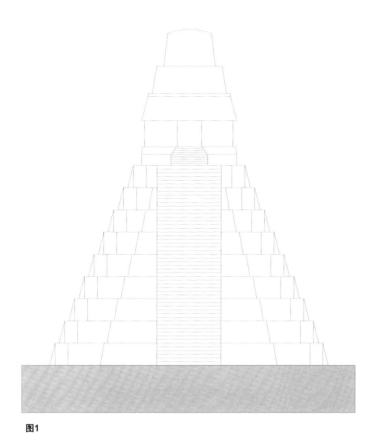

图1

图2

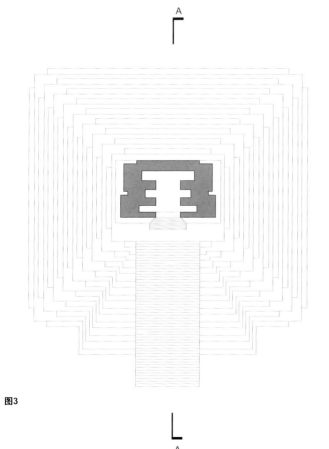

图3

图1：立面图

图2：图3中A-A区域的剖面图

图3：平面图

桑奇大塔

印度，博帕尔；公元前300年

佛塔是为纪念重大事件发生，并作为圣物保存之地而建造的土丘状建筑物。创建佛塔背后的动机同很多人工建筑物的目的相同，如《希伯来圣经》中提到的使用天然石材建造的石堆纪念碑，或史前古冢，或埃及金字塔。佛塔同佛教密切相关。桑奇大塔位于距博帕尔46千米（29英里）的一个小村庄，是最古老、最大而且最有权威性的庙宇之一。这处遗址，还包括其他的佛塔，以及残存的宫殿，是最古老的佛教圣地。13世纪遭到废弃，但19世纪又被重新发现并得以发掘。

桑奇大塔建于阿育王时期（公元前304—公元前262年）。阿育王得到著名的佛舍利之后，在那里修建了一座庙宇来存放它。这个土丘形状的建筑物包括一个砂岩砖块建造的巨大圆顶（anda），上面支撑着一个具有象征意义的方形废弃宫殿（harmika），现在已再次成为主要的朝圣地。装饰品包括东、西、南、北四方装饰华丽的塔门牌坊以及雕工精美的方柱，其中一方

的方柱上装有4只一组的狮子柱头。1947年印度独立，狮子成为国家的象征。阿育王时期之后，在公元前2世纪，这处圣地遭到破坏，但后来又得以重修、扩建。

这个大"土丘"形状相当简单，并以其规模和简朴令人印象深刻。宫殿上方的石制顶饰为伞盖的样式，标志着建筑物地位的崇高。在后期的佛塔范式中，有时还会采取由上到下逐渐缩小的伞盖样式，最终看似一个锥体。在这里，虽然作为主体部分的圆顶已令人叹为观止，将上方的宫殿举到了显著的位置，但真正在艺术水平上卓越超群的焦点在于那些塔门牌坊（陀兰那）。它们可以追溯到1世纪，描述了佛陀的生活场景：植物、动物、人类以及各种复杂的故事。

石制的塔门牌坊模仿木材的外形，使得这种木材外形得以永存——这种转化在纪念性建筑中尤为常见，世俗之物被石化，或变成栩栩如生的雕像得以保存。

举行祷告仪式时会沿着游行路线环绕佛塔底

部，最后停在塔门牌坊处。现在这里已安置了佛陀的雕像，这是于5世纪放在"土丘"旁边的。建筑物内部是无法进入的，但建筑物本身和周围的空间融为一体，并且极具象征意义：蛋形的圆顶代表宇宙，方形的建筑代表地球，而顶部的伞盖则代表了它与周围世界之间的联系。

佛塔选址在此处是因为这里远离城市的喧嚣，但从维迪沙的一条主路又很容易到达——那里的许多居民有宗教倾向。僧侣们都身无分文，意味着他们只能靠化缘为生。这种情况是可能发生的，因为交通不便并没有使这片本该与世隔绝的土地沉寂。

图1：立面图

图2：平面图

图3：图2中A-A区域的剖面图

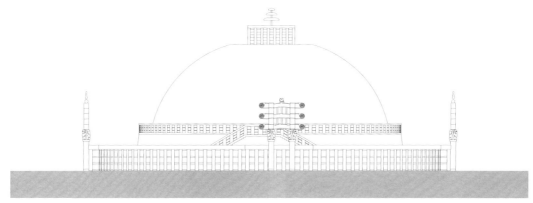

图1

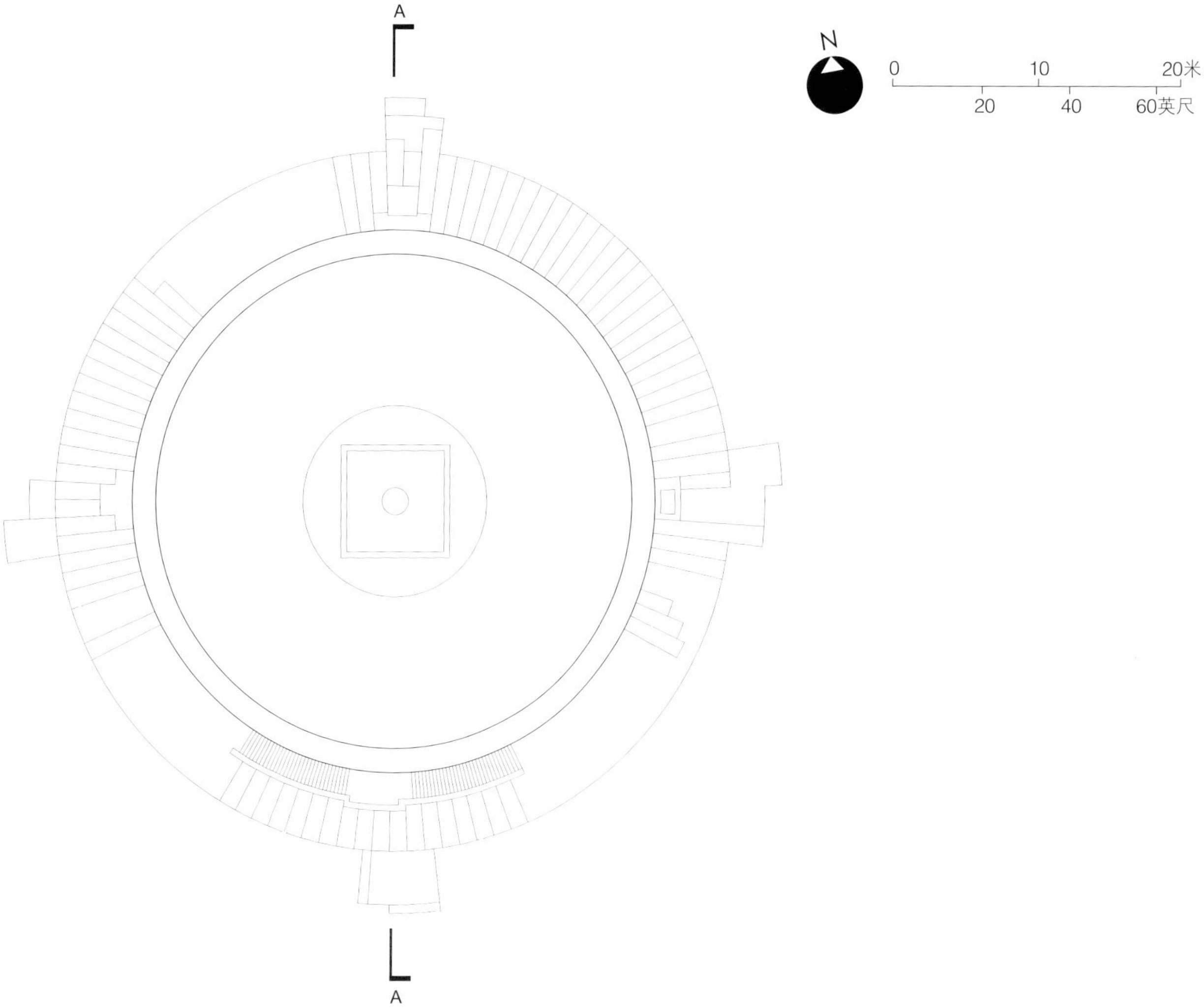

A

N

0   10   20米

20   40   60英尺

图2

A

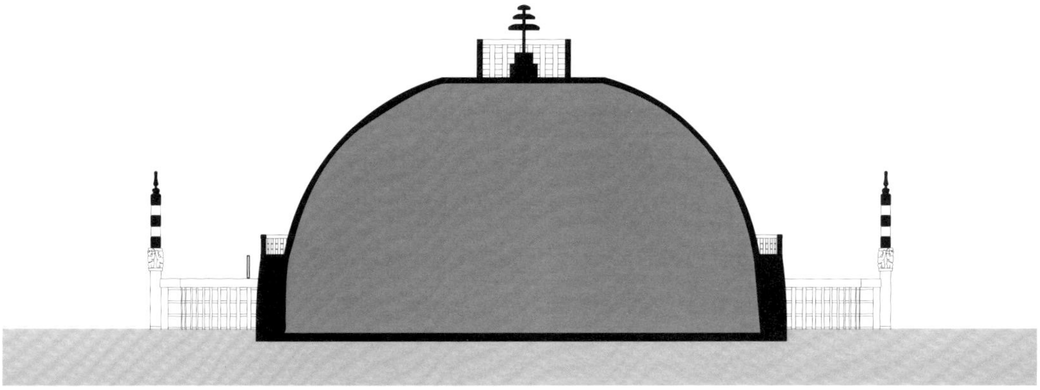

图3

圣索菲亚大教堂

伊西多尔（442—539年）和安提莫斯（469—539年）

土耳其，伊斯坦布尔；532—558年

位于君士坦丁堡的要塞之处的圣索菲亚大教堂建于6世纪上半叶，是当时世界上最伟大的基督教教堂。它也是罗马查士丁尼大帝皇家宫殿的一部分。其名称变更多次。这座城市被称为伊斯坦布尔，查士丁尼及其继任者统治的帝国被称为拜占庭。现在，这座教堂是一个博物馆，在1453年被土耳其人占领之后，这个教堂变成了清真寺。

希腊人将这座城市命名为君士坦丁堡，这源于罗马君士坦丁大帝。在4世纪罗马局面混乱不堪时，君士坦丁大帝建立了政权。新首都建立在一个名为拜占庭的旧港口。它处于欧亚重要的十字路口处，大洋航线不但连接着东西方陆路交通，而且贯通南北，将黑海与东地中海连接起来。君士坦丁大帝在那儿兴建了一座教堂，供奉Hagia Sophia（希腊词，意为"智慧女神"），但是，查士丁尼大帝以更恢宏的建筑将其取而代之。

从外面看，其穹顶和半穹顶都清晰可见，中心制高点高耸入云，但是最让游客惊叹的还是其内部构造。这个高大的拱形空间仍然装有青铜大门、精雕细刻的大理石柱，处处雕梁画栋，但是其丰富多彩的室内装饰以及墙上和拱顶的图像已有所缺失。在金光闪闪的背景上镶嵌着《圣经》人物、圣徒和帝王们的拼图。

楼上有画廊，大部分光照都是透过楼上的窗户照进来的。这些窗户在楼下是看不见的，当光线照射到金色拼图上，就会产生新的光线，并神奇地把光线留在室内。在中心穹顶的底部有很多窗户，展示了支撑穹顶的放射状肋条结构，也为穹顶带来了华丽如天堂般的艺术效果。

建造圣索菲亚大教堂绝非易事。其建成是工程设计的成功。此设计基于力学平衡的专业知识，这是几代人在罗马和周边帝国的建筑中总结出来的。建筑的主要材料是混凝土，却在纷繁复杂的外部结构上消失不见。四面巨大的砖石墙体支撑着中心穹顶，其排列方式将其隐藏于内部几何结构之中。在原穹顶塌陷之后，一个轻巧、坡度更大的新穹顶取而代之，增加了结构的稳定性。

圣索菲亚大教堂一直是举世无双的，直到几百年后中世纪教堂的拱形结构再度流行起来。圣索菲亚大教堂对传统清真寺的设计有着特殊的影响，尤其是对土耳其，1550年之后——在原教堂建成后1000年——建筑师锡南最终模仿并超越了这一经典之作。

图1：立面图

图2：图3中A-A区域的剖面图

图3：平面图

1. 前院
2. 望道廊
3. 中殿
4. 半圆形后殿
5. 南侧画廊（上方）
6. 洗礼堂

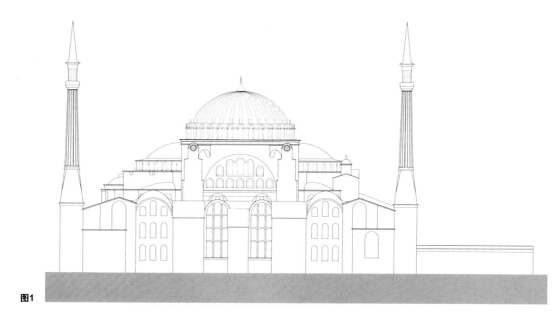

图1

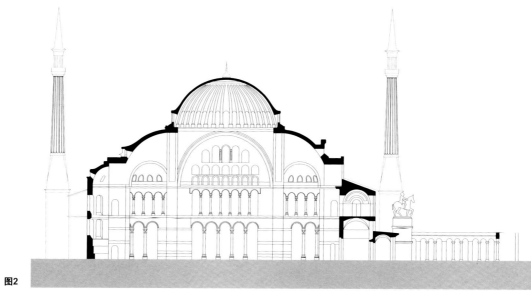

图2

图3

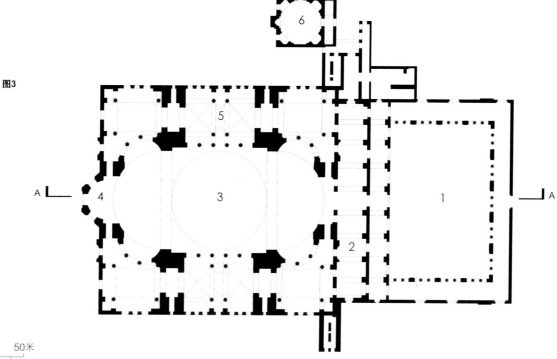

第一章　文化标志性建筑

伊势神宫

日本，本州岛三重县；始建于8世纪，目前仍在重建中

伊势神宫是日本人心中最神圣的神社，供奉着神道的太阳女神——日本天皇的祖先天照大神。历任的最高祭司均为皇室成员，普通大众无权进入神社内部。

伊势神宫建在一片柏树群的深处。穿越柏树群就可以见到淙淙流淌的小溪，在这片美景中冥思变成了前来参拜的人们必做的事情之一。这片神圣的土地上有超过百所的小神社，其中最重要的便是在日本柏环绕下的伊势神宫。伊势神宫的屋顶铺有茅草，每隔20年就要依照原型进行一次重修。

这座神社的重建需要两块用地，一地封闭重建，另一地作为正常的神社开放。如今，这座神社的另一块用地正在依照已设定好的程序进行重修。

重修时，要拆除原有的建筑，铺上白色的卵石。工人们会在建造地的中央竖起一根柱子，在柱子旁搭建起一座小屋，这便是重修开始前他们的临时居所。在8世纪，重修神社是一件十分正式的工程，但很久之前就已经没有那么正式了。据说在古代，像这样在一块卵石地的中央竖起一根柱子，是为了召唤更多神社的神灵。按照规定，其他建筑禁止仿造伊势神宫的造型。

根据神道的教义，除了每隔20年需要重修一次之外，伊势神宫在建成后的几个世纪以来都未曾停止开放。就像是森林因植被的新陈代谢不断更新，这座建筑也在时间的洗礼下不断重修。因此，虽然历代天皇不同，但皇权可以得到延续。

这种重建的方式叫作"式年造替"，即在建筑达到设计所规定的最长年限时，即使完好无损，也要把原先的建筑体彻底拆除。所以，伊势神宫和本书中提到的其他建筑物有很大不同，因为它的建筑材料可以是从它原先的建筑上拆下来的。其实，这种说法并不完全符合事实。尽管地震会让石头建筑倒塌，但是腐蚀和污染也会破坏石头建筑的结构和装饰物，因此需要进行加固、修复和重置。十分坚固的建筑，即使无人打理，也有可能历经几个世纪还屹立不倒。但是大多数存留下来的古建筑都得益于不断地维护。伊势神宫是古建筑维护中的一个特例，因为它是在原址的附近进行100%的重建。这座建筑物的持久性不在于它的材料，而在于它的设计。毫无疑问，尽管墙壁斑驳，木梁残旧，这座建筑仍能实现文化上的传承，历久弥新。

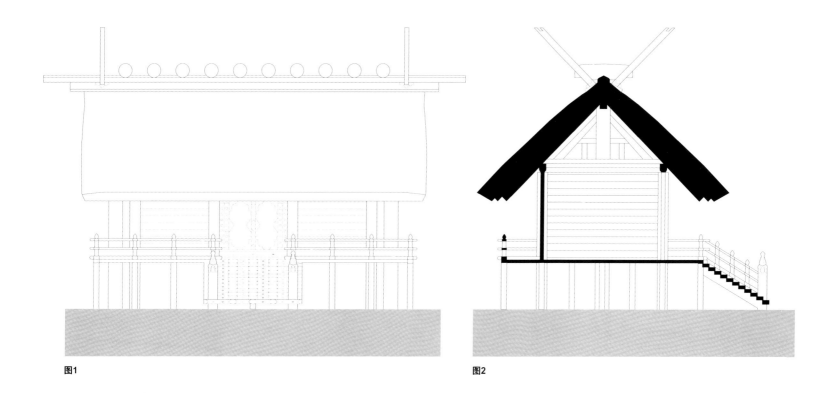

图1

图2

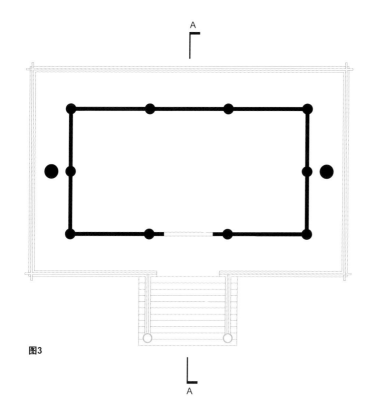

图3

图1：立面图

图2：图3中A-A区域的剖面图

图3：平面图

大津巴布韦古城

津巴布韦；11—15世纪

非洲大津巴布韦在绍纳民族的统治之下，曾一度是非洲撒哈拉以南非洲最大、最繁华的城市。大津巴布韦古城宏伟壮观，现代津巴布韦的国名就由此得来，同时，在遗址中发现的一块雕刻成鸟的石头也出现在了国旗之上。

"津巴布韦"的意思是"石屋"，这一名字显然来源于当地人的住所，那里的石屋足以为1万人遮风挡雨。这些都使得这一城市在"前现代世界"中扮演着重要的角色。它也曾辉煌一时，但最后资源枯竭到无力养活当地的居民。所以，它的覆灭并非是被占领，而是由于当地人弃城而走，只留下孤零零的石头建筑群，默默地见证着这段历史。

在非洲没有任何建筑能与大津巴布韦古城相媲美，因此引起了人们的诸多猜想，认为它其实是个舶来品。而流传最为久远的说法是它是《圣经》中希巴皇后的城池，这当然是无稽之谈。起初，有许多石头建造的居住区，都使用此地独特的建造技术，似乎就是用石材复制了早先居民用

土墙围合成的空间。在大津巴布韦古城上的一些发现表明，此地区自5世纪开始有人居住，然而，这些石屋似乎是在这之后建造的。大津巴布韦古城质量极好，超出当时的建筑水平。尽管不是完全不同，但是它比其他的石头居住地更宏伟，这很可能是与其他居民点多年竞争的结果，一方面要防御外地人入侵，另一方面要使其成为宏伟的建筑。

卫城是整个"石头城"中最令人惊叹的建筑，它由一个椭圆形的空间和外围环绕的一圈城墙组成。城墙底部厚5.5米（18英尺），高7米（23英尺），由花岗岩砌成，不施灰浆，却坚固异常。这些坚固的高墙将卫城很好地保护起来，在这里举行的活动都是比较重要的。墙的顶部刻有两条"V"字形的饰带，这清晰地表明此建筑不仅是以实用为目的建造的，亦是体现端庄感的建筑。卫城内有两座塔，较大的一个高10米（33英尺），但建造这两座塔的目的至今我们仍不得而知。

城墙之内的一些屋子里很可能住着一些地位较高的人。皇室成员、市政府及地区政府被认为驻于另一座卫城——建筑在更高地势上的石墙围起来的地方。它在当时成为最高点，可追溯到其达到鼎盛的14世纪。这两座城的功能很可能是相同的，只不过是在历史的不同时期充当统治阶级的大本营。

卫城的城墙建造一定需要大量的专业知识和时间，所以它不是投入巨大的人力，在相对较短的时间内建成的，就是投入较少的人力，用了数年时间建成的。无论是哪种，普通的贫民百姓是不可能建造出来这样宏伟的建筑的。这座城市的周围存在大量黄金，所以也许这一地区当时等级分化更为严重，有权势的精英可以决定将一些资源调动到建筑建设中。然而这一伟大建筑在显示专业的建筑技能的同时，也暴露了当时的社会不平等现象，而这是当时一些国家不愿付出的代价。

经典建筑 平立剖

图1

图2

图3

图1：总平面图

1. 卫城主体
2. 毛赫遗迹
3. 一号遗迹
4. 里奇遗迹
5. 波赛尔特遗迹
6. 菲利普斯遗迹

图2：卫城北侧立面图

图3：图1中A-A区域的剖面图

N

0 15 25米
25 50 75英尺

罗汉院双塔

王文罕和王文华

中国，江苏省苏州市；982年

宝塔是中华文明在世界上的最高象征，尽管它们由佛教徒所建。由印度佛教窣堵坡（Stupa）发展而来的宝塔，有的充当重要的地理标志，有的用来储藏佛陀圣人的遗物。宝塔的建筑形式由伞状的窣堵坡演化而来，为一连串随着高度上升而变得越来越小的屋檐。

与窣堵坡的不同之处在于宝塔的内部空间可以使用，但是这些小房间垂直向上的排列方式不太方便，很多时候只能通过梯子才能爬上去。这些房间可以储存书籍，也可以用来冥思，但是宝塔外形的设计并没有把功能考虑在内。

宝塔的主要意义在于标志尊贵地位。宝塔通常会和寺庙结合起来，有时候会被归为一类。宝塔和尖塔教堂的功能相似，所以他们都不是自发建造的。由于历史原因，许多寺庙都被摧毁了，但是具有相似意义的宝塔区却幸免于难，所以直到现在我们仍然能看到许多独立的宝塔，顺便提醒大家这个地方曾经是有宗教意义的。

中国南方的苏州以自然美景和精美的园林著称。网师园、拙政园、狮子林等150多个园林分布范围集中，供大家娱乐、冥思，而且还能唤起人们的回忆。苏州自古以来就被誉为人间天堂，历代都视其为静修之所，其历史建筑被认为具有很高的文化价值。

许多宝塔至今依然屹立在苏州，尽管在现代高耸的建筑丛林中它们显得不那么突出，但依然高耸挺拔。北寺塔的高度虽然有所下降，但是仍然是其中最高的，塔高达75米（236英尺）。

3世纪，此处就建有一座宝塔，但是现存的这座宝塔却是12世纪设计的，当时修建了11层，明朝时期遭遇火灾，又在16世纪重新修建，高9层。北寺塔是八角砖塔，构造结实。还有一些石造的宝塔比它更结实，是实心的。其他的宝塔还有木质的，更有一些是钢铁铸造的。

图片展示的宝塔是苏州的一对宝塔，高度大约为30米（98英尺），几乎是由砖石砌造，但是塔尖部分是钢铁铸造。在现存的古代宝塔中，大家普遍认为它们是由王文罕、王文华两兄弟设计的，大概因为这两座塔的建筑形式太相似了吧。

双子塔中的两个宝塔的地基都是八角结构的厚石墙，第一层的内部空间很小，有4扇门通往内部。要登上上面的楼层，需攀登可移动陡梯到达屋顶的活门。除了第一层是八角结构外，其他塔层都是四角结构，但是每一层都与它下面一层呈45度角，并且体积也随高度上升而减小。有回栏的走廊环绕宝塔一周，屋顶恰好能遮住走廊。这些屋顶和每个角的尖儿都连在一起，轮廓看起来充满生机。一个墙面设有百叶窗，下一个就有一扇门，窗户和门相互间隔。巧妙的设计使得宝塔看起来既轻巧又脆弱，但事实上，它的长寿已经证实了它的坚实性。

图1

图2

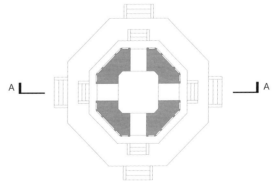

图3

图1：立面图

图2：图3中A-A区域的剖面图

图3：平面图

第一章　文化标志性建筑

圣彼得大教堂

多纳托·布拉曼特（1444—1514年），米开朗琪罗·博纳罗蒂（1475—1564年），卡罗·马德尔诺（1556—1629年）及其他人

意大利，罗马；1506—1626年

罗马皇帝君士坦丁在此处修建了最早的教堂，这是耶稣基督的门徒彼得在罗马的埋葬地点。然而，康斯坦丁和他的继任者将帝国的管理从罗马移到了君士坦丁堡和拉文纳，那里的教堂数量迅速增多，而罗马仍然停滞不前。

11世纪，东部和西部教会之间的隔阂最终导致了分裂，西部教会的领袖后来迁居到阿维尼翁。14世纪末，当他们回到罗马时，庄严的教堂仍然屹立，直到圣索菲亚大教堂（第24—25页）的巨大拱顶变成了一座清真寺后，才决定把这座教堂重修成基督教世界最大的教堂。

最初的设计师是布拉曼特，他为罗马帝国的废墟着迷，并试图创造一个能与万神殿（第108—109页）匹敌的建筑。万神殿是当时作为教堂使用的具有巨大穹顶的教堂。

1506年开始以布拉曼特的宏伟构想为基础修建高度集中的穹顶建筑，后来的建筑师不断地完善这个设计。布拉曼特死后，拉斐尔·圣齐奥（1484—1520年）接替了他的工作，并一直工作

到去世。之后，安东尼奥·圣加罗（1484—1546年）与巴达萨尔·佩鲁齐接手该工作。

1539年，圣加罗提出了比原计划更宏大且更复杂的方案，但即使这样也比1546年米开朗琪罗的影响力小。米开朗琪罗的穹顶设计颠覆了圣加罗的概念并最终得以实现。他还利用巨大的檐口把建筑的各部分有机地结合到一起。他的继任者也保留了这个想法。

穹顶位于圣彼得墓的正上方，穹顶下方的鼓座和原本遍布康斯坦丁教堂的装饰柱融为一体，欢乐直冲天际。在圆顶下方，墓之上是一个非常华丽的圣体伞（Baldacchino）——4个巨大的青铜柱子支撑的天篷，由乔瓦尼·贝尼尼（1598—1680年）设计，它呼应了古老的教堂中蜿蜒的立柱，同时，也是为了呼应耶路撒冷的所罗门圣殿。

在前任的基础之上，卡罗·马德尔诺设计了主入口，俯瞰贝尼尼的宏伟广场，广场上有两个弯曲的柱廊。群众可以经常在这里集会，

特别是在复活节时，可以从门廊中间的窗口听到教宗的讲话。圣彼得在梵蒂冈城旁边，那里由罗马天主教教会管理，且收藏有让人叹为观止的艺术珍品和历史珍藏。

广场建成之时，罗马还保留了中世纪的特色。从狭窄的不规则的街道到这个巨大的开放空间，呈现出惊人的理性秩序。20世纪，墨索里尼开发了广场西侧，允许人们沿着广阔的大道游行。

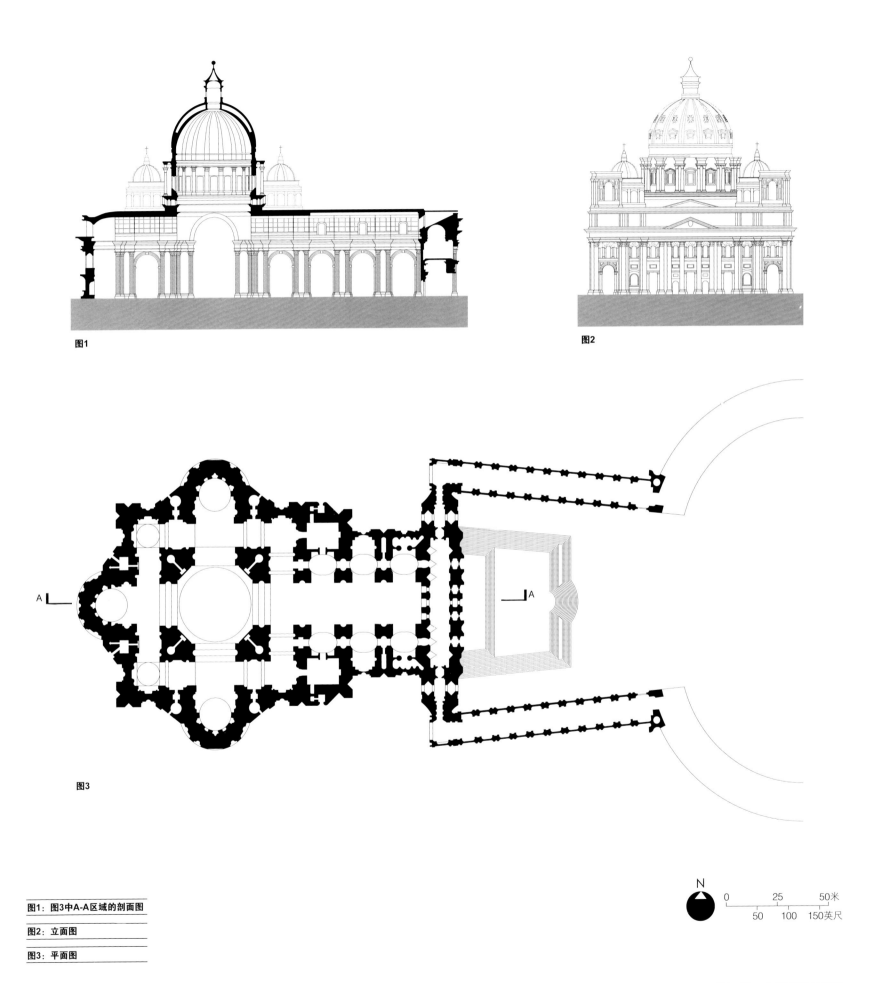

图1

图2

A

A

图3

图1：图3中A-A区域的剖面图

图2：立面图

图3：平面图

N

0   25   50米
50   100   150英尺

第一章 文化标志性建筑

泰姬陵

印度，北方邦，阿格拉；1632—1653年

泰姬陵是世界上最著名的建筑之一。因为它很美，更因为它是一位悲伤的丈夫为了纪念逝去的爱妻而建的，这座宏伟壮丽的建筑本身就是浪漫与爱情的象征。就好像金字塔象征着埃及，国际上也把泰姬陵当作印度的象征。

下令修建泰姬陵的是印度莫卧儿帝国时期的皇帝沙·贾汗，那时的帝国横跨波斯与南亚次大陆。玛哈尔是他妻子的名字，"泰姬"是尊号，有时译为"宫廷的皇冠"。他们结婚18年，玛哈尔在生下第14个孩子后香消玉殒。泰姬陵洁白无瑕——全部由白色大理石建成。白天反射阳光，晚上反射月光，这让泰姬陵有时显得虚无缥缈，反而增添了它的魅力。尽管不能确定建筑师是谁，人们普遍认为乌斯塔德·伊萨、乌斯塔德·艾哈迈德·拉赫里曾参与其中。

赫尔曼·梅尔维尔所著的《白鲸》中有一章叫作"鲸鱼白"，白色增添了鲸的神秘感，让水手们对它更加着迷。白鲸就好像一块空白的帆布，读者可以将自己的感情投射上去并得到反馈。泰姬陵也是一样，那段超越生死的爱情激起了参观者心中强烈的情感——这种情感由泰姬陵反射回来，让参观者感觉脱离了尘世，变得更加高贵。

泰姬陵的表面装饰复杂而精细，有刻字、抽象图形和植物图案，而且刻意避免了人形图案。建筑设计呈现出强烈的几何概念和高度对称。一条细长的甬道直达寝宫，寝宫里面几间宫室环绕着中央墓室，玛哈尔和沙·贾汗的石棺就放在那里，石棺周围环绕着精雕细琢、镂空的大理石屏风，上面用五颜六色的宝石镶嵌出花朵的图案。稍远处墙上的大理石屏风透入柔和的光线。

泰姬陵运用了伊斯兰传统的穹顶式结构，其装饰也使用了一系列复杂精细的工艺。在这样一个建筑群中，每一部分都得仔细斟酌以求达到最佳的审美效果——红砂石筑成的清真寺屹立在两侧，花园环绕水池对称分布，这都凸显出陵墓的主体地位。

修建泰姬陵耗费巨资，据说动用了2万名工匠，耗时22年。虽然难以证实，但毫无疑问，倾注到泰姬陵中的心血与价值绝对是难以衡量的。另外，泰姬陵蕴含的美感、成就感是难以用语言形容的。

图1：立面图

图2：图3中A-A区域的剖面图

图3：平面图

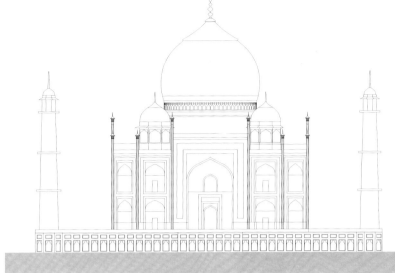

图1

图2

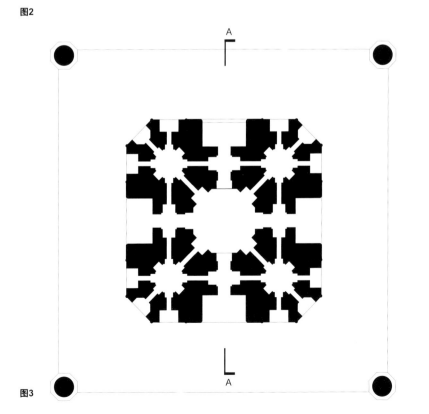

A

A

图3

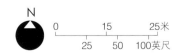

N

| 0 | | 15 | | 25米 |
| 25 | | 50 | | 100英尺 |

埃菲尔铁塔

古斯塔夫·埃菲尔（1832—1923年）

法国，巴黎；1889年

　　埃菲尔铁塔是为1889年巴黎世界博览会而修建的，是当时世界上最高的建筑。虽然设计之初只是临时建筑，但却保留至今。

　　古斯塔夫·埃菲尔是铁塔的设计者，也是一位经验丰富的桥梁工程师。铁塔的外形设计有三重考虑：刚度，临风稳定性以及塔身质量的最小化。

　　建筑普遍循例守旧。但埃菲尔铁塔运用了新材料——钢铁。这是没有先例可循的，底部的拱形结构虽然有先例参考，但从工程学角度来看意义不大，不过在仰视的时候，让铁塔多了一些纪念碑的意味。

　　塔类建筑可是最传统的类型，它可以追溯到《圣经》里的巴别塔——它反映了人类通过建塔接近星空追逐荣耀的本能。

　　埃菲尔铁塔的选址非常特别，正处在一条穿过塞纳河的、位于军事学院和夏约宫之间的中轴线上，从塔顶俯瞰，景色壮丽。巴黎市中心地势平坦，只有北区蒙马特和东边的柏特休蒙公园有几座小山，这使得埃菲尔铁塔非常容易辨认。

　　铁塔的存在就是要以其高度震惊世人，并且赋予人们一个崭新的视角重新审视那些熟悉的地方，因此每年都会有数百万游客慕名而来。同时，铁塔也用来传送无线电信号。也正因如此，在1909年，铁塔免遭被拆除的命运。

　　很快，埃菲尔铁塔就成了法国的象征，很少有人会问，事情是怎么变成这样的？因为其他国家往往会将他们最古老、最重要的建筑作为国家象征。这是由于埃菲尔铁塔可以加强法国现代主义中心的地位，而且现代主义也确实发源于法国。

　　哲学家、批评家瓦尔特·本雅明称巴黎为19世纪的中心。毫无疑问，埃菲尔铁塔作为现代主义建筑，投射出了一种新的可能性，之前没有任何类似的建筑。而且它也不是建好后会一直存在，起初预计只有20年的寿命——如果没有妥善维护，铁塔早就生锈坍塌了。埃菲尔铁塔不是陵墓，也不是为了纪念帝国的荣耀而建造的。它只是人们激情下创造出的产物，想要看看钢铁究竟能成什么气候；它只是一座建筑，用它内在的激情鼓舞着世界前行。

图1：立面图

图2：平面图

塞纳河

图2

图1

0　10　20　30米
30　60　90英尺

0　100　200　300米
300　600　900英尺

第一章　文化标志性建筑

帝国大厦

威廉·F. 拉姆（1883—1952年）

美国，纽约州纽约市；1931年

1930年，位于纽约的克莱斯勒大厦取代法国的埃菲尔铁塔成为世界上最高的建筑物。但是1931年，与克莱斯勒大厦几乎是同一时期建造的帝国大厦获得这一殊荣，两座建筑之间仅有几个街区的距离。直到1972年，帝国大厦一直是世界上最高的建筑物，正是在这一年世贸中心的双子塔建成。自此，"最高建筑"的殊荣就一直被不同的建筑取代。

但是不管怎样，帝国大厦都是纽约甚至整个美国的标志性建筑。早期，它出现在电影《金刚》（1933年）的最后一幕中，使得帝国大厦开始在大众眼中小有名气。由于地处曼哈顿岛的突出位置，帝国大厦一直备受瞩目，而且它的名字本身就是纽约州的化身。

这里的"帝国"一词象征着"至高无上"和"财富"，而不是对其他国家的统治和征服。帝国大厦位于美国金融中心的核心位置，象征着商业和贸易——一个矗立在满是高楼大厦的城市中的巨大纪念碑。尽管帝国大厦已经成为了纽约

州的地标，但是原本它只是一个投资项目，以赢利为目的，而不是消耗大量金钱，如埃及金字塔和罗马的圣彼得大教堂等本书中写到的标志性建筑。

帝国大厦建成之初并没有赢利，因为当时美国正处于大萧条时期，里面的办公区根本就租不出去，但却很有声望。

帝国大厦是美国最有名的建筑，很多游客都要到观景台参观，除了饱览宏伟的景观，游客们更多为了体验美国文明的核心精神。建成后的20年中，尽管帝国大厦的所有者并没有从中赢利，但是他们还是能够通过卖票而获取收入。

帝国大厦的外形很像一个注射器，它的底部宽阔，这样不仅保证了整个建筑的稳固性，而且还保持与曼哈顿街区的风格一致。建筑的上部逐渐收窄，塔尖部分原本是要建一个飞艇碇泊塔——由于建筑的气流上升，这个想法是不切实际的。建设过程中拍摄的照片显示整个建筑在如

此惊人的高度上还能如此垂直，而且官方数据显示在建设过程中仅有5人因事故丧生。

帝国大厦作为地标性建筑收取的参观费远比它的经济价值重要。它建于20世纪30年代激烈之至的商业竞争中，尽管开发商们并没有成功，但也没有造成灾难性的影响，经过这个阶段，他们知道了竞争的底线在哪里。

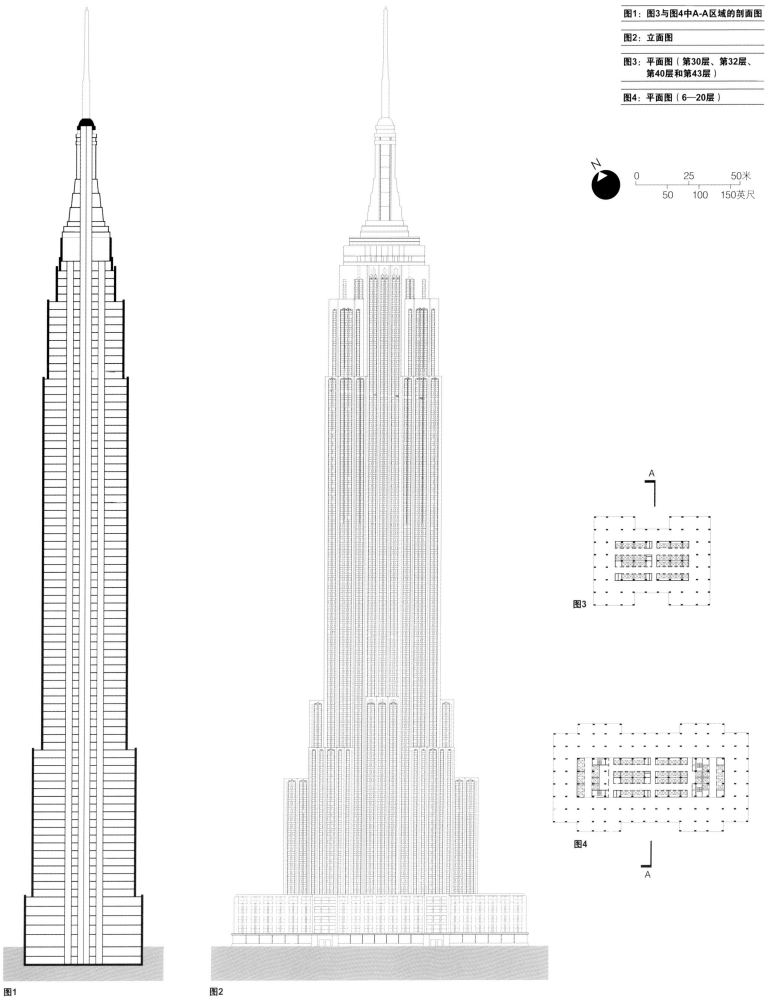

N

0	25	50米
50	100	150英尺

A

图3

图4

A

图1

图2

第一章 文化标志性建筑

光之教堂

阿尔伯特·斯佩尔（1905—1981年）

德国，纽伦堡；1937年

德国纳粹党在20世纪30年代上台。纳粹党统治时期，德国走向了与很多国民对立的位置：地毯式搜索并消灭犹太人、吉普赛人和一切被他们看作是纳粹党反对者的人民。

阿道夫·希特勒对艺术和建筑领域有浓厚的兴趣。他的首席设计师阿尔伯特·斯佩尔就是希特勒最信任的心腹之一。斯佩尔曾为柏林中心设计了宏伟的建筑项目，二战中，国际军事力量消灭了纳粹政权，多数项目都未实施。

斯佩尔最知名的设计是1937年在纽伦堡举行的工人党（后称纳粹党）集会场地。这次年度集会规模极其盛大，目的是煽动纳粹分子坚定对纳粹党的忠诚信念。

电影《意志的胜利》是莱妮·里芬施塔尔导演的一部记录1934年纳粹党集会事件的影片，影片中真实记录了集会的特点：被严格管制的人群、激情高昂的传统音乐和夸大其词的演讲。现在看来，这些就像一场疯狂的煽动表演，但很显然，在那个时候这种演讲术很有效用。巨大的阅兵场是著名的齐柏林广场。广场的一端是阶梯式的看台，中心位置是发言者的演说台，这个设计效仿了雅致的塑像帕加马（古希腊城市，现土耳其）祭坛（该祭坛现存柏林的帕加马博物馆）。

斯佩尔在阅兵场共布置了134个防空探照灯，每个间隔13米（43英尺），垂直指向天空。夜幕降临后启用探照灯发出的光线让人们觉得仿佛身处一座有些摇晃的大教堂内，教堂顶端直冲天堂。这样的灯光效果让阅兵场内的每个人都感到他们在一个独立空间之中，让阅兵场外的人们即使在很远的距离之外，也能清晰地看到这个地球上正在发生的一些重大事件。

这些灯光在平面、剖面和立面的效果并不明显，也只有在夜间才能营造出教堂的感觉，而且还需要天空有一定量的薄雾或烟才能清晰看到。而纳粹王朝的短命也是这种魔法造成的另外一种结果。纳粹灭亡也意味着集权统治方式永远不会再重演。

没有哪一个希望获得民众支持的政党会做出纳粹那样的事情。那些被光束笼罩的场所在现代社会中，只有在迪斯科舞厅和体育场才能看到，这些地方的人们被响亮的音乐律动和激光灯包围着。

图1：立面图

图2：平面图

图3：图2中A-A区域的剖面图

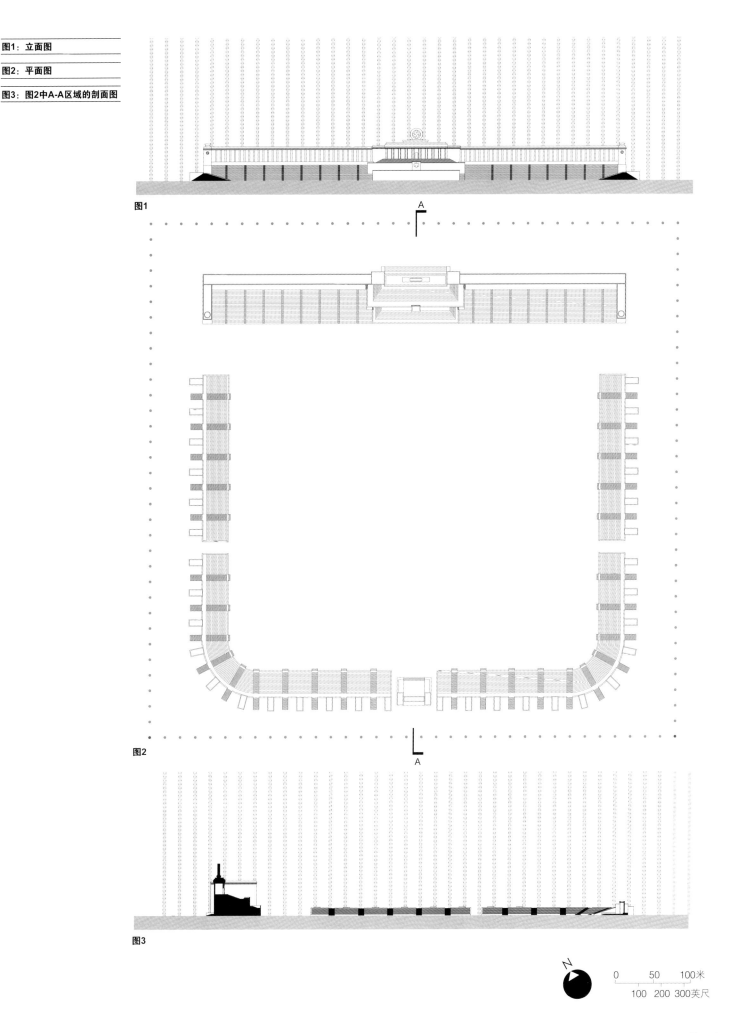

图1

图2

图3

悉尼歌剧院

约恩·乌松（1918—2008年）

澳大利亚，新南威尔士州，悉尼；1958—1973年

究竟是什么原因促使澳大利亚建造一个歌剧院作为其城市最显著的地标？原因可能尚不明了。但是这一灵感可追溯到来自墨尔本的梅尔巴夫人（1861—1931年）身上，她是歌剧天后、最佳女主角，也是澳大利亚走向国际的第一位女明星。和如今澳大利亚电影明星的不同之处在于内莉·梅尔巴对本国文化有着极高的评价，因此在同欧洲交流时极富自信。

在20世纪，来自悉尼的琼·萨瑟兰夫人获得了同样卓越的成就。考虑到澳大利亚歌剧明星的国际影响——墨尔本和悉尼之间已经存在的竞争，将歌剧院建在这个壮观的地方确实意义非凡。

为了找到歌剧院的最佳设计者，一场全球范围的竞赛开始了。丹麦建筑师约恩·乌松在众多才华横溢、勇于创新的设计师中脱颖而出。但复杂的过程、高昂的成本是任何人都始料未及的。很多问题——技术上的、经济上的和政治上的诸多问题让设计师不堪重负，最后在歌剧院没有完

工之前，他就离开了。最后，歌剧院是依靠彩票募集资金建成的。

在建设悉尼歌剧院的过程中，经历了许多磨难，但是成就同样毋庸置疑。虽然人们对这个建筑的设计是否适合进行歌剧表演心存疑虑，可是它已经取得了惊人的成功，向世界宣告着悉尼的存在。从目前看来，它闪闪发光的白色壳片屋顶的图片作为澳大利亚的标志在世界随处可见。现在国际上存在这样一个误解：悉尼是澳大利亚的首都，这个误解也因为悉尼歌剧院的存在被一直强化着。（其实澳大利亚的首都是堪培拉）。

观众对于歌剧院的喜爱大大超过了对歌剧的喜爱。更因为这个原因，来这里参观的人数比来悉尼甚至澳大利亚的人都多。因为参观者越来越多，内部空间结构不再是个问题。真正重要的是引人入胜的独特轮廓——弯曲的混凝土外壳上覆盖着具有反光能力的瓷砖，屹立在悉尼港。建筑的主体部分由独立的基座组成，成为天然海角上的扩建物。登上大台阶就到了建筑群的外部，这

就像步行登山一样。贝壳顶高高在上，看起来精致而稳固，覆盖着上层的主观众厅。

在一些人看来，悉尼歌剧院是个经过精雕细琢的大建筑，设计更多源于20世纪抽象雕刻艺术而不是传统建筑形式。然而贝壳顶只是建筑群的一小部分，它的设计理念是做一个相对轻巧的顶棚飘浮在密集的建筑顶端，这已经有很多先例了。悉尼歌剧院象征着澳大利亚在当今世界文化里突出的地位，是对乌鲁鲁文化的延续，也是澳大利亚本土最具标志性的地标。

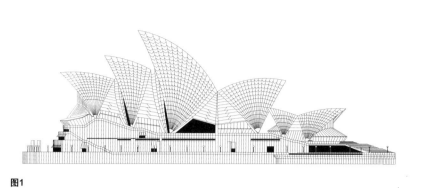

图1

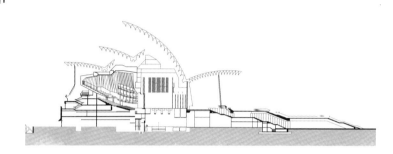

图2

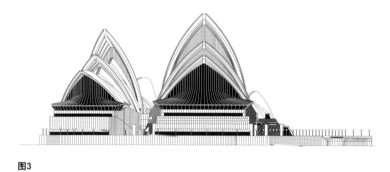

图3

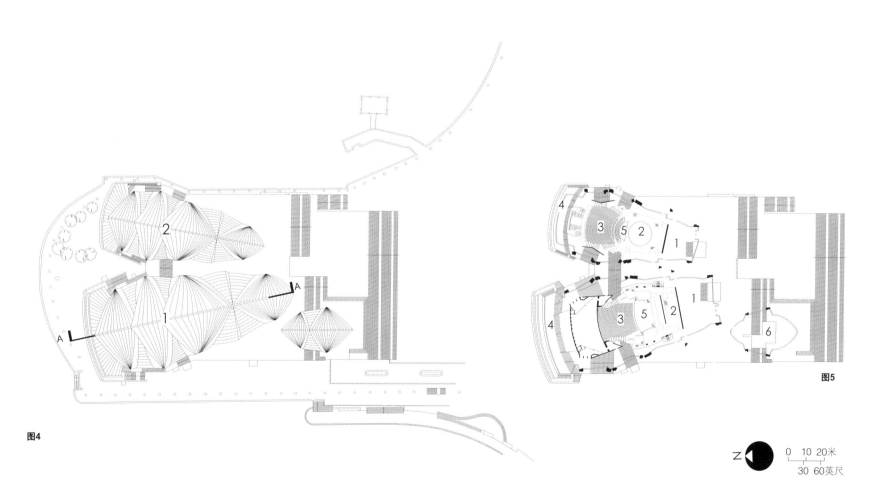

图4

图5

Z   0 10 20米
      30 60英尺

哈利·普雷格森大法官立交桥

美国，加利福尼亚州，洛杉矶；1993年

洛杉矶是世界上最大的城市之一，它的高速公路也是世界上最大的交通建筑群之一。汽车是当地主要的交通工具，顺畅的交通为汽车的出行提供了便利。大多数大城市都会为市民提供聚集的场所，不管是在雅典阿哥拉（见第306—307页），还是在纽约的第五大道，身处其间的人们都会形成一种集体认同感。但是洛杉矶并不是这样，这个城市的居民很少会在街头偶遇。

洛杉矶的公共场所修建得远没有那么气派，便捷的道路交通建筑群算得上是这里最棒的公共建筑。除了毋庸置疑的实用性外，道路交通也有其重要的文化价值。也许会有人从建筑学的角度对这里的交通设施的专业性提出质疑，但是对于驾驶者来说，驰骋于立交桥，如I-105和I-110高速公路的交汇处、上下通行或穿越其中，都是一种美的享受。

正是这座立交桥的文化价值造就了这座建筑的特殊性。尽管洛杉矶市一直在修建新的建筑，但这里一贯缺少传统的不朽建筑。在这种情况下，道路设施成为这里的标志性建筑，但是和曼哈顿密织的道路网相比，这里的道路更像是意大利面条般伸展弯曲，更

随意一些。古代的雅典人认为，城市不是由建筑构成的，而是由人构成的。尽管如此，他们还是留下了许多不朽的建筑遗迹。他们曾经用"polis（大都会）"来指代一个城市，而这个词正是"politics（政治）"的词根，后者指的正是人与人之间的关系。

在洛杉矶，人与人之间的关系有时候是无形的，要通过电子设备才能相互联系。但是高速公路可以建立人与人的关系。立交桥也具有这种特性，这一点可以通过另一个事实得以证实：位于洛杉矶的哈利·普雷格森大法官立交桥以哈利·普雷格森大法官的名字命名，当时他正负责一起针对"世纪高速公路"（也就是I-105高速公路）的案件；如果没有他的贡献，这起案件的结果就会大不一样，也许这座伟大的建筑也不会出现。

I-105高速公路是东西方向，I-110高速公路是南北方向，他们交汇在雅典区的边界处。I-105高速公路也叫作"世纪高速公路"，虽然没有I-110高速公路长，但是这里依然是一条繁华的交通要道，因为它能直通当地最大的机场，尽管在1993年才建成通车。这里也曾是好莱坞电影《生死时速》（1994

年）的拍摄场景之一。I-110公路的部分路段建成于1940年，它是历史最悠久的高速公路；它与I-105高速公路交叉的那一段叫作"海港高速公路"，但是再往北的路段就被称为"帕萨迪纳市高速公路"。

在两条高速路交叉的地方，一座5层的立交桥拔地而起。更为复杂的是，这里还建有一个地铁站和一个合乘车辆专用车道，可以换乘到海港高速公路。在这个5层的空间中，各条车道线优美地弯曲、铺展。立交桥的设计理念使得这一建筑的布局具有独特性：相对于那些传统的居住建筑来说，这座建筑的剖面长而扁平的多。

哈利·普雷格森大法官立交桥的不远处便是华兹塔，它是一位叫作西蒙·罗迪阿的建筑师，用33年的时间，在自家后院建成的。这两个建筑就像是相对而立的两极，体现了洛杉矶纪念碑式的建筑文化。一个是花费了上千万美元的官方建筑，让人一眼看去就知道是为了大众而建；另一个是出于个人喜好建造的建筑，全部由废弃的材料构成，虽然几乎没什么实用性，但它可以激发人类的创造力，感知创造的无穷性。

经典建筑 平立剖

图中1：I-110州际公路

图中2：I-105州际公路

第一章　文化标志性建筑

第二章
民居

人类是否曾经经历过没有建筑物可供居住的时期呢？如果真有这么一段时期，那么人类就只能栖息在气候适宜生存的地方。建筑物可以改变气候对人类的影响，即使居住在不太适宜的地方，人们也可以随意取暖或制冷。猜想古时候，我们认为会有"洞穴人"，就好像我们的祖先都住在洞穴一样，这当然是不可能的，因为没有足够的洞穴。当然也有作为住所的洞穴，因为它们很坚固，所以保留有居住者的遗骸，但大部分人都住在轻便的临时建筑中，这种建筑现在已经消失得无影无踪了。

进化论可以提供一些原始建筑的线索，尤其我们可以通过观察鸟类的筑巢找到装点居室的灵感，这是一种根植于人类思想的本能，凉亭鸟是令人惊叹的建造者，它有很强的审美意识。海狸、獾会挖洞和搭建，我们

和它们有一些相同的基因。我们的祖先可能在很久之前就已经会搭建了。一些传统的小居所可追溯到几千年前，但我们没有办法验证，因为无论是澳大利亚原住民的草屋顶房或因纽特人的圆顶雪屋，对地形的影响都比不上石头建筑，石头建筑的地基留下的痕迹更持久。

对于世界大部分地区的人来说，首先要找到容身之处。一旦这种需要得到了满足，就要考虑其他的问题，比如地位，而且这似乎遵循人类的想象力而永无止境。居所似乎成为了社会地位的象征，不论是通过高耸的石头和大面积的玻璃来展示其奢侈的程度，或在精致的餐具上盛满美味佳肴。如美第奇宫等居所也是做生意的地方，而一些国家元首的宫殿比政府大楼还要多。如果路德维希二世的新天鹅堡存在得够久的话，也许有一

天它会成为一座宫殿，毕竟城堡内有一个王位厅。然而，这从来都不是官方建筑，而是私人建筑，这远远超出了彰显地位的一般方式。在路德维希的任期内，几乎没有人参观过新天鹅堡。它现在非常受欢迎，吸引了大量游客前来分享这个充满魔幻和骑士的神话世界。正是这样的动机催生了新天鹅堡的建造，而不是居住或显彰地位的需要。

施罗德公寓的建造费用更加合理，它是一个颇具文化价值的私人住宅，其与艺术世界有着明显的联系。它是联合国教科文组织评选出的最小一处世界遗产，被认为是人类的杰作。

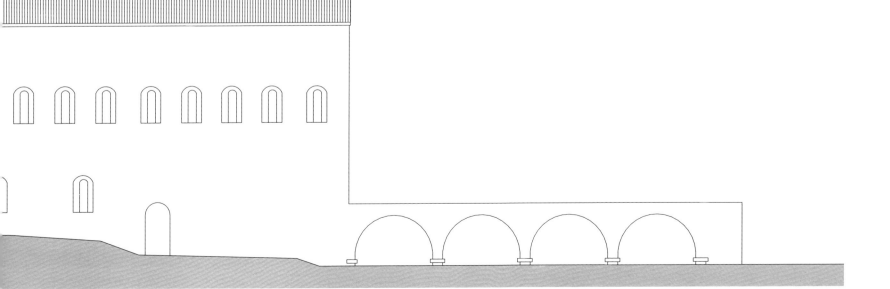

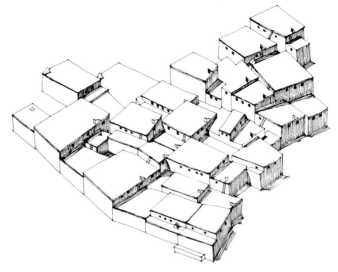

加泰土丘和特洛伊城民居

土耳其；约公元前6000年和约公元前1250年

新石器时期的加泰土丘坐落在古时的安纳托利亚大陆上，是有记录以来人类最古老的定居点之一。因为加泰土丘城的房屋都是用砖砌成的，所以需要定期进行修复。这里曾长达几个世纪都是人类的居所。当时的人们在拆除房屋后会把留下的泥土做成堆，这也是"加泰土丘"（意为"叉状的土堆"）这个现代名称的由来。普遍认为，这里的居民人数曾多达1万人左右，所以这里很可能是当时世界范围内最大的人类居住群。

人类的耕种历史开始于全球变暖之后；地质年代可以从约1.1万年之前算起，一直持续到现在。气候变化使人们获取食物的方式从狩猎转换为粮食种植，而后者正是建立长久文明的基础步骤中最重要的一步。文明形成以后，传统得以延续，文化发展也会逐渐成熟。

最先种植粮食和驯养动物的是美索不达米亚地区（位于底格里斯河和幼发拉底河之间，如今地处伊拉克境内）以及位于约旦西海岸的耶利哥城。

加泰土丘的平顶房屋更适于居住。它们紧密排列在一起，房屋的门开在顶部，所以穿梭于邻里的屋顶之间就成了平常之事。居民死后就葬在房屋内，从这一点就可以看出主人和房屋之间有一种很特殊的关系。屋子内部用石灰涂抹过好几层，据此可以推断，过去很长一段时间这里都有人居住。

在加泰土丘中，聚集在一起的民居远比那些单独存在的民居更有研究价值，因为这种形式的居所群很可能是现代人类城镇的雏形，但在当时人们如此建造房屋的真正原因仍不得而知。随着时间的推移，社会人必将产生分层——有人相对富有，有人相对贫困；有些人从事食品生产，而更多的人则从事需要专门技能的职业，例如制陶或生产工具。但是在加泰土丘，这一切都未来得及发生。

特洛伊城和加泰土丘位于同一片大陆，但其起源要比加泰土丘晚得多，并且两者经历的是不同时代的文明。特洛伊第一间房屋的建造可追溯至公元前3000年，但从文化角度上说，这还不是特洛伊最重要的时期。荷马所作的古希腊史诗《伊里亚特》的时代背景反映的正是特洛伊最闪光的历史。

虽然荷马生活在公元前9世纪末期或公元前8世纪的初期，但是人们普遍认为，他在史诗中所叙述的事件发生在更早的时期，很可能是在公元前12世纪。史诗中，特洛伊王子帕里斯拐走了斯巴达国王的妻子海伦，为了复仇，斯巴达国王集结了所有的希腊城邦包围了特洛伊城。虽然特洛伊武士以英勇善战著称，但是他们最终还是输给了勇猛又多计的希腊人。参与特洛伊战争的将领和诸神有过来往，后世将他们奉为英雄。那个时期留下了几处堡垒，有些已经成了如今的神殿遗址。

有关特洛伊城的考古研究，没有人们期待的那样收获颇丰。因为早在19世纪，来自德国的考古学家海因里希·施里曼就曾开凿过这里。施里曼曾精确地定位到这座城池的位置，但是他太急于探索荷马时代的宝藏，竟然在有重要考古价值的地层之上直接挖掘，破坏了很多珍宝。所以，如今我们能追寻的只是更早一个时期的痕迹，而这个时期远在阿基里斯所在的时代之前。

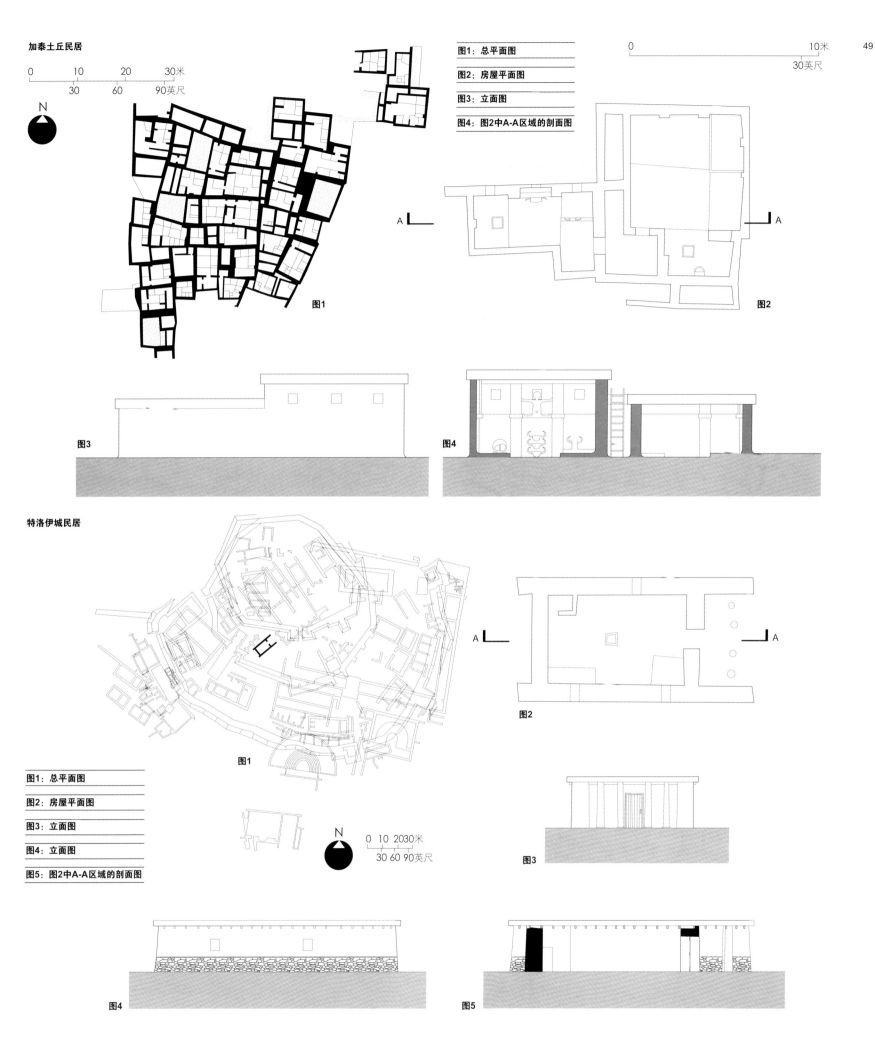

加泰土丘民居

图1：总平面图

图2：房屋平面图

图3：立面图

图4：图2中A-A区域的剖面图

特洛伊城民居

图1：总平面图

图2：房屋平面图

图3：立面图

图4：立面图

图5：图2中A-A区域的剖面图

长野县和斯卡拉布雷民居

日本，长野县；公元前5000—公元前2500年 | 英国，斯卡拉布雷；约公元前2500年

日本的国土是由最初的绳文人所居住的群岛组成。史前时期，绳文人定居在村落之中，其中包括一些大的族群。他们住在圆形的竖穴式房屋里，这种房屋是通过在地上挖1米深左右的空洞和在房顶覆盖茅草而筑成，类似现今日本甲信越地方的长野县的民居。直接的证据在很久之前就被毁灭了，但这些房屋的典型特征是直径为3米或4米（10英尺或13英尺）。

这里最早的文化是绳文陶器文化，而绳文这一名字源于其制造的独特的绳文式陶器，因饰有绳文而得名。美索不达米亚是人类第一个定居点，而且对其他民族影响深远，但这些绳文人的村落并未受到美索不达米亚文明的影响。最初日本的发展并不依赖于农业，因为附近的渔业和水果资源丰富，当地居民以此维生。

苏格兰北方沿海奥克尼群岛西岸的地下村社斯卡拉布雷之所以出名是具有多重原因的。从图片上我们可以看出这些房屋全部由石头建成，这在当时是罕见的。

在这一遗址，我们可以看到许多石头，墙和屋内的家具都是由石头制成的。屋内的一些其他的石制摆设看起来很像橱柜、餐橱和床。床的上面很可能铺有一层柔软的石楠花，或是一些动物的皮铺在平整的石头上方。

很难猜测斯卡拉布雷的地下村社当时的生活情形，仅从这些石头来做出判断也许并非明智之举。如果说一种石头的布置是橱柜的话，那么我们可以想象当时的居民可能把陶器陈列在柜子里，这些石制的容器很可能是用来放置打鱼的工具或者供奉守护神。

这些房屋四周曾经有许多当时居民的废弃物，堆成一个个小山丘。即便这些房屋在当时有人居住，也都被四周的沙丘挡住了，当它们被人们遗弃时，沙丘将它们覆盖起来从而保留了下来。后来这些定居点再次被发现，但是后来的居住者全然不知他们脚下的沙子里埋藏着新石器时代的家具和遗迹。

长野县民居

图1：正面立面图

图2：侧面立面图

图3：图4中A-A区域的剖面图

图4：房屋平面图

图1

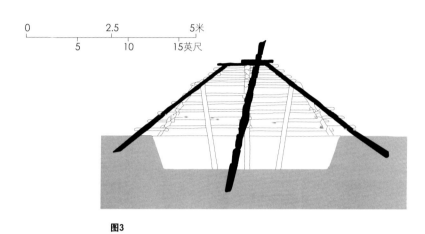

图2

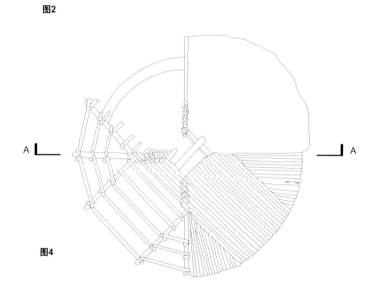

图3

图4

斯卡拉布雷民居

总平面图

圆顶雪屋、梯皮帐篷和贝都因帐篷

北美洲和格陵兰岛，因纽特人聚居区 | 北美洲，拉科达民族聚居区 | 非洲北部

圆顶雪屋的建筑材料来自天降之物——雪，这也是它和其他建筑相比最大的不同。因为雪屋不能长时间保存，所以这种类型的经典建筑便没有保留下来。圆顶雪屋都是特别建造的，使用完毕便会就地融化。

因纽特人会把所有房屋都建成圆顶雪屋，包括存储用品（如木材和土壤等）的小屋。对其他地区的人来说，"圆顶雪屋"这个词指的是因纽特人用雪做的圆屋顶建筑。了解了因纽特人的生活，便能理解修建这种房屋的原因。建造圆顶雪屋时，先要把雪块排成一个圆圈，再一层层地叠加至圆顶完成。如果想要做得更精致些，可以将雪屋侧边的雪块改成窗户，让光线照进来；也可以在入口外挖一个雪下通道，防止更多的冷空气进入室内。

只要温度足够低，雪屋的整个结构就会保持完好。内封在雪块中的空气是绝佳的绝热材料，可以使屋内保持舒适的温度。屋内的热气会让内部冰面融化，但这也正好可以使冰块牢牢地结合在一起。雪屋内不需要生火，因为只要外面的

冷空气不进入屋子，人体和油灯产生的热量就足够抵挡寒冷。居住者可以在屋外生火把石头烤热后，连同兽皮一起铺在雪屋内的空地上，避免与潮湿内壁的直接接触。

圆顶雪屋一般只能维持一个季度。小型的圆顶雪屋可以作为狩猎途中的临时居所，有的只住过一两个晚上。建造圆顶雪屋并不费时，有的甚至不到一个小时就能建好。建造雪屋是一个纯操作的过程，不需要提前画好各部分的图纸，了解这一点能更好地理解这种建筑。

梯皮是由拉科达族人建造的圆锥形帐篷，这个民族曾在美国建立前游牧在北美洲大平原上。这种帐篷有独特的圆锥体造型，由又高又直的松树树干相互支撑倚靠而成。所以，即使在顶部交叉的地方没有中央支柱，也可以保持平衡。人们把几张水牛皮连在一起做成半圆形包裹在松树支撑起来的结构外部，可以有效地防雨，但是保温效果要比雪屋差得多。这种圆锥形帐篷会做得很大，可以在内部生火；顶部随风而动的遮盖

物可以调整以适应风向，并且还可以起到烟囱的作用——引导烟向上排出，而不是充斥在帐篷内部。如今，这种帐篷仍在使用，但是现代的圆锥形帐篷改由帆布覆盖。

另外，还有一种帐篷与圆锥形帐篷有相似的作用，即中东地区的游牧民族——贝都因人搭建的帐篷。遗憾的是，因为边境冲突，许多传统的生活方式已经在贝都因人的生活中消失了。

贝都因人的帐篷选用厚质地的纤维织物做覆盖物，可以起到一定的保温效果。这些纤维织物由杆子支撑起来，同时也能固定住杆子的顶端。

柱子的端部要用绳子绑起来，然后固定在地面上。人们有时会把这些用织物做成的幔帐建在雨棚的下方；有时会把这些帐篷连起来在内部形成一个广阔的空间，但是帐篷不能建得太高，这样人们在这个大的空间中才能明显地体会到一种纵深感。这种帐篷成为界定贝都因人家庭的单元，帐篷内部至少有两个大的隔间，方便男性、女性分开居住。

圆顶雪屋

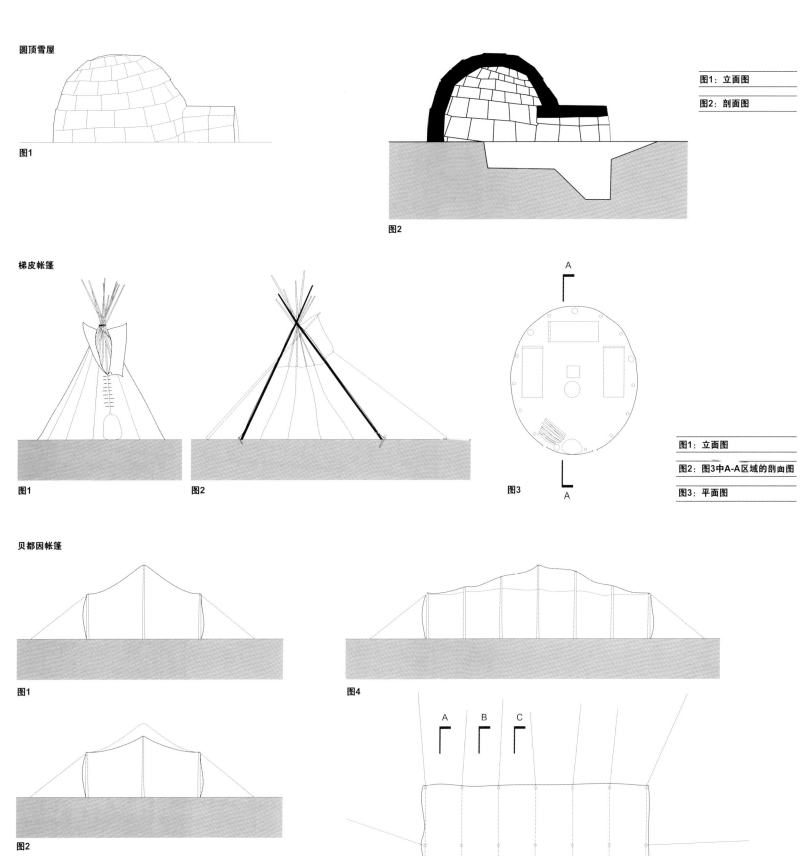

图1

图2

图1：立面图

图2：剖面图

梯皮帐篷

图1

图2

A

A

图3

图1：立面图

图2：图3中A-A区域的剖面图

图3：平面图

贝都因帐篷

图1

图2

图3

图4

A B C

D   D

A B C

图5

图1：图5中A-A区域的剖面图

图2：图5中B-B区域的剖面图

图3：图5中C-C区域的剖面图

图4：图5中D-D区域的剖面图

图5：平面图

0   5   10米

15   30英尺

第二章　民居

神秘古城

意大利，庞贝；79年之前

公元79年，毗邻现代都市那不勒斯的庞贝古镇被维苏威火山埋葬了，从此长眠于火山灰下。庞贝是一处旅游胜地，当时那里的居民都是罗马帝国鼎盛时期的富人。

庞贝的建筑物和遗迹保存尤为完好，因为当年他们倏然间就被掩埋在了火山灰下，直到现代才被挖掘出来。这些罗马人已经消失，火山灰烬土层里留下许多空洞，把这些洞填满石膏就能重现人的体态甚至表情。庞贝比所有古罗马的遗迹名气都大，确切地说，要甚于古代所有的遗迹。因此它在研究罗马家庭生活中占据主导地位，也正是因为缺乏更充足的史料，它的地位才举足轻重。至于庞贝古迹是否具有典型性和特殊性，我们不得而知，但是它的丰富多样性却无以复加。

稍微精致一点的房子都有壁画装饰，房子的现代名字大都源于壁画描述的物体或者活动。神秘古城之谜可能涉及宗教仪式，一个餐厅展示的婚礼仪式就是其中一例，这间餐厅仿佛是一座老房子延伸出来的。

餐厅是娱乐和展览的重要场所，其中这间就因位于中轴线上而格外明显。客人先来到一个不显眼的入口，入口周围是仆人的住所和厨房。过了入口是一条通往院子的走廊，引领你来到里面的房间，其中一间带后殿，另一间里面有一台榨酒机。

封顶环形列柱走廊的门开着，直通另一个更小院子的列柱走廊，这个小院就是更具私密性的中庭。餐厅距离中庭很远，它的外面是一个封闭的花园。

以上描述的就是罗马美好生活的景象。我们不仅可以从神秘古城不同部分的装饰判断出它的地位，从仆人（奴隶）所从事的活动也可以看出来，这些是组成家庭生活的主要元素。外院周围的仆人主要从事各种生产活动，其他地方的仆人主要为古城的主人和客人服务。

餐厅举行宴会的时候，仆人的工作是最显眼、最集中的。房间四周摆放着长椅，参加宴会的客人斜靠在上面，撑着左胳膊肘，腾出右

手来取食物和饮料，每一道丰盛的菜都会由仆人分给客人，他们一边享受美食和饮料，一边高谈阔论。

图1：平面图

1. 入口
2. 列柱走廊
3. 地下室
4. 中庭
5. 工作室
6. 半圆形开敞式有座谈话间
7. 酿酒室
8. 南侧柱廊

图2：西侧立面图

图3：图1中A-A区域的剖面图

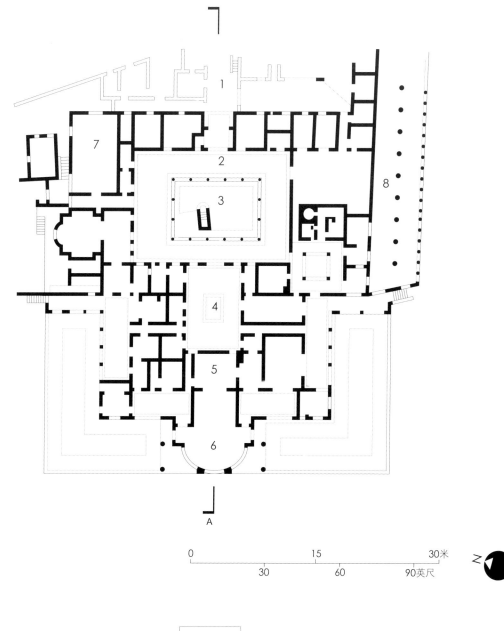

图1

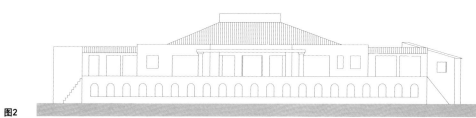

图2

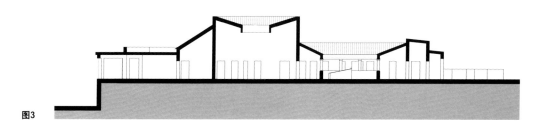

图3

布基纳法索和基西拉岛的民居

西非，布基纳法索南卡尼村丨希腊，基西拉岛帕雷欧霍拉，约1450年

土砖基本上都是用泥制造的，需要掺杂沙子、稻草秆或动物的粪便才能变得坚硬、稳固。土砖虽不像烧结砖和混凝土砖坚硬结实，但它十分经久耐用。在高温、干燥的气候条件下，应降低土砖的硬度并把它制成赤土色。在较为潮湿的地方，土砖的表面可以抗风化。

在欧洲，土砖也有一些区域性的叫法，如捣实黏土等。土砖由泥土和粪便混合制成，为墙壁和平屋顶提供了令人惊讶的防水外层，但是如果土砖出现破裂，就需要更换。

现代非洲国家常以传统部落划分边界。比如，南卡尼的大部分人口居住在加纳，从院落（下页上方图）中，我们可以看到它正好处在布基纳法索的北部，距济罗很近。济罗有一个市场，每周举行一次交易。

南卡尼的院落位于开阔的部落地区，由小块的土砖建造。它更像是房屋的构造，但却居住着一个小村庄的人口。人们在这里饲养马、山羊和绵羊等家畜，在户外生火烧饭（只有在室内房屋不充足时，才会选择户外）。院落内还有耕地，妇女们种植作物。

这些土砖建造的小房屋有各种特定的用途，一些是用于祭祀的神祀，另一些是雕刻有几何形状花纹的房屋，花纹可以提升房屋的外表美，使其看起来更像巨大的陶制容器。

有人在卧室去世时，他的尸体不会用一般的方式运出，而是选择在院落的外墙上凿出一个洞，把尸体从洞中运出，之后把墙重修完整。这样做是为了把生和死分离开。

基西拉岛的帕雷欧霍拉建于15世纪中期，它预言了对最终宿命到来的恐惧。帕雷欧霍拉所在地的防御性很好，能够抵御到处劫掠的土耳其海盗。

帕雷欧霍拉有26座教堂，均由当地占统治地位的两大家族世代建造而成。居住在当地的农民更像是农奴，这在当时的希腊是不常见的。他们在附近的旷野上收集粗糙的不规则石块，然后用大量的泥灰把石块粘在一起，从而建造坚固的房屋。每个房屋只有一个房间，门口处有一盏灯，没有壁炉，说明当地的劳工们只能用部落的大锅做饭，食物少得可怜，也不可口。

防御墙是大石块构造，用来抵制弓箭，保护居民的房屋。但当土耳其的舰队带着火药到来时，改变了这里的一切，他们摧毁了防御墙，带走了当地的居民，并把他们当作奴隶变卖。此后，再也没有人在这个地方定居过，除去倒塌的古老建筑物之外，其余的都存留了下来。

布基纳法索民居

图1：图3中A-A区域的剖面图

图2：立面图

图3：总平面图

1. 夯土场地
2. 神祠
3. 露天厨房
4. 室内厨房
5. 女性住所
6. 男性住所
7. 圈羊的茅草顶围栏
8. 院落入口（矮墙）

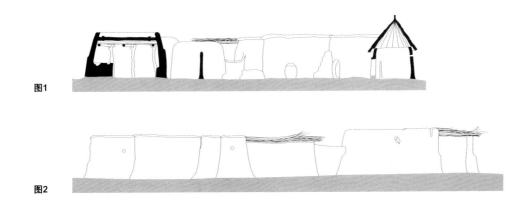

图1

图2

图3

基西拉岛民居

图1：图3中A-A区域的剖面图

图2：图3中B-B区域的剖面图

图3：房屋平面图

图1

图2

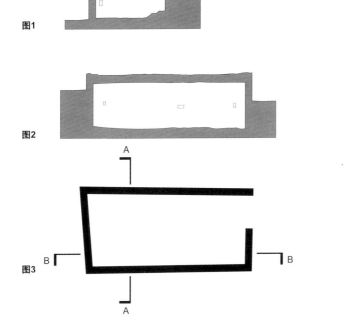

图3

卡罗巴塔克民居

印度尼西亚，北苏门答腊

印度尼西亚大陆究竟由多少个岛屿组成？对此谁都无法给出一个确切的数字。该大陆约有1.8万个小岛（退潮时这一数字会更多），其中约900个岛屿有人居住。印尼有2.38亿人口，是世界第四人口大国，属于热带气候，降雨频繁，森林茂密。

当地的传统建筑以木头为框架，以茅草或木瓦为屋顶。在过去的几百年里，印尼的建筑风格受到了诸多外来文化的影响，特别是中国文化和荷兰殖民文化，从而造就了其建筑风格的多样性。

传统的建筑方式利用当地的丰富资源来对抗极端天气。各种各样的住宅是建筑的核心。在印尼，包括祭奠祖先在内的宗教信仰都没能衍生出类似于神庙、寺院、教堂等宏伟建筑。因此，居住是印尼建筑的主要用途。

在巴厘岛，传统的房屋分布在亭台楼阁之间。而在苏门答腊岛，民居的规模可谓雄伟浩荡。苏门答腊岛长1600千米（1000英里），赤道穿过其中点。

公元7世纪，马来西亚人控制了苏门答腊岛。他们给当地的土著居民起名为卡罗巴塔克人（几百年间，随着大多数土著居民皈依伊斯兰教，这一称呼已被废弃）。卡罗巴塔克人的屋顶特色鲜明，多种多样，在此列举一二。屋顶巧妙地建在房子的墙上，倾斜而下，形成陡坡，这样可以防止囤积雨水。如风帆一样高扬在房子上空，为约8户人家遮风挡雨的屋顶是房子最重要的部分。屋顶的高度为热空气上升到上层空间创造了条件；屋顶的厚茅草能够绝缘隔热，保护室内免受太阳的灼热；屋顶的飞檐荫翳墙体。屋顶在保持室内温度凉爽舒适方面功不可没，而墙体和地板则相形见绌。

当地的气候既干燥又潮湿，空气流通人们才会感到舒适。因此，他们的房子通常都悬空建造。墙上没有窗户，光线都是从由植物编制的板子或围栏的缝隙间透进来的。房子里每家都有一个用来做饭的火炉，还有一个公用的垃圾沟。19世纪，荷兰人被这些房子的室内陈设所震惊。从外边看房子还不错，山墙板或屋脊两端都装饰着精美的木雕。房子里边却是天壤之别，没有家具，也没有私人空间，有的只是滚滚浓烟，一片漆黑和四处溜达的母鸡。室内陈设似乎很原始，也不卫生。但是卡罗巴塔克人却住得很习惯，没有任何不适应。

他们除了睡觉和做饭之外几乎都不在室内生活。周围的森林为他们提供了丰富的食物。每一个村子都有一个储藏食物的地方，比如，用桩子架起来的、建在公共空间之上的粮仓。那里是社会生活的核心。个人住房的地位不是靠室内积攒的私有物品来体现，而是靠室外展示的装饰来体现的。

卡罗巴塔克民居1

图1：南侧立面图

图2：图3中A-A区域的剖面图

图3：平面图

1. 入口
2. 主房间

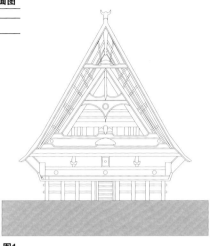

图1

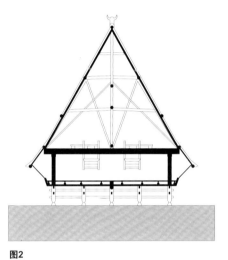

图2

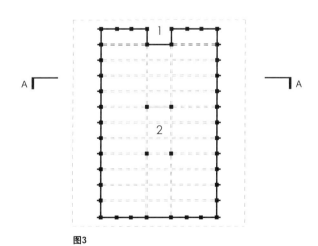

图3

卡罗巴塔克民居2

图1：南侧立面图

图2：图3中A-A区域的剖面图

图3：平面图

1. 入口
2. 主房间
3. 外围人行道

图1

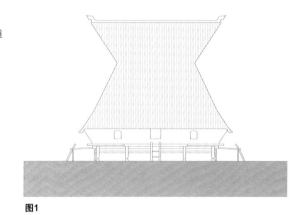

图2

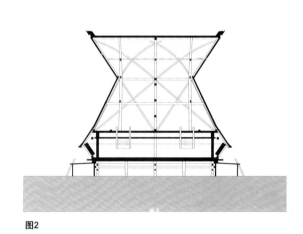

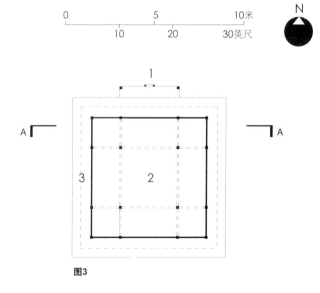

图3

第二章　民居

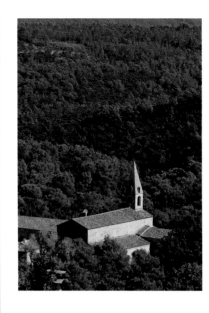

勒托洛内修道院

法国，普罗旺斯，勒托洛内；1170—1200年

"修道士"一词来源于希腊语"monachos"，意思是"孤独的"，早期的修道士隐居在沙漠中。4世纪，在欧洲出现了以圣安东尼为天父的第一个修道士团体；众修道士都被这位长者深深吸引（希伯来语为abba）。到6世纪，各地开始修建修道院，圣本尼迪克特编写了自己的教义，制定了一套原则，告诉修道士在修道士团体中该如何与其他人以及院长相处。当时，女性也有宗教团体，她们被称为"修女"，有自己的修道院院长。

12世纪后期，勒托洛内修道院建成，在此之前，就已经有很多基督教修道士团体了。每名修道士都没有私有财产，并把毕生的精力都用来工作和祈祷。修道士所在的宗教组织可以从捐助者那里得到赠品，但同时修道士们也在教民的帮助下制作图书，耕种修道院的大片土地。勃艮第南部克鲁尼修道院的一些修道士变得越来越富有了。

勒托洛内修道院是在宗教改革的运动中建立起来的。勒托洛内修道院始建于1098年，位于西多（后写作"Cîteaux"），大力推崇圣本尼迪克特的严格教义。12世纪，在圣伯纳德的影响下，其教义得到广泛传播，到13世纪初期，西多修道士团体的数量达到了500个。不同于仍受克鲁尼影响的修道院，西多会并不那么富丽堂皇，而是简单而严肃的。勒托洛内修道院是这类修道院的典型代表，整个修道院以石料建成，别具一格。除了教堂外，回廊和其他辅助建筑都用石头修建穹顶。所有的空间步调一致，令人印象深刻。

勒托洛内修道院中没有代表性的雕刻。大部分巨石都被雕刻成末端稍卷的几何形状。柱头呈弯曲状或卷叶状，窗户和门洞的设计简约，在罗马传统风格的基础上增加了半圆拱形元素。在法国北部，当时建筑的拱形更加突出，教堂的窗户更大，阳光可以照射到拱顶部分，但是勒托洛内修道院的设计并不新颖。它的砌石坚硬，拱顶紧闭，这使得声音共振的效果出奇得好。

普罗旺斯的阳光照射强烈，所以勒托洛内修道院拱顶的阴凉还是非常受欢迎的。13世纪时，基督教盛行，曾有24名修道士住在勒托洛内修道院。他们聚集在礼拜堂研究并制定了一系列修道院的管理措施。礼拜堂面对着回廊，但回廊并不是公共空间，而是用来冥想和默祷的地方。修道士住的地方可以直通到回廊和教堂，这样无论白天还是夜晚他们都可以做祷告。

15世纪，勒托洛内修道院逐渐没落。到1791年，它已经完全被人们抛弃，并被拍卖出售。最终被革命政府收为国有，并作为文物保护起来。而克鲁尼修道院的命运则与勒托洛内修道院完全相反。克鲁尼修道院被洗劫一空，仅剩的几处遗迹也已经变成了马场。

图1：底层平面图

1. 教堂
2. 圣器室
3. 图书室
4. 牧师会礼堂
5. 会客室
6. 接待室
7. 牧师住处
8. 回廊
9. 餐厅
10. 食品贮藏室
11. 庶务修士公寓楼

图2：图1中A-A区域的剖面图

图3：东侧立面图

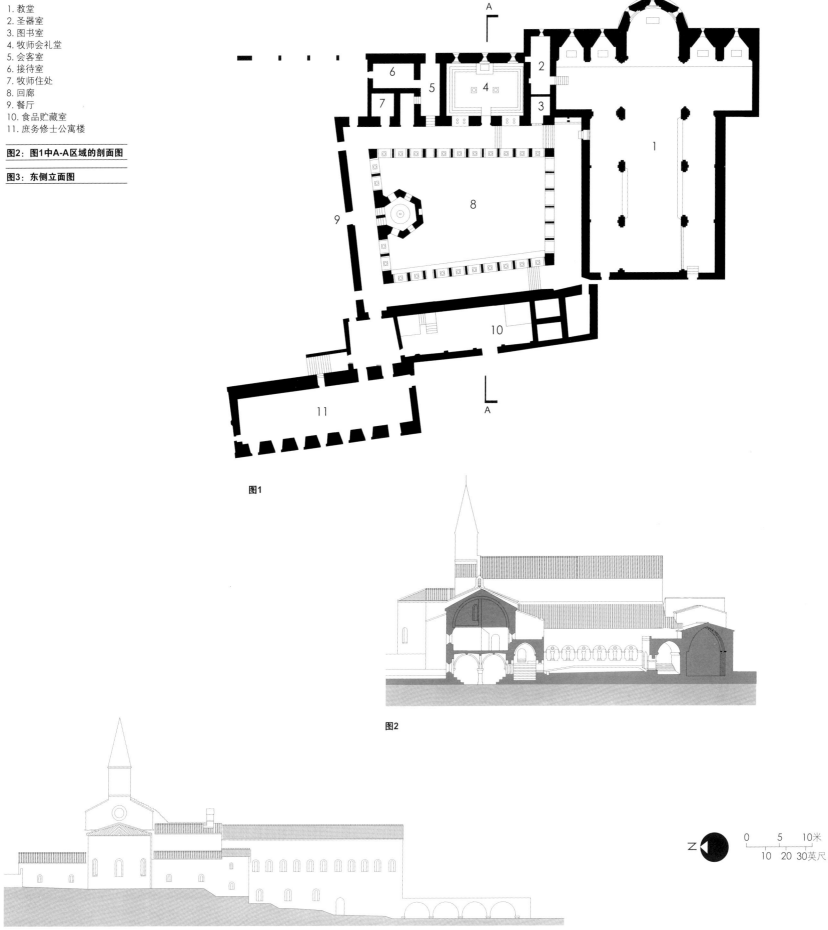

图1

图2

图3

丢勒故居

德国，纽伦堡；约1420年

森林附近的房屋一般都使用木材制成。小农舍是土制结构，而更多的房屋是木材框架结构，墙壁则是泥土填充的。木框架建筑于中世纪风靡欧洲，从西班牙北部到波兰，最后传到英国。

德国文艺复兴时期的著名画家阿尔布雷特·丢勒（1471—1528年）于1509年购买的木结构房子位于市中心，虽然不是为其量身打造，但却满足了他对房子的所有要求。房子先前的主人是一位天文学家。

这所大型木结构房屋在被忽视长达几个世纪后，于19世纪被重新发掘，并将其重建为一所博物馆。为了使这个博物馆能够更好地运营，修筑了一个具有现代感的附属建筑，但是博物馆主体的历史可以追溯到15世纪并代表了更古老的传统。

在那座中世纪的小镇里，建有防御工事，当这一地区受到袭击时，人和家畜会聚集到那里。即使在日常生活中，那里也有比现在想象中更多的动物，特别是马，还有母鸡、山羊和猪，它们生活在未开发的地带，那里布满了狭窄的小巷和车道，它们在主干道上来回跑动。这一地带还有一些地位低下之人的住宅，它们中的一些还没有茅屋高。这些主要道路连接了城门、城堡、市场和教堂，这些都与最好的建筑排列在一起，例如丢勒之家。

丢勒是当时德国最著名的艺术家，他有一个非常赚钱的生产油画和版画的产业。在他声名显赫之际，买下了这座位于纽伦堡的木质结构房屋，以此为基地开展他的业务，当时这项业务已经扩展到了海外。

最底部的两层是精密加工的石头结构，它很好地支持了上层的木构架结构。它有一个突出的拱形门和一个宏大的入口大厅，这个地方用作日常交易。

丢勒的妻子艾格尼丝负责国内的业务，因此，大厅和一楼的房间主要由她负责，她会准备好出售用的画，从纽伦堡出发周游各地贩售丢勒的印刷品。因为丢勒夫妇没有小孩，所以他们的房屋面积绰绰有余。除了独立的生活，夫妇俩人生活细节无人知晓，但艾格尼丝的女仆可能和他们住在一起。另外，丢勒工作室的助手们可能也住在阁楼上。

木框架结构为上层提供了更大的空间建筑窗户，工作室在建造时就已经考虑到了这部分预算，即使玻璃在当时十分昂贵。宽阔的上层空间并不是每一个家庭所必须有的，但是窗户的方向意味着这里东北方向的漫射光充足，这对工作室来说是非常重要的，所以当初丢勒决定买下这所房子。

图1：底层平面图

1. 入口大厅
2. 办公室
3. 仓库
4. 通往上层家庭住宅区和工作
   室的楼梯
5. 现代附属建筑

图2：南侧立面图

图3：图1中A-A区域的剖面图

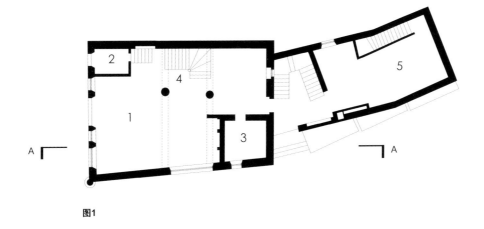

图1

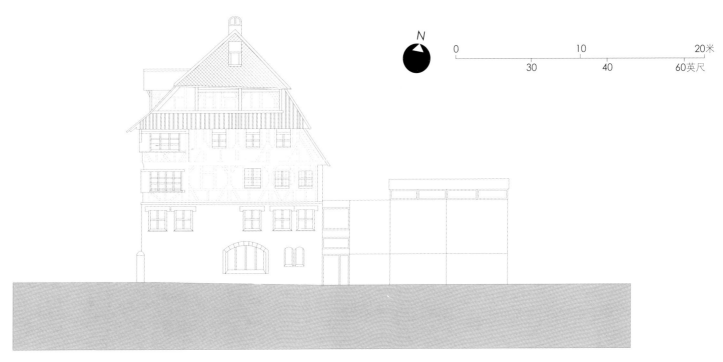

图2

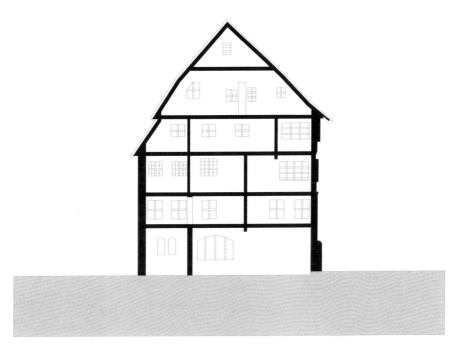

图3

美第奇宫

米开罗佐·迪·巴尔托洛梅奥（1396—1472年）

意大利，佛罗伦萨；1444年

美第奇银行使美第奇家族成为欧洲最富有的家族之一。科西莫·德·美第奇在佛罗伦萨美第奇宫任职，虽从未担任公职，但他可以在幕后行使巨大的权力。他的财富和影响力不可估量，在他生活的时代，像他这样由商业活动而不是通过军事实力兼并土地而获得财富的人并不常见。

文艺复兴不仅代表艺术形式上的变化，它也标志着一次伟大的社会动荡，即中世纪封建制度的结束和现代商业时代的来临。为了支持文艺复兴，美第奇家族大力出资，贡献良多。

佛罗伦萨其他强大的派系认为科西莫对这个城市来说太过强大了，于是将他驱逐出去。但他离开的时候带走了他的银行，使得城市陷入贫困，人们这才将他迎接回来。

科西莫回来后，开始建造一座宫殿，并由他的朋友——曾跟随他流亡至威尼斯的米开罗佐·迪·巴托洛梅奥负责设计（对于米开罗佐来说，与科西莫分开比离开佛罗伦萨损失更严重）。

占据着整个城市的街区，这座宫殿以它无比宏伟的气势，给人以沉默而庄严的印象。它看起来不像住宅而更像是公司总部，这一点是无可辩驳的。它虽然不像封建城堡那样筑防，但却可以免受骚乱。宫殿外墙下层镶粗面石，再往上是更为光滑和精致的石头，顶上是巨大的檐口，这种设计提升了整座建筑的气势。

然而，从外面看这座建筑并不招摇。科西莫了解忌妒的力量。本来四个角上设有店铺，使建筑看起来更为开放。但实际上入口是有限的，可引导参观者到达一个中庭空间，给人一种进入罗马式别墅的感觉。通过宽大的楼梯即可到达一楼的主要公寓（主楼层），内部建有一个装饰华丽的教堂。

除教堂外，各房间均可有多种用途。在那里办业务需要有一定的隐秘性和自由裁量权。科西莫的公寓是他的办公室，也是他的生活区。前厅不止一个，可供客户休息，不同房间的人也可能不知道当天还有谁在场。仆人往来有序，给人以安全的保障，但这个地方确有其私人领域的特点。虽然科西莫很少担任政治职位，但他会选择任职之人，并确保他们当选。艺术品和精美的家具使宫殿显得廉洁、稳重。

最豪华的房间建于17世纪，在宫殿出售给里卡尔迪家族之后这里便开始大肆装饰。从街头开始，处处都引人注目，一路经过那些庄严、肃穆的建筑，进入庭院的宁静世界，然后登上楼梯，发现更为奢华放纵的黄金巴克风格装饰，空中翻飞着帐幔，舒卷着枝丫，还有那随风而动的流云朵朵。

图1：第三层平面图

1. 舞厅
2. 服务室

图2：第二层平面图

1. 访客等候室
2. 小教堂

图3：底层平面图

1. 米开罗佐庭院
2. 公寓
3. 花园
4. 议事大厅
5. 内部庭院
6. 前公共凉廊
7. 马厩
8. 马夫住处及马具室

图4：图1—图3中A-A区域的剖面图

图5：东侧立面图

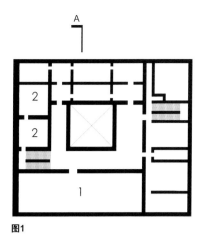

图1

图2

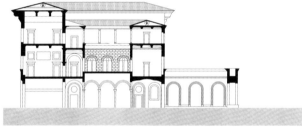

图4

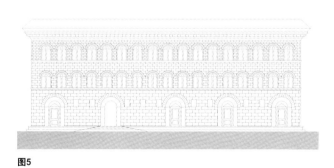

图5

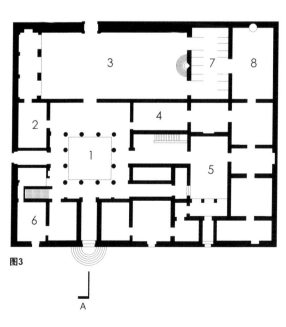

图3

香波城堡

多梅尼科·达·科托纳、皮埃尔·内普弗

法国，中央大区，尚博尔；1519—1547年

香波城堡是卢瓦尔河谷所有城堡中最大的一个，是由弗朗索瓦一世建立的一座狩猎宫殿。总体的平面图看起来像是军事防御图，四周都是圆塔，该城堡檐口线上的建筑独具特色。尖斜式的屋顶、烟囱、灯笼、塔楼和尖塔都很少见，这些都使得香波城堡看起来像一座海市蜃楼。

为了掩饰香波城堡的奢华，人们又称其为狩猎皇宫。城堡四周被森林环绕，是个狩猎的好地方。地形平坦宽阔，利于建造大型城堡。中世纪的军事防御城堡一般是建在高地上，香波城堡却不是。

该地区曾经被法国统治，弗朗索瓦一世从法国早期的几位国王那里继承了布洛瓦城堡和昂布瓦斯城堡。这些强大的贵族家族在卢瓦尔河谷建造了很多建筑物，而建造香波城堡的目的在于使城堡能在众多建筑物中脱颖而出。1535年，勃艮第公爵是第一位客人，他是罗马帝国的皇帝。西班牙的查理五世要比弗朗索瓦一世富有得多，他们偶尔也会和弗朗索瓦一世交战（或是和弗朗索瓦一世的同盟苏莱曼一世交战）。查理五世给弗朗索瓦一世留下了深刻的印象。

皮埃尔·内普弗监督香波城堡的建造工程，科托纳负责城堡的大部分设计。查理七世是弗朗索瓦一世的前辈，他把多梅尼科·达·科托纳从意大利带到了法国。弗朗索瓦一世说服列昂纳多·达·芬奇从意大利搬到了昂布瓦斯，列昂纳多在昂布瓦斯度过了人生中最后的几年时光，但香波城堡还没来得及开工他就去世了。

列昂纳多对这座城堡影响极深，其中最让人信服的是在整栋建筑物中心环绕的双螺旋楼梯，楼梯一直从地面蜿蜒到屋顶。列昂纳多曾在笔记本里记录过这类楼梯的设计草图，但没人知道他是否在实际中应用过。

城堡的室内空间很大，导致取暖有些困难，所以，室内的空间常按季节使用。据估计，弗朗索瓦一世曾在这里共停留过72个夜晚。城堡不配备永久性家具，所以到访的客人（包括国王）都需要自己带家具。

从艺术的角度来看，香波城堡把意大利文艺复兴时期的建筑风格和法国哥特式传统风格的装饰融合在一起，这一点是很重要的。从远处看，城堡的轮廓特别像中世纪的辉煌建筑物，同时设计细节上也有本地区的典型特点。窗户是方形的，占整面墙面积的比例很大，这跟早期的建筑相比要好得多。大部分的房间在空间宽广的三层。上面是屋顶露台，爬上螺旋楼梯就能看到。露台上布满了小路，可以看到四周的乡村，跨过屋顶可以看到有传统壁柱的林荫小路，有小门和小窗户的圆锥形建筑物和小型建筑。这仿佛预示着文艺复兴时期城市景观，当时，所有的小镇都布满了中世纪弯弯曲曲的街道。

经典建筑　平立剖

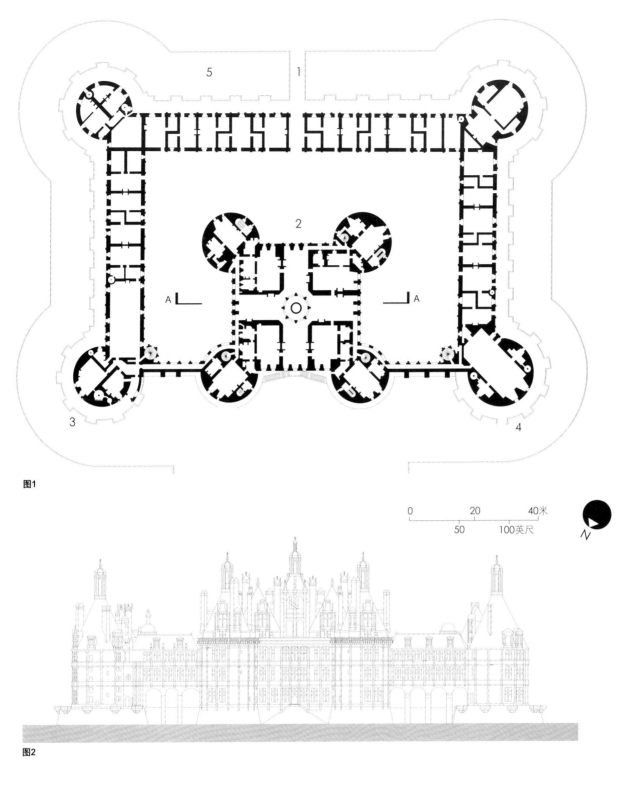

图1

0　　　　20　　　　40米
　　50　　　100英尺

N

图2

图3

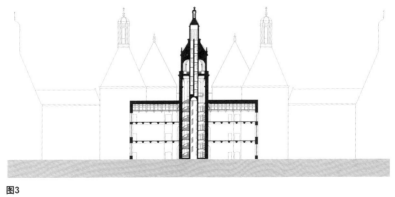

图1：平面图

1. 皇家门廊入口
2. 地牢
3. 皇室翼楼
4. 教堂翼楼
5. 护城壕沟

图2：北侧立面图

图3：图1中A-A区域的剖面图

昂西勒弗朗城堡

塞巴斯蒂安·塞里欧（1475—1554年）

法国，勃艮第，托纳尔；1546年

意大利建筑师塞里欧写了一系列关于建筑的书籍，比较权威地解释了古典柱式。这套迄今为止最早的插图建筑书也把文艺复兴时期的建筑风格介绍到了北欧。

弗朗索瓦一世把塞里欧带到了法国，枫丹白露是国王建立的主体宫殿，他在那里工作。这座城堡很漂亮，但几个世纪以来不断扩建改造，因此塞里欧的建筑观被认为适用于小而坚固的城堡，如昂西勒弗朗城堡，它是由塞里欧为弗朗索瓦一世的臣子安东尼伯爵设计建造的。

昂西勒弗朗城堡在不断扩建的同时，也向周围的国家彰显着它的统治优势。城堡是坚固的四方形，和周围的建筑形成一个方形的院落。矗立着的两座方塔之间的建筑部分有两层楼高，在城堡的外角上的4座方塔还再高一层。

建筑的外立面装饰仅用多立克式壁柱和能够体现结构形式感的檐口，其实也就是圆柱和横梁。这样做是为了追求装饰效果，主要是模仿古罗马风格中在建造剧院和竞技场混泥土结构时运用的装饰手法。地面距半圆拱形入口处有楼梯，在入口附近，除了有很多的高浮雕外，其他的墙面都非常平。入口处拱形走廊高于地面，由一串台阶相连。建筑底层的开高不但使整幢建筑显得更加雄伟，在底部加开仆人住的地下室的低窗。整个城堡的底座看起来非常结实。

院子里和底层处在同一高度，装修更复杂，几乎看不到光秃秃的墙壁。壁柱和檐口把墙壁分开，这跟外面一样，壁柱装饰得更华丽（科斯林式风格）。再回到城堡的地基，它们都是隐藏起来的，雕刻着浅浮雕。事实上，墙体主要起的是支撑作用。壁柱之间是窗户和壁龛，它们规则地矗立在院落中，重复着某种节奏，即使是在角落里，壁龛也是很奇怪的"折叠"在一起。这种效果有点咄咄逼人，但非常优雅有秩序。内院空间比枫丹白露的任何外部空间显得更具感染力。

两层楼高的室内用意大利瓷砖和壁画装饰。壁画还包括牲畜祭祀的场景、朱迪斯与赫罗弗尼斯的故事（源自《圣经》），这些都是王宫外所看不到的。朱迪斯和赫罗弗尼斯是敌人，朱迪斯迷惑了赫罗弗尼斯，并在赫罗弗尼斯睡觉的时候，砍下了他的头颅。一般情况下，壁画中都是国王的形象，然而朱迪斯却被赋予戴安娜·普瓦捷（国王儿子的情妇）的形象。她是安东尼伯爵的小姑子，其象征意义由此可见。

该建筑因其复杂的设计而给人留下深刻的印象。弗朗索瓦一世没有参观过这座城堡，但是后来包括路易十四等三位法国国王都曾到过这座城堡。

图1：底层平面图

1. 老式厨房
2. 会议厅
3. 档案厅
4. 黄色休息厅
5. 戴安娜·普瓦捷大厅

图2：北侧立面图

图3：图1中A-A区域的剖面图

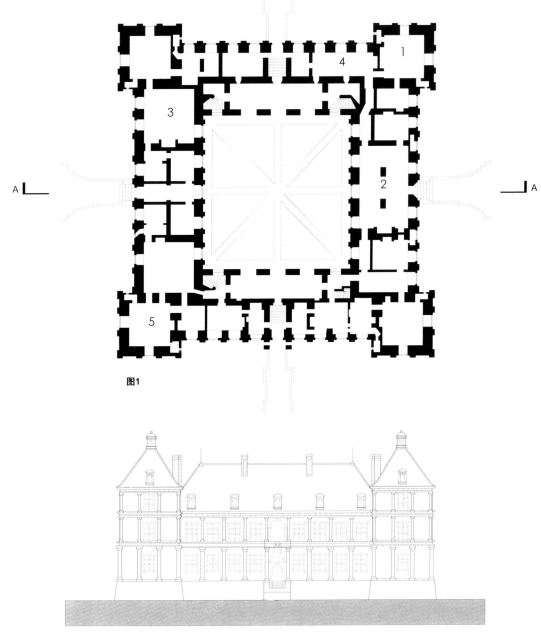

图1

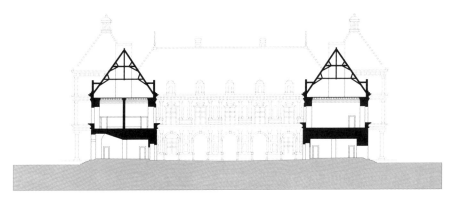

图2

图3

卡普拉别墅

安德烈亚·帕拉第奥（1508—1580年）

意大利，维琴察；1566—1591年

意大利建筑师安德烈亚·迪·彼得罗·德拉·贡多拉因为其杰出的研究才能而被誉为帕拉第奥（帕拉斯·雅典娜，智慧女神）。虽然他的职业生涯与来自法国勃艮第大区、主持建造了昂西勒弗朗城堡（见第68页）的建筑师塞里欧有很多交集，但他较塞里欧却是更加年轻的一代。

帕拉第奥受雇于维琴察和威尼斯的贵族，并于1570年发表了著名的建筑学专著《设计理论》（《建筑四书》），其中包括一些作品的平面图、剖面图和立面图以及他自己设计的建筑和一些古代伟大的纪念碑、那时备受推崇的建筑大师如建筑师布拉曼特的作品。人们模仿帕拉第奥的设计建造别墅的次数是最多的。

维琴察和威尼斯的贵族不仅拥有坐落在威尼斯大运河沿岸的宫殿，还拥有位于意大利大陆的农场——威尼托，它为首都生产粮食，在当时属于威尼斯共和国。帕拉第奥为这里的地主设计乡间别墅，这些地主只在收获时节前来居住，其余大部分时间都不在这里。帕拉第奥设计的别墅

其独特之处在于：在这里可以观赏到一场场精彩的表演。农场的建筑是对称的，这样可以扩大空间，将豪华的客房数量减少并最大限度地合理安排布局，此外还有视野开阔的凉廊、令人流连忘返的走廊、接待室、餐厅，也许还有彩绘壁画，而其余部分则保持了简约的主题。这些建筑依靠精确的比例达到最佳效果，而不是靠优质的材料。

卡普拉别墅不是一个典型的帕拉第奥式别墅。帕拉第奥自己把它称为宫殿，这反映了一个事实，即这更加接近城镇式样的房子，而不是农场式的。别墅位于维琴察外延不远处，是专为保罗·艾尔迈瑞克设计的房子，他退休后离开了梵蒂冈来到这里。建筑从1569年已可入住，但可能由于资金不足的原因直到1591年，艾尔迈瑞克和帕拉第奥去世，它被转入马可·波罗卡普拉和鄂多立克手中后，才在文森佐·斯卡莫齐的指导下完成。

房子坐落在一个小山顶上，四周风景各异，

有4个几乎相同的面，每个面都有台阶直通主要楼层的凉廊。正是这种四向对称的设计使其成为无与伦比的经典。其最独特之处是中央圆形大厅，它是整个建筑中最高的，其建筑风格是受万神殿（见第108—109页）的启发。从别墅的中央可以看到所有的凉廊，在前居住者的一生当中，它一直是露天的。圆顶一直没有建造完成，仿佛像神殿张开的眼睛。因为其独特的中央空间，这座建筑有时也被称为圆厅别墅。帕拉第奥已出版的设计版本显示它有一个圆顶，比斯卡莫齐后来设计的要好。但没有圆顶的空间效果与随之产生的不完整感可能更受到房主艾尔迈瑞克的青睐。

所有主要的房间都位于同一楼层，所以没有在室内建造直通客房的楼梯。这所房子距离维琴察镇很近，游客在晚上就能返回，无须在此过夜。

如果在一个夏日的午后游览艾尔迈瑞克尚未建造完成的别墅，观赏农村的景色，从花园徘徊到圆形大厅，想必会如同置身于一个迷人的古老废墟之中。

图1：图3中A-A区域的剖面图

图2：立面图

图3：平面图

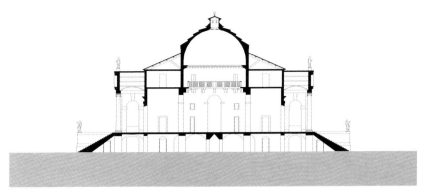

图1

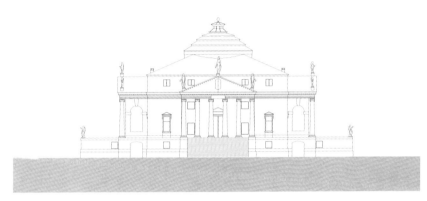

图2

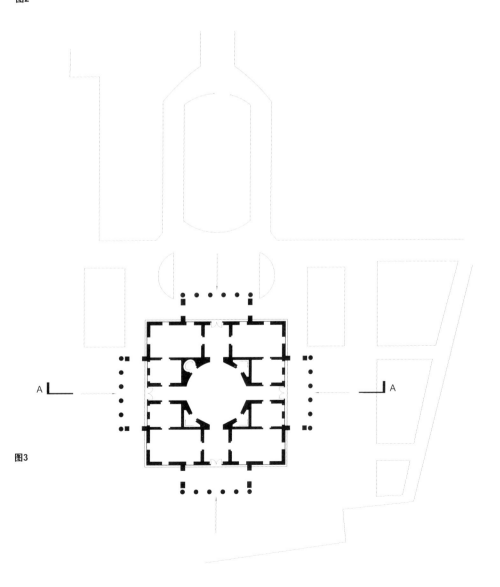

A

A

图3

0   5   10米

20 30英尺

哈德威克庄园

罗伯特·史密森（1535—1614年）

英国，德比郡；1590—1597年

哈德威克庄园至今仍然给人留下深刻的印象，没有受到资金和现实的制约。这座庄园是为贝斯·贝尔哈德威克建造的，她出生在旁边这个传统的庄园式旧教堂，这个旧教堂至今仍屹立在哈德威克大教堂一侧的废墟中。贝斯一生中结过4次婚，她比她的几任丈夫都要长寿，自然成为他们的继承人。她是什鲁斯伯里郡的伯爵夫人，举家迁到德比郡西面的查特斯沃思庄园，第一座庄园委托给了别人，但是在18世纪末又重建了。

她在哈德威克庄园的房子幸好还没有遭到破坏。贝斯从来不会长久居住在此，因为冬天这里无法取暖。当时玻璃非常昂贵，这座建筑的玻璃使用量却引起了很大的轰动，也因此有了这么一说："哈德威克的玻璃比墙还多。"它的轮廓看起来像角塔，建筑的构造有些不结实，即使香波城堡（见第66—67页）的墙壁看起来都比它坚固。

罗伯特·史密森是在威尔特郡朗利特工作的一位泥匠，虽然朗利特的墙也采用相似的构造，但是这种构造方法在哈德威克庄园内已经发挥到极致了。作为一名工匠，史密森善于节省材料，这是一种天分。他曾经研究过塞里欧的作品，他的作品也带有文艺复兴的色彩，比如方头窗户。而且，他还精通中世纪英国石工技术的传统工艺，哈德威克庄园内的窗户独具特色，从外面看像是形成了一个网络，甚至是透明的，具有哥特式教堂的效果。

哈德威克庄园内建筑结构的独创性在于它的质量集中在中央纵向承重间壁上，另有一个稍短的墙壁与中央间壁分开，垂直于中央间壁并支撑它。这就意味着建筑的外墙只需要支撑自身，和承担楼层的重量，而不用担心墙会发生侧面倾塌。这一建筑策略在教堂里很少应用，因为教堂中央必须要有空地，所以重量无论怎样都落在了外墙，并需要很多扶壁支撑。在哈德威克，建筑的承重落在了内部，因此建筑的外墙可以使用大量玻璃，和适量石材支撑。

哈德威克庄园内的房子在空间上最引人注目的就是：一条长梯沿着中央间壁直升两层楼，在尽头处拐入一条高度惊人的长廊，长廊横跨整个建筑，光线透过最大的窗户照亮长廊。墙上挂满挂毯画。屋顶有一个平台，把6个塔的最顶层连接在一起。从下往上看，6个塔楼非常壮观；从上往下看，塔楼竟像透明的凉亭，又像带有精致护栏的小展馆，里面包含贝斯名字的大写字母（伊丽莎白·什鲁斯伯里），在起伏的德比郡乡村，从数英里外就能目睹它的风采。

图1：底层平面图

1. 入口
2. 入口大厅
3. 小礼拜堂
4. 厨房
5. 食品室
6. 餐具室
7. 育儿室
8. 保姆住处
9. 通往上层主楼层
   的楼梯

图2：西侧立面图

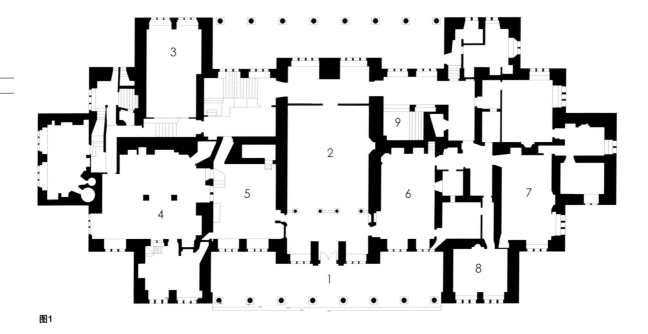

图1

图2

桂离宫皇家别墅

智仁亲王（1579—1629年）、科伯里·恩舒（1579—1647年）

日本，京都；1630—1662年

桂离宫的皇家别墅建筑可追溯到日本江户时代——被看作是日本艺术飞速发展的时代。就结构上来说，这些宫殿建筑都富有地方传统特色——沉重的瓦房屋顶需要许多木质柱子支撑，但墙体却非常轻便。这些墙面上并没有安装玻璃，而是用半透明的纸制作成可滑动的屏风。房间内部的空间也是用这些屏风分割开来的，木质框架两侧均安有屏风，以提高隔离的效果。

原本这些精巧的建筑是为智仁亲王（天皇的弟弟）设计兴建的，亲王一家在此安居，接人待客。智仁亲王财力有限，这座别墅历经数年才渐渐成型。在此期间，传统建筑技术日臻成熟，别墅建筑的开放性让花园成为聚会中不可或缺的风景。

11世纪，紫式部撰写《源氏物语》，在书中详细描写了桂离宫的环境——桂离宫不是书中所讲的宫殿，而是为重现此书中提及的宫殿而设计建造的。《源氏物语》中出现的桂山庄与水中月有关。"桂离宫（Katsura）"是生长在月亮上

的某种树的名字，而赏月也是桂离宫的重要活动之一。桂离宫有可供赏月的露天天台，如果时间把握得好的话，客人们可以观赏到水池映月的美景。阅读也是常常举办的活动，此外还有写作和大声朗读日本连歌。那里的文化氛围，让人们对于自然和神韵更为敏锐，而建筑的极简美学让细微的美妙之处凸显出卓越。

在此情此景之中，花园中的茶室更加引人入胜，时刻提醒我们佛教禅宗的僧侣们在15世纪开创了茶道——既适合于社会交际又能让人潜心思考。这座皇家别墅里茶室式的房子以芦苇为顶，以结实的土地为地。因此，与主建筑相比，这里更具乡村风情，更易形成茶道精神所提倡的简单、平静的气氛。

科伯里·恩舒曾是个显贵之人，也曾是一位声名远播的茶道大师。通常，人们把桂离宫和其大花园的布局设计归功于他。他还为日本国内的一些寺庙设计过茶室。当然，毫无疑问，智仁亲王才是决策人，他决定让主屋朝向冉冉升起的月亮。

1933年，德国建筑家布鲁诺·陶特参观了桂离宫，发现这座年代久远的宫殿才是现代建筑的范例。陶特误解了17世纪人们对于平凡无奇的外表和简单优美的美学标准的喜好。但现在这种优雅的风格为现代人所欣赏，这些经过深思熟虑之后的结构布局使那些空间大又招摇的建筑相形见绌。

经典建筑　平立剖

图1：平面图

1. 洗手用的溪水
2. 入口
3. 茶室
4. 一号房间
5. 二号房间
6. 餐具室
7. 厨房
8. 壁炉
9. 小陈列室

图2：北侧立面图

图3：图1中A-A区域的剖面图

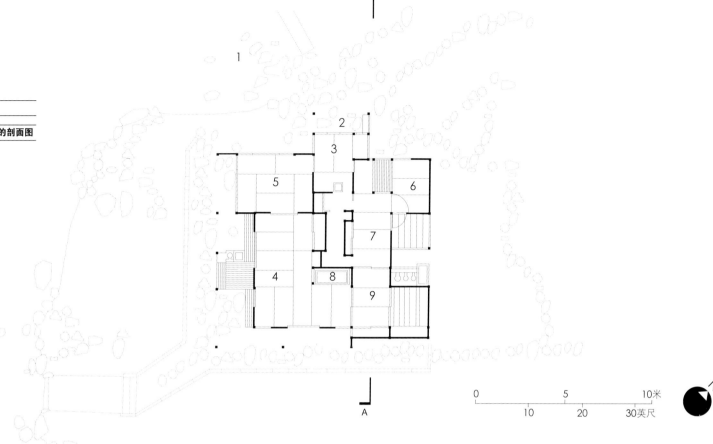

图1

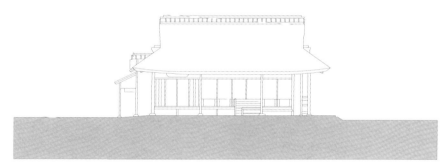

图2

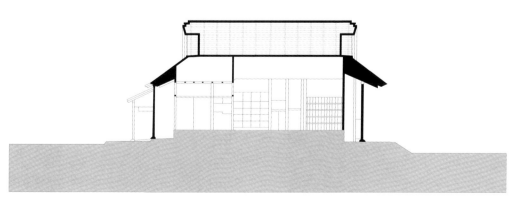

图3

拉斐特城堡

弗朗索瓦·蒙莎（1598—1666年）

法国，法兰西岛拉斐特；1642—1651年

拉斐特城堡建在一个斜坡的顶部，站在上面可以看到巴黎东南部的整个景观。当时建造的时候，它还处在巴黎附近的乡村，绝对是远离城市的，然而现在它所在的位置已经变成了郊区。虽然城堡不再处于森林的边缘，公园也已经消失，但里面还是有一个整齐的法式花园和房子在同一条轴线上，令人印象深刻。城堡几经转手，1818年，一位叫"拉斐特"的银行家买下了这座城堡。

拉斐特城堡在建筑上的对称美、细节上的精心处理以及有序的排列，使其成为法国古典主义的代表。对于巴黎美术学院建筑系的学生们来说，拉斐特城堡已成为他们学习的好去处。

弗朗索瓦·蒙莎是一名建筑师，他总是在施工的过程中重新考虑设计问题，不是认为应该把工程停下来，就是认为应该重建，他也因此而"闻名"，经他设计出来的建筑物一般都是耗资巨大而华丽非常，拉斐特城堡是他设计的保存最完整的建筑。起初，城堡都是笔直的林荫路，人们能够欣赏地面的景观。入口正面有两层楼，斜坡屋顶是第三层。朝向花园的一侧，面朝巴黎，地面的斜坡也暗含在栏杆下面还有3层高。爬上一个巨大的白色大理石楼梯，经过一个缓坡，就能走到楼上最大的房间。

拉斐特城堡给人的感觉更像是展品而不是家。城堡让人印象深刻，但它只有一间房间的纵深，从城堡富丽堂皇的正面来看，它的房间很少，有点儿不太对称。城堡装饰得协调、优雅，一看就是经过精心设计的。

花园门面是很平坦的，就是一条直线，但可以从它的构造中看出有3个"亭子"，中间和两边分别有1个。这强有力地向我们说明了屋顶原来的样子。定义这个建筑物的时候，墙壁断开并向前凸出来界定这三部分。这些柱子环绕着建筑物延伸，它们有相似的规律，但又不完全一样。三部分被平壁柱和圆柱的序列连接在一起，呈现出有变化的秩序感。因为尽管柱子的体积都一样，但是它们的角度各异，排列方式多样。拉斐特城堡的设计就像是一门教程，它向人们展示了如何设计一个大建筑物的正面。

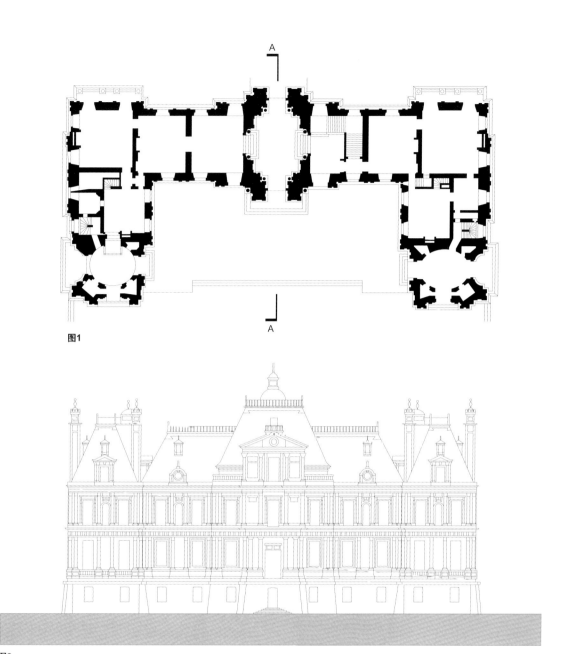

图1：底层平面图

图2：西北侧立面图

图3：图1中A-A区域的剖面图

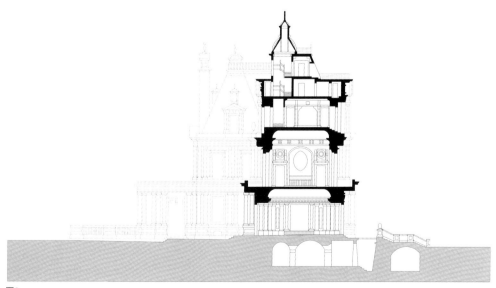

图1

图2

图3

0　　　　　　20　　　　　　40米

50　　　　　100英尺

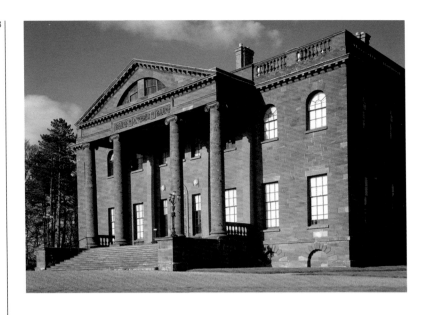

伯灵顿府第

亨利·奥朗德（1745—1806年）

英国，赫里福郡；1778—1781年

　　伯灵顿府第是18世纪英国贵族宅第的典型代表。建筑主体呈矩形。突出的门廊由4根爱奥尼克柱支撑。伯灵顿府第完美地向世人展现了帕拉第奥式的建筑风格。

　　该宅第周围的自然景观是由英国最杰出的园林大师布朗设计的。布朗秉承一贯的设计风格：身处伯灵顿绵延起伏的农田，便可将这里一览无余，尽收眼底。不熟悉布朗的人还以为伯灵顿府第恰巧建在一个未经雕饰的世外桃源里。布朗为伯灵顿府第修建的人造景观可谓巧夺天工。他在房子的不远处修渠建堤，引水成湖。挖深沟、筑凹墙，不露痕迹地将动物圈在离房子不远也不近的地方吃草。植树造林、以林为障，旨在营造一种柳暗花明又一村的感觉。

　　房子的后面有一个院子，院子里有一排低矮的后勤服务房。布局或多或少延续了主楼的对称性。厨房、面包房、洗衣房、仆人的卧室以及装修精美、用于陈设的牛奶房都建在这里。后勤服务房大多会建在房子的一边，抑或隐匿在树林

后，伯灵顿府第这种格局十分少见。不同于其他府第既有大门又有通向花园的小门，伯灵顿府第只有一个大门。这个门既是伯灵顿府第的主入口也是通向如诗美景的出口。

　　前端的会客厅金碧辉煌，角落里的小房间则对着同主楼一样都建在砂岩上的后勤服务房。后勤房的庄严、肃穆令人瞠目结舌。

　　阳光透过房子中上方的玻璃穹顶照射在华丽的楼梯上。顺着这个楼梯上去就是专为家人和客人准备的卧室和起居室。联通地下室和阁楼的是一个较小的楼梯。

　　假窗保证了外观的对称性。假窗和真窗区别不大，都有玻璃。只不过假窗的玻璃要在背面涂黑，窗框要镶在实心的墙里。19世纪，人们通常因为不愿交窗税而堵死窗户。但是，更常见的是人们会像伯灵顿府第一样，出于对整体结构的考虑采用假窗。采用假窗的前提是室内光线充足，再在两面墙上开窗，不过这会影响取暖。

　　伯灵顿府第是由托马斯·哈雷委托亨利·奥

朗德设计建造的。哈雷作为牛津伯爵的弟弟，顺理成章地在埃伍德世袭了爵位。除此之外，他个人搞金融也发了笔小财。因此，他在伯灵顿自立门户。建筑师奥朗德曾参与了肯辛顿区和切尔西区的建设，斯隆广场就出自他手。继伯灵顿之后，奥朗德接受威尔士王子的委托设计卡尔顿宫。该宫在鸽子广场建成时被拆除。

图1：底层平面图

1. 柱廊
2. 大理石厅
3. 内厅
4. 庭院
5. 会客厅
6. 台球室
7. 餐厅
8. 吸烟室
9. 厨房
10. 佣人大厅
11. 餐具室
12. 洗衣房
13. 面包房
14. 食品室

图2：西南侧立面图

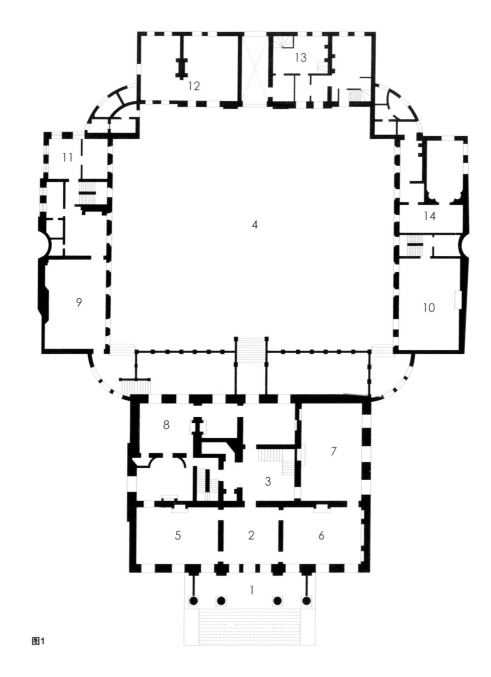

图1

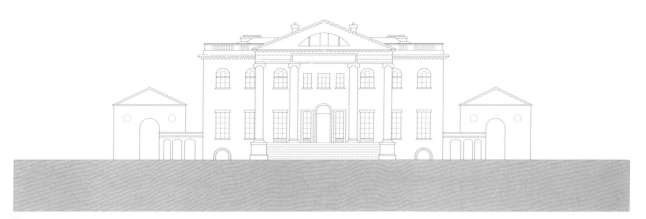

图2

凡尔赛王后农舍

理查德·密克（1728—1794年）

法国，法兰西岛凡尔赛；1774—1785年

宏伟的凡尔赛宫（见第250—251页）建于法国路易十四统治时期（17世纪中叶）。路易十四买下了附近一个名为特里亚农的村庄，用来建造第二个宫殿，即大特里亚农宫，该宫殿后来被多次重建。大特里亚农宫与富丽堂皇的凡尔赛主宫距离甚远，位于花园的隐蔽之处，因此成为更为私密的场所。按照正常标准看该宫殿极其宏大。

后来，路易十五（路易十四的曾孙）建造了一座规模略小的宫殿，位置距离主宫更远一些。该宫殿最初是为其情妇蓬帕杜夫人而建的，但宫殿还未完工，蓬帕杜夫人就过世了。因此，路易十五的另一位情妇——杜巴丽夫人便住进了该宫殿。

以此看来，小特里亚农宫从一开始便成了女人的专属宫殿。路易十六上台之后，将小特里亚农宫送给了他的妻子——玛丽·安托瓦内特。在这里，玛丽能够避开那些令她窒息的宫廷礼仪，只允许密友出入，从不招待公务人员。玛丽在这个花园设计了一处小庄园，即凡尔赛王后农舍，显示出她对简单生活的渴望，同时也反映出她距离这样的生活多么遥远。

这个小庄园里有十几个农舍大小的房子，大部分类似于农舍。它们绕水塘而建，简单而淳朴，看上去几经修葺。然而，这些房子不是为农民而建的，而是为了给人们提供一个能够舒适生活的地方。

其中一个房子从外面看像一座两层的茅舍，其实是配备齐全的厨房，用石头砌成，高高的天花板上有天窗照明。这个厨房用来加热粗茶淡饭——吃够了精美的宫廷筵席，这样的饭菜成为改善伙食的选择。另一个房间是玛丽的私室，还有一间是桌球室。

从组织方式上看，小庄园只是一座房子，不同功能的设施分散在不同的建筑中。事实上，它绝不单是一座房子：它与小特里亚农宫相连，因此不需要卧室。其中最为精美的是乳品室，水从壁龛上的喷泉中喷出，中央是白色的大理石桌；墙壁涂有错视画派的大理石花纹，天花板是花格镶板，色彩精美。这里看上去更像圣器安置所，而不是乳品室。

尽管人们普遍认为浪漫主义是始于法国18世纪，由让·雅克·卢梭（1712—1778年）开创，但赞美质朴农民生活的诗篇和故事却流传已久，它们认为上流人士的生活过于拘束，而农民的生活则更能体验到自然的情感。

在文学作品中，很多年轻男子会被奶牛场挤奶女孩或牧羊女身上的魅力所吸引，并疯狂地陷入情网。当然现实生活中，贫穷可能会束缚人的自由。但玛丽·安托瓦内特通过自己的设计，让朋友和自己在人造的世界里享受到了无拘无束的生活。

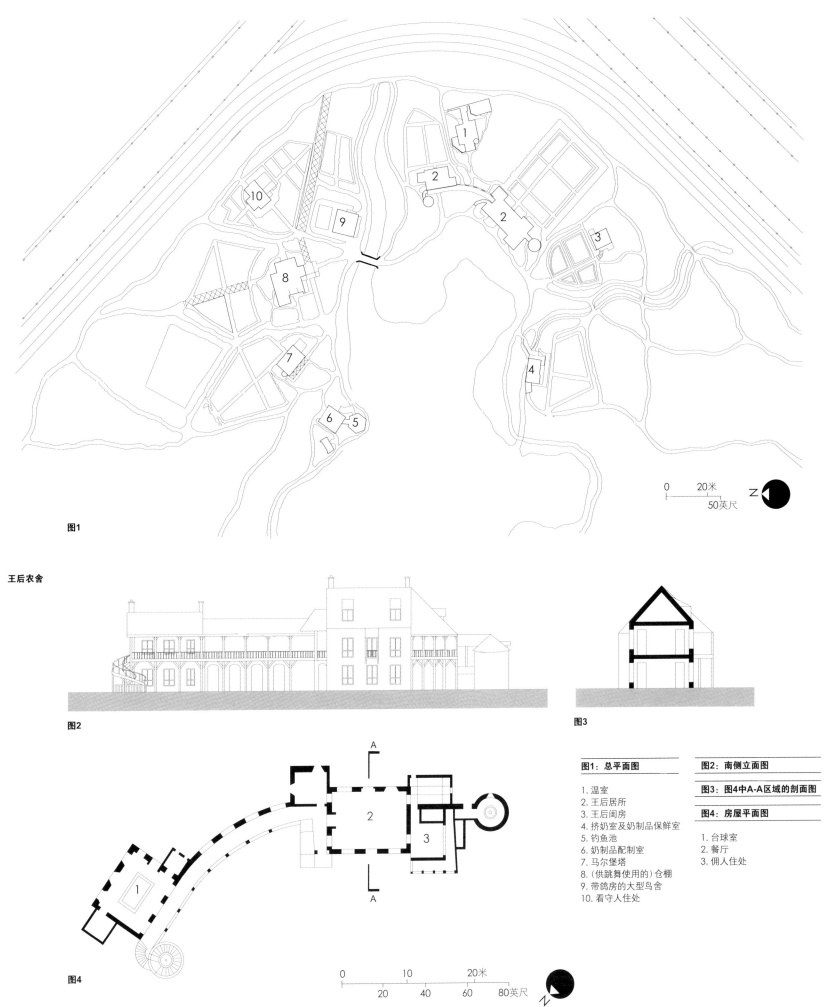

图1

王后农舍

图2

图3

图4

图1：总平面图	图2：南侧立面图
1. 温室	**图3：图4中A-A区域的剖面图**
2. 王后居所	
3. 王后闺房	**图4：房屋平面图**
4. 挤奶室及奶制品保鲜室	
5. 钓鱼池	1. 台球室
6. 奶制品配制室	2. 餐厅
7. 马尔堡塔	3. 佣人住处
8. (供跳舞使用的) 仓棚	
9. 带鸽房的大型鸟舍	
10. 看守人住处	

蒙蒂塞洛庄园

托马斯·杰斐逊（1743—1826年）

美国，弗吉尼亚州夏洛茨维尔；1794—1809年

托马斯·杰斐逊是《美国独立宣言》主要起草者、开国之父、第三任总统，通过向法国购买路易斯安纳属地而使美国的领土扩大了1倍。蒙蒂塞洛庄园曾作为种植园为这位备受崇敬、振奋人心的领袖带来了源源不断的财富。

作为庄园，蒙蒂塞洛堪称典范。1768年蒙蒂塞洛农舍诞生。因其巧妙地迎合了杰斐逊的需求，在今天看来或许会显得别具匠心、引人入胜，但杰斐逊经常在外工作和旅行，受到了欧洲尤其是巴黎建筑风格的影响，同时又爱上了安德烈亚·帕拉第奥的建筑风格。在任职总统期间，他不断地改建蒙蒂塞洛庄园，赋予了它无与伦比的尊贵和高雅。杰斐逊本人还选择死后葬在那里，因此蒙蒂塞洛庄园不仅是艺术品，而且是国家圣地。

在弗吉尼亚改建蒙蒂塞洛要比维琴察（帕拉第奥家乡）难得多，因此该工程取得了令人瞩目的成就。在维琴察，帕拉第奥可以参照当地的传统建筑工艺，而在弗吉尼亚，工匠们只能通过帕拉第奥出版的书来进行粗略的模仿。窗玻璃是从欧洲进口的。建房的砖是在当地烧制的。房屋架构使用的木头是在杰斐逊的庄园出产的。

虽然蒙蒂塞洛庄园的原型是帕拉第奥的卡普拉别墅（见第70—71页），但经过杰斐逊的自由发挥，前者俨然是后者的升级版。杰斐逊的房子四面各有一条走廊。每条走廊都各不相同，其中一条像花房一样两边都镶着玻璃。对称性在这里没有严格的要求。蒙蒂塞洛庄园的穹顶不仅没有刻意地建在中间的圆形大厅之上，反而很随性地建在一个不起眼的房间上方。重要的房间设在同一楼层，没有富丽堂皇的楼梯，蒙蒂塞洛庄园和卡普拉别墅在这两点上惊人的一致。

杰斐逊的卧室及较大的客房都在蒙蒂塞洛庄园的一楼。家庭娱乐室在二楼。通往二楼的楼梯形同虚设，更像是为游客们瞻仰豪华古宅而准备的。杰斐逊的妻子在1782年去世，两个女儿分别在1790年和1797年成家。在很长一段时间里，这个房子除了家奴就只有他一个人孤零零地生活。

杰斐逊的小女儿1804年在蒙蒂塞洛过世，大女儿玛莎比他活的时间长。杰斐逊任职总统期间（1801—1808年），玛莎担起了美国第一夫人的重任。待到杰斐逊卸任后，她就离开了丈夫带着11个孩子搬到蒙蒂塞洛与父亲同住。值得一提的是，玛莎的丈夫托马斯·曼·拉道夫时任弗吉尼亚州总督，在里士满办公。

杰斐逊的个人套间包括卧室、书房、藏书室和南面的花房走廊。床就放置在卧室和书房之间的壁凹处。这个房子既是他学习和生活的地方，也是他办公的处所。每天都有络绎不绝的访客在宽敞的门厅等候。蒙蒂塞洛庄园本应让宾客们乐不思蜀，无奈，与当时同等规模的欧洲贵族官邸相比，房间的布局设计舒适有余，美观不足。客厅和餐厅之间的过渡也不太自然。由此可见，在该建筑中，简约实用是崇高理想的基石。

图1：平面图

1. 东北柱廊
2. 入口大厅
3. 会客厅
4. 西南柱廊
5. 餐厅
6. 杰斐逊卧室
7. 图书室
8. 小广场

图2：立面图

图3：图1中A-A区域的剖面图

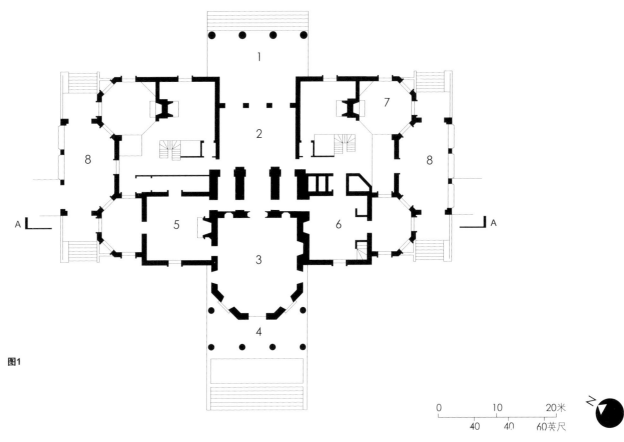

图1

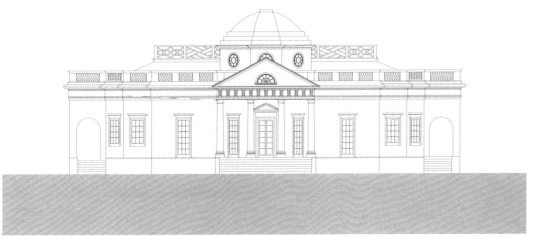

图2

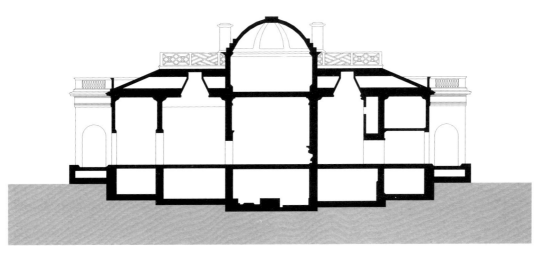

图3

第二章　民居

新天鹅堡

克里斯蒂安·扬克（1833—1888年）、爱德华·里德尔（1813—1885年）、格奥格·多尔曼（1830—1895年）

德国，巴伐利亚；1869—1886年

　　如果一个人对设计和歌剧的兴趣远远超过治理国家，并不足以说明这个人是个疯子。可如果这个狂热爱好者恰好是个国王，那么令其退位的最好解释就是说他是个疯子。

　　巴伐利亚国于路德维希二世18岁登上王位，政治经验不足，而且把过多的精力投入到作曲家理查德·瓦格纳的作品上，他在巴伐利亚北部的拜罗伊特投资建造了瓦格纳剧院，之后又建造了一系列的豪华建筑，为此欠下巨额的私人债务，然而巴伐利亚却因此变成了著名的旅游胜地。

　　如果路德维希二世生活在可以录制音乐的时代，那么他反复聆听瓦格纳的作品也不会给他的政治生涯带来如此大的破坏，但喜欢音乐对他仅仅是个开始。路德维希二世似乎想要生活在戏剧带给他的高度兴奋状态之中。他对那些演员和歌唱家极其狂热，要求他们一直保持角色扮演，令演员们感到精疲力竭。在路德维希的宫殿中放有电影《路德维希》的原声音带，这是卢奇诺·维斯孔蒂在1972年导演的讲述路德维希二世的影片。

　　没有哪个建筑的选址比新天鹅堡更浪漫了。它坐落在阿尔卑斯山旁边的一座小山顶之上，远处是绵延的高山。新天鹅堡是在中世纪古堡的残垣断壁之上兴建的，计划面积要比原古堡的面积大得多，但在资金用完之前建成的部分已经令人叹为观止了。另外，只有一条又窄又陡的山路通向赫然耸立的城堡，各种建筑材料都是从这条山路运上去的。

　　堡内是鲜明的中世纪主义风格，精致的雕像、彩色的窗户玻璃，还有描述格瓦纳中世纪骑士精神的油漆壁画。在新天鹅城堡的设计中，路德维希二世特别彰显了瓦格纳的歌剧中的天鹅骑士罗恩格林的形象。

　　城堡最大的两个房间是王位厅和歌剧厅，拜占庭式风格的王位厅充满强烈的宗教主义色彩。殿内使用大量的黄金、天青石和斑石进行装饰，王座上方的半圆形屋顶上是耶稣壁画，耶稣下面是6个国王，都是基督教徒，王座侧面是十二

门徒。歌剧厅是专门为瓦格纳的歌剧《纽伦堡的名歌手》里所描述的中世纪式的歌唱比赛所设立的，歌剧厅要通过旋转楼梯到达城堡的顶层，楼梯的顶端有一个石头雕刻的龙。这个歌剧厅在路德维希二世在世期间从未使用过。

　　最能引起共鸣的地方是卧室。床上方的天篷雕刻着许多精美的塔尖。盥洗室的自来水龙头也是天鹅的形状。还有一个礼拜厅是专门为圣路易设计的。圣路易是法国国王，而他的名字翻译成德语正是"路德维希"。壁画描绘了《特里斯坦与伊索尔德》中的场景，有一扇门通向小阳台，能看到壮观的瀑布飞流直下到山脉的峡谷地带，腾起的水雾仿佛在水还没有落地之前就已经蒸发了。

图1：总平面图

1. 入口大厅
2. 上层庭院
3. 下层庭院
4. 大厅
5. 凉亭
6. 门户建筑

图2：南侧立面图

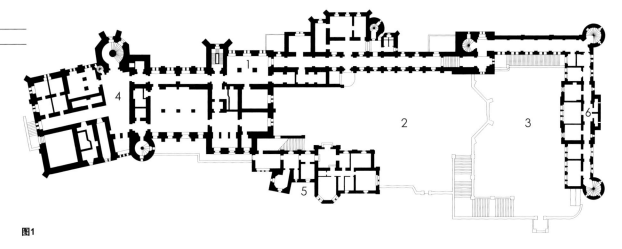

图1

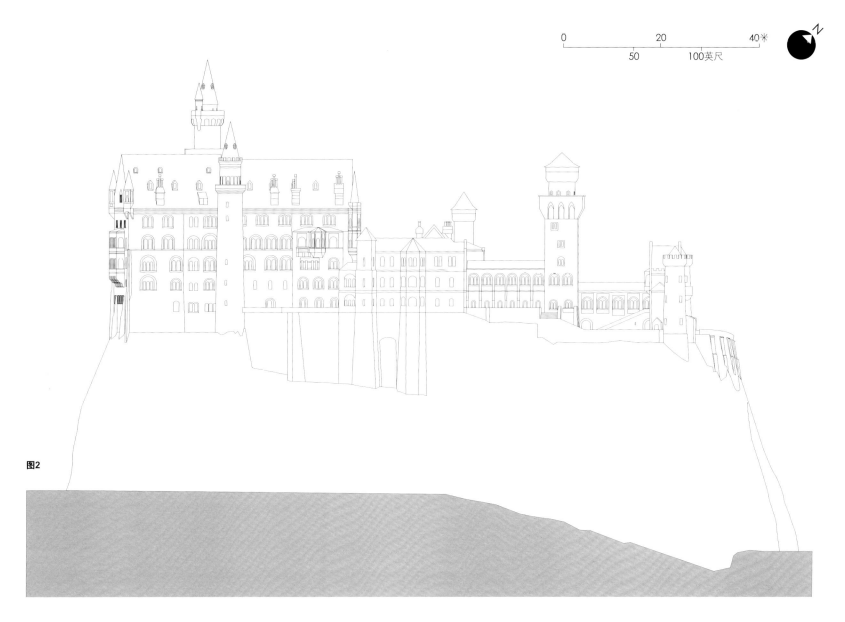

图2

霍塔公寓

维克多·霍塔（1861—1947年）

比利时，布鲁塞尔；1898年

19世纪，欧洲建筑风格包罗万象，越来越多早期的、异域的建筑风格为人们所熟知。罗马的古典主义建筑风格仍然是建筑界安身立命之本。但随着考古学上不断取得新进展，社会上层人士在文化上更加认同古希腊的古典主义建筑风格。在这一时期，除了不同种类的古典风之外，中世纪风、民族风以及异域风等都在建筑领域有不同程度的复兴。

建筑学理论家尤金·奥莱特·勒·迪克致力于中世纪古建筑的研究与保护。在这一过程中，他体悟到大教堂拱顶的运用是合乎理性的，并提出现代建筑不应该简单地模仿古建筑，而应该根据现代建筑材料的特点，确立自己独特的风格。

从19世纪60年代起，他的这一观点在业界就广泛流传，但却没有立即收到实效。然而，就在30多年后，它促进了人们在新艺术运动中创造力的迸发。新艺术是指全新的建筑作品。设计者涵盖生活在不同国家的形形色色的人。他们唯一的共同点就是在建筑的风格上不参照经典，敢于从本质上进行大胆的革新。

维克多·霍塔的早期作品就是新艺术风格的。这些建筑设计成熟、施工精细、精致无比。有例为证：他为了突出住宅和实验室的整体感，大胆地运用了铁结构和大块玻璃。"整体艺术"（Gesamtkunstwerk）一词本为理查德·瓦格纳首创，用来描述他想要在歌剧中表达的艺术综合效果。整体艺术也是一个想要完全掌控建筑装潢的设计师所考虑的范畴。

曲线是霍塔新艺术风格的一部分。曲线的运用使石雕变得柔和，使壁炉不再中规中矩，使栏杆像攀缘的藤一样蜿蜒曲折。除此之外，铁艺曲线则用在彩绘装饰、瓷砖和家具上。由于设计图纸不可能展示出复杂的细节，霍塔和他的助手就制作了石膏模型，以此来向工匠们解释如何在木头或石头上操作。为了追求和谐，他们还要特别嘱咐匠人们，每一个家具的布置都要与其他的家具相照应。因此，与传统的建筑相比，霍塔设计的建筑成本偏高。

结果，只有比利时的富翁们才能买得起霍塔的新艺术风住宅。1830年，比利时脱离荷兰，获得独立。当时，人们感觉新艺术或许会风靡整个国家。但是人们对独特设计的大量需求瓦解了这种可能。霍塔的晚期作品更倾向于几何结构。其中，布鲁塞尔中部的华康德百货商店（现在是卡通博物馆）尤为引人注目。该建筑低处厚重而庄严，高处的栏杆和屋顶轻盈而空灵，彼此相得益彰。

霍塔设计的新艺术风公寓极具尖锐性和独创性。他总是能突破自己。从图片上来看，其审美价值跃然纸上：霍塔设计的房子令人昏昏欲睡，仿佛房子里的居民过着怡然自得的生活。实际上，霍塔本人的餐厅更加令人赏心悦目：墙和地板由瓷砖镶嵌，曲线形拱顶由铁艺和砖石共同支撑。

图1：底层平面图

1. 厨房
2. 佣人楼梯
3. 主楼梯
4. 会客厅

图2：图1中A-A区域的剖面图

图3：西北侧立面图

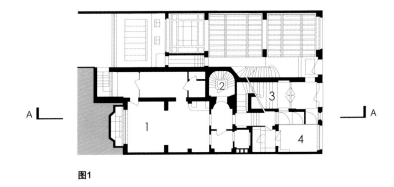

图1

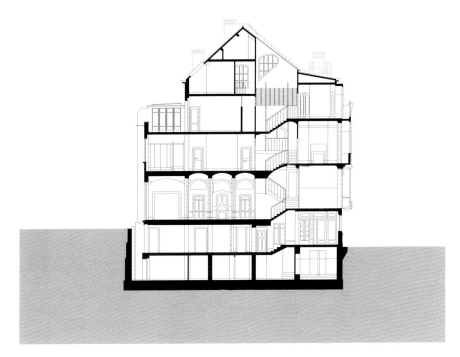

图2

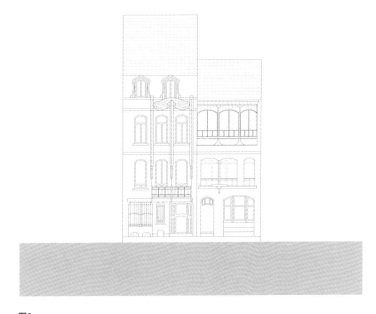

图3

马赛公寓

勒·柯布西耶（查尔斯·爱德华·让纳雷）（1887—1965年）

法国，马赛；1947—1952年

查尔斯·爱德华·让纳雷在瑞士长大，曾在巴黎的奥格斯特·佩雷办公室工作。钢筋混凝土广泛应用前，查尔斯就已经在奥格斯特·佩雷的办公室学习了这方面的知识。20世纪20年代，他以勒·柯布西耶为笔名，创作了关于混凝土建筑的作品，成为先锋派的建筑师，并获得了很高的声望。他对以满足现代需求为目标的城市再设计感兴趣，借鉴于汽车设计，进行非传统的建筑设计。

勒·柯布西耶设计的单个房屋，采用了底层架空的手法，从而使花园里扁平的屋顶下有更大的空间或是房屋下有更多的外部空间。他提出了用混凝土柱支撑扁平的混凝土板的混凝土框架体系，从而可以创造出更多的内部空间，也可以自由地细分非承重墙。这一构造体系还使得外墙不再具有传统的承重功能，因而可以围绕外墙连续开窗。

对于艺术爱好者们来说，这里是完美的家，目的在于少花钱建造大量的房屋。1925年，

勒·柯布西耶设计了一座展会亭，展出了一间不大的房间，里面陈列着工业制造的家具。1929年，在波尔多郊区的佩萨克举行了同一主题的关于工人们住宅的房屋展览。

这座马赛大厦又称为马赛公寓大楼，是勒·柯布西耶的第一座大规模住宅建筑物。二战后，人们迫切希望建造新住宅，勒·柯布西耶把公寓大楼视为战后城市重建的典范。公寓大楼的建造产生了巨大影响，全世界的人们用多种形式复制它的设计，并获得了成功。公寓大楼在地面上用混凝土制成模型，然后提升高度，固定在一个混凝土框架中。勒·柯布西耶自己用酒瓶支架栩栩如生地向潜在住户描绘其建造原理。每一套公寓利用铅垫来消除居住单元之间声音的干扰。一些早期的住户曾经抱怨公寓内太过安静，尤其是没有了邻居的吵闹后，他们感到害怕。

每套公寓都占据两层，拥有一个两层高的正厅。每套公寓东西通透布置于大楼，拥有两面景观，自然通风良好。里面的走廊是入口，没有自然

光。环绕整个走廊，公寓都是成对设计的。有一类是这样的，住户在公寓里从一层走楼梯上二层，横穿整个大楼，看到大楼的另一端。走廊另一边的邻居从二层下来走进卧室，可以横穿整个大楼。

为了凸显新颖别致，公寓建造得狭长且小。浴室和过道都紧密安排在走廊周围，但外部却很宽敞，有大窗户、阳台。有些房间空间狭窄，然而每个人都能看到地中海。

粗糙的混凝土支柱支撑整栋大楼。屋顶花园上面有玩耍的空地和雕塑的烟囱，大楼的中部是一条灯火通明的街道，有很多商店。就像一艘远洋轮一样，只要一座大楼就可以满足人们的所有需要。事实上，人们不得不离开大楼，去工作挣钱，商店也因没有吸引到大量消费者而难以维计。有一些商店变身为旅馆，在前来拜访的建筑朝圣者中很受欢迎。

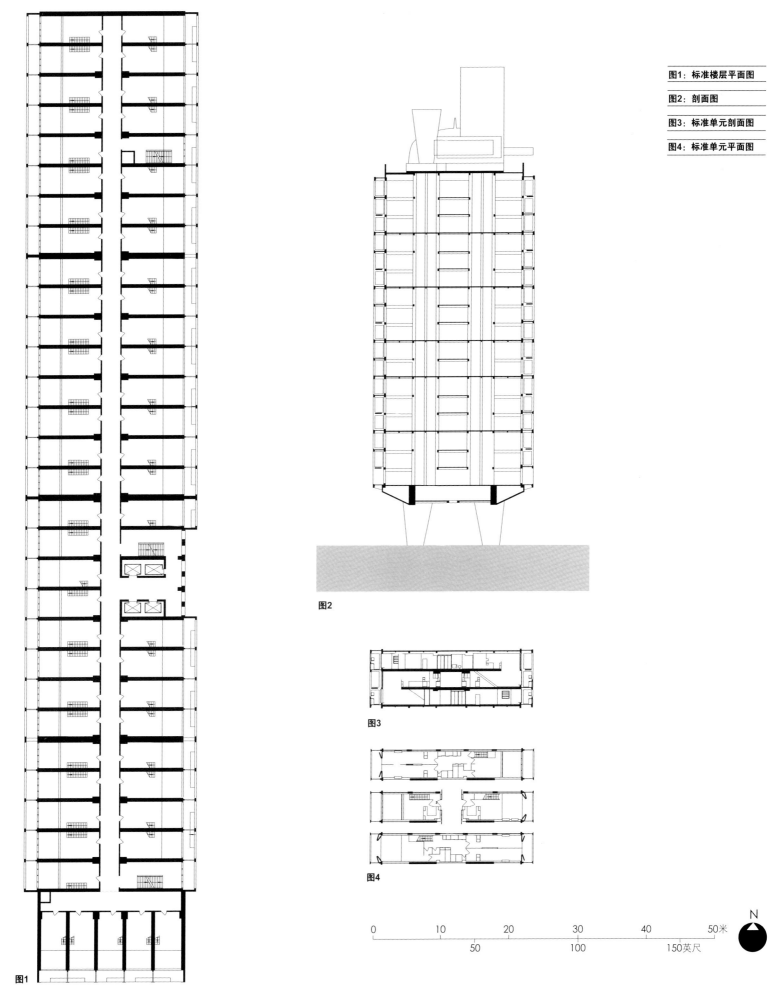

湖滨大道公寓

路德维希·密斯·凡·德罗（1886—1969年）

美国，伊利诺伊州，芝加哥；1949—1951年

建筑师密斯·凡·德罗在1937年初到美国之时，就已名声大噪。1929年密斯为德国设计了巴塞罗那国际博览会的主展馆。他曾是包豪斯第三任也是最后一任校长。包豪斯学校因国家撤销拨款而被迫关闭。1927年，密斯在斯图亚特白森豪夫住宅举办了闻名遐迩的工人住房设计展览。3年后，密斯设计了美轮美奂的布尔诺图根哈特住宅，该住宅位于现在的捷克共和国。

密斯在芝加哥定居，并在市中心建立了自己的实验室。那里是密斯除去伊利诺工学院之外的另一传道解惑的地方。值得一提的是伊利诺工学院也是密斯的作品之一。

在建筑设计上，密斯长期以来一直崇尚极简主义的审美观。其早期作品外观极其简洁，选材却十分考究，比如德国馆以及图根哈特住宅就使用了花纹玛瑙墙体此种珍贵的材料。密斯为美国设计的建筑凸显了钢架结构。在出产钢筋的工业时代，密斯根据文化的发展，借鉴尤金·奥莱特·勒·迪克的结构理性主义，成功引入了钢架

结构这一建筑元素，可谓占据了天时、地利、人和。密斯的每一个设计作品都经过仔细的推敲，每一个细节都精益求精。无论是从外观还是从质量上来看，都是程式化的工业建筑或商业建筑所无法比拟的。

湖滨公寓在建筑史上的重要性与其说是在于技术的革新，不如说是在于钢架结构在首个高层住宅上的大胆运用。钢筋不再隐藏在砖石之后，而是暴露在外面。钢架之间只有玻璃。

起初，湖滨公寓由两幢高楼组成，位于密西根湖沿岸，出挑抢眼。1953—1956年间，密斯为湖滨公寓设计的另外两幢高楼也相继落成。4幢高楼彼此呼应，为该区域近现代的地产开发树立了榜样。相信在不久的将来湖滨公寓的模式会影响全世界的许多城市并在当地生根发芽。

对于建筑来说，要想实现外观的简洁、明快看似简单，实则不然。传统建筑的钢架都是被砖石包裹起来的，这样能够使其在火灾中免受损坏。而密斯的建筑却恰恰相反，为了使外观能够

与周遭环境相映衬，钢筋是外露的，而水泥是内隐的。钢架没有水泥的庇护，因而需要防火。密斯的设计不仅仅从实用主义出发，一直以来灵光一现和神来之笔无处不在。

公寓的面积相对适中（每一套房有1个或3个卧室不等）。通风和排水系统是该建筑的核心，因此建筑的外墙灵活机动，毫无阻碍。每一户房子的外表面从上到下都是玻璃。墙壁可用白色百叶窗遮盖。这种百叶窗能够全开全关，或者半开半关，使得百叶窗的底边与窗台协调一致。

多么怪诞的个人室内装修都会被湖滨公寓秩序井然的外表所掩盖。虽然湖滨大道公寓现在俨然已是公司或企业的总部大楼，但在建成之初，它却是别具一格的现代住宅。密斯在此居住了一段时间。后来，因为觉得其他居民把他当成修理工来对待，所以搬进了附近一个较大的意大利风格的公寓。

图1：总平面图

1. 北楼
2. 南楼

图2：北楼标准楼层
　　平面图

1. 主走廊、楼梯及电梯
2. 入口/前厅
3. 厨房
4. 餐厅
5. 客厅
6. 卧室
7. 浴室

图3：南楼标准楼层
　　平面图

1. 主走廊、楼梯及电梯
2. 入口/前厅
3. 厨房
4. 餐厅
5. 客厅
6. 卧室
7. 浴室
8. 服务大厅

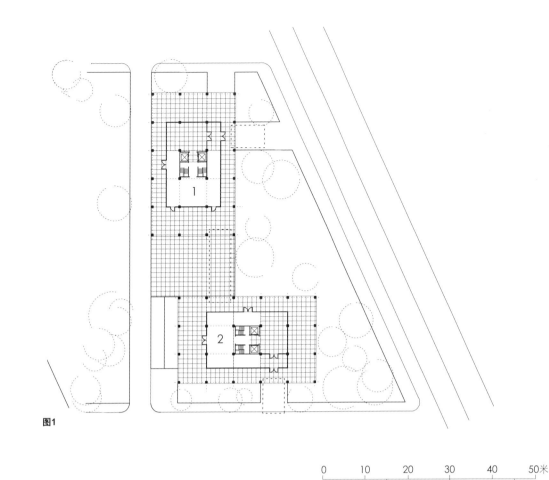

图1

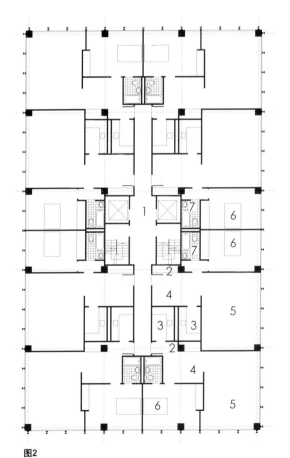

图2

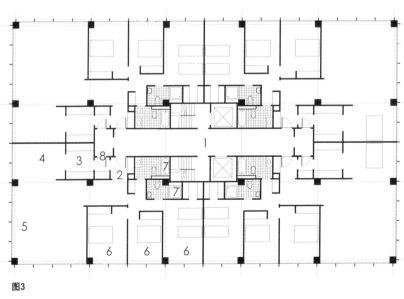

图3

施罗德公寓

格里特·里特维尔德（1888—1964年）、图卢斯·施罗德·施雷德（1889—1985年）

荷兰，乌特勒支；1924年

乌特勒支这套大小适中的住宅是联合国教科文组织推选出的世界文化遗产，也是20世纪20年代最著名的建筑之一。它的设计者是格里特·里特维尔德，他是一名工匠兼家具设计师。这座住宅是设计者和图卢斯·施罗德·施雷德女士合作完成的，30岁之前施罗德太太带着3个孩子守寡，但是经济条件却很充裕。之前她曾雇用里特维尔德改建公寓的某些部分，但是后来她丈夫去世之后，她决定建造一座适合独身女人居住的住宅。

房子坐落在市郊，周围是开阔的田园。白色的立面和彩色的线条元素赋予它里程碑式的意义。对于周末散步回来的人们来讲，这座住宅就像城市的门柱一样。

这个建筑遵循了以特奥·范·杜斯堡为代表的荷兰风格派原则，画家彼埃·蒙德里安正是归属于风格派。风格派不是通过惊人的想象力来创作，而是通过三原色几何形体的组合直击内心深处。但是在范·杜斯堡逝世以后，这一派别就不再遵循这一原则。尽管里特维尔德的家具设计仍然保持这种风格，但是建筑设计却更加现代化了，因为现代主义逐渐成型，施罗德公寓在他的作品中仍然占据独一无二的地位。

公寓迷人的外表下蕴含着巨大的艺术价值，但是同时它也是一套很成功的住宅。施罗德太太一直在此居住，直至95岁去世。孩子们长大离开她之后，里特维尔德就搬进去与她同住。

住宅的布局安排颇具创造性和灵活性。一楼是隔间房，按照最初的建造要求，这一层就是主要功能区，楼上就是普通的阁楼。

事实上，第二层才最出彩。不仅建有外开大窗，还可以随意合并内部的活动空间，还可以保证居住者的隐私。例如，浴室是可以临时搭建的，所以在不用的时候可以节省很多空间。折叠屏风将卧室分开，每个卧室都带有脸盆和通向外面阳台的独立门，所以每个孩子都可以享有自己的空间。然而，屏风隔间的隔音效果很差，假如一间房内有人在弹钢琴，其他房间的人都能听到。

施罗德公寓灵活的空间布置对于居住者来说是个激进的冒险。但是建筑的结构构造却非常传统，在砖砌墙体上刷上白色和灰色的泥，就可以营造出纯粹、抽象的外观了。

图1

图2

图3

1
2
3
4
5
6
7
A

图4

1
2
3
4
5
6
7
8
A

图5

N
0
5
10米
10
20
30英尺

图1：西侧立面图

图2：南侧立面图

图3：图4、图5中A-A区域的剖面图

图4：底层平面图

1. 书房
2. 工作室
3. 大厅
4. 工作间
5. 卧室
6. 厨房/餐厅/客厅
7. 卫生间

图5：第二层平面图

1. 阳台
2. 工作间/卧室
3. 仓库
4. 工作间/卧室
5. 大厅
6. 客厅/餐厅
7. 卧室
8. 浴室

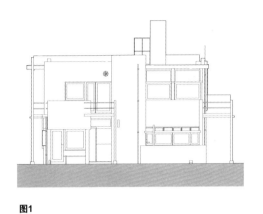

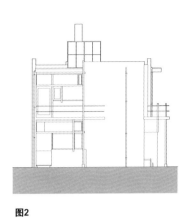

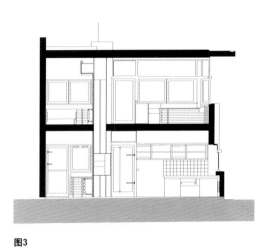

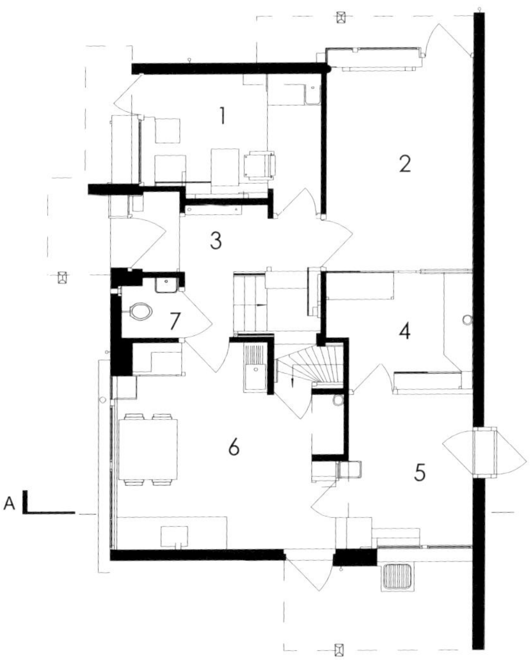

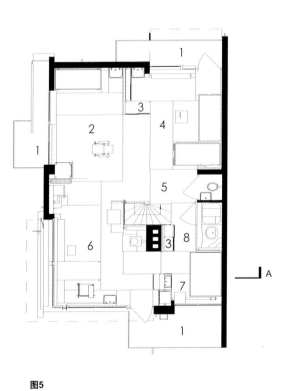

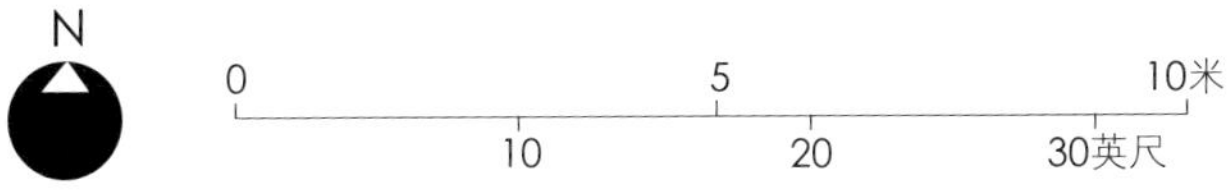

第三章
宗教场所

任何地方都有可能成为宗教圣地，但能够成为建筑艺术的瑰宝必定是有着非凡意义的建筑，尤其是那些体现出建造者价值理念的建筑。一个宗教圣地若能得到成千上万信徒的支持，每个人都决心付出所有供奉这片圣地，努力让其与众不同，这里定会大放异彩。这种驱动力不是来自经济利益，而是发自内心的渴望，表达对神灵或道义的尊崇。

虽然世界各地的建筑形式不尽相同，但这能充分地体现出一群为了同一信仰的人，如何欣然接受超出日常工作难度的任务并为之努力。尽管有时赞助者的高尚是通过普通劳动者的艰辛付出实现的，但这些伟大的宗教圣地确实是奉献的结晶。

建筑工人的住宅早已坍塌不见，而这些宗教建筑却被保留下来。它们的建造标准通常比普通住宅的标准高得多，建筑材料更为坚固，因为人们希望它能够永立不倒。所以宗教道场可以说是古老文明遗留下来的证据。这些建筑从建造的那一刻起就注定与众不同。它们能保留到现在，足以看出当时它们的地位之重。因此，这些宗教建筑值得我们予以关注，倾听它们诉说的故事，发现它们身上的美感及品质。

最壮观的建筑遗迹通常与统治者息息相关，因为宗教信仰是加强政治统治的有效方式。尼罗河上的雄伟庙宇、罗马的宗教圣祠、君士坦丁堡的圣索菲亚大教堂，以及苏莱曼清真寺都是属于这一类建筑。然而，还有很多有名的圣祠，修建得极为富丽堂皇，并不是因为它们的赞助者权倾天下，而是因为它们有很多的赞助者。此类建筑包括法国的马德兰大教堂（圣徒包括多位国王）、德国的维森海里根教堂、马里的杰内大清真寺（每年都动用上万人为该建筑加上新的一层泥土保护层以保持原貌），以及加利福尼亚州的水晶大教堂（这所教堂通过电视举行礼拜仪式，接受信用卡资助）。

每个宗教做礼拜的方式也各不相同。有些地方采取祭祀的形式，有些地方采取集体宣读信仰的形式，还有的地方采取单独冥想的方式。所有的信徒都倾己之力来打造自己的宗教建筑，以证明自己信仰的重要性，比如建造当地最大的宗教建筑、采用华丽的雕刻或者镀金，或者将整座建筑镶上大理石，或者安装色彩绚丽的玻璃，营造与空气水乳交融的感觉。

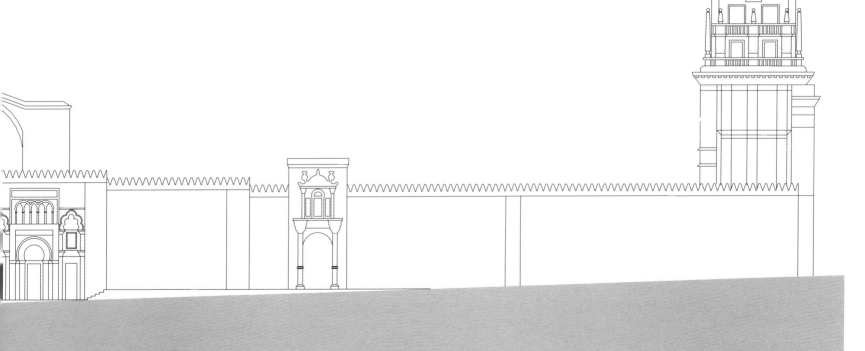

马耳他巨石神庙

马耳他；公元前2500年

这些巨大的石头被称为"巨石神庙废墟"，曾被用于戈佐岛建造寺庙。戈佐岛是马耳他的第二大岛，它是世界上最古老的独立建筑和宗教建筑。戈佐岛重要的人文景观是支干提亚神庙，其名字的含义是"巨人所有"，巨石的尺寸可见一斑。建造该神庙的群体的身份仍然是个谜。最初，这些建筑物被用作举办葬礼仪式，庙内堆放着去世之人的骨骼。

历史学家、考古学家对它进行了碳样本分析，评估建造的时间。无疑，神庙建筑群十分古老。这两座庙宇并不是同时建造的。据推测，较小的庙宇是先建造的，神圣庄严，气宇非凡。人们之后又建造了较大的神庙。

每一座神庙都有凹室，两侧的挡土墙将它们连接起来。内部空间很像一位沉睡着的肥硕妇女雕像。在庙的平面图上很容易看出来，雕像头在上面，两臂下垂。

葬礼期间可能还包括在尸体上涂抹赭石色颜料，希望死者来世再生。赭石是一种黄土，可以被碾成粉末，至今仍作为颜料使用。加热时变成红色，代表着鲜红的血液。内部和围墙之间粘满瓦砾和泥土。神庙可能还有顶盖，但早已不复存在了。神庙内部像是有模板，外部仍砌筑砖。

在马耳他首都瓦莱塔的街道上，有一幢非同寻常的房屋，从那里人们可以进入暗藏的地下迷宫。这个地下建筑是与支干提亚神庙同一时代建造的。这个地下宫殿于1902年被发现。地下宫殿有可能在建城之前就已经存在了。这些洞穴就像是无意识构建的形象，在现代城市的商业环境下，这些洞穴却无意中反映了当时民众的生死观。

许多人都埋葬于此。地下宫殿的洞顶和洞壁画有螺旋形图案。室内的门道是被刻上去的，这一点与地面上支干提亚神庙的入口类似：垂直的巨石支撑着一根水平的梁木，这些门道也被刻在洞穴壁坚硬的岩石上。

就这样，这座拥有顶盖的3层地下建筑被完整无损地保留下来了。支干提亚神庙像是用模板搭建起来的空间，而建于同时期的地下宫殿像是以神庙为模板搭建的。至于哪一种庙宇先出现就不得而知了。

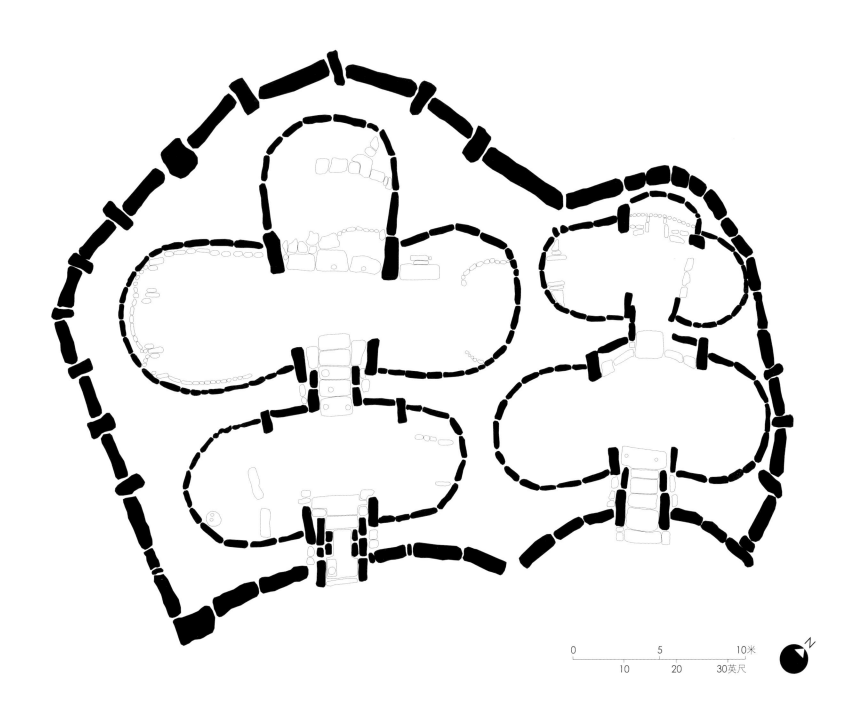

0　　　　　　5　　　　　　10米
　　10　　　　20　　　　30英尺

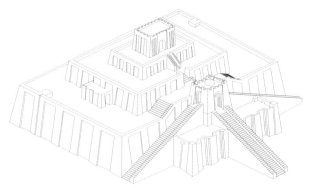

乌尔金字形神塔

伊拉克，济加尔省纳西里耶；始建于公元前2000年，重建于公元前600年

农业的概念最先确立于底格里斯河与幼发拉底河的中下游地区，希腊人将其称为美索不达米亚，意为两河之间的土地。许多地区都发明了作物栽培方法，包括中国。古代水力文明在底格里斯河与幼发拉底河两河诞生，人类开始种植作物，并建立起一种生活方式，由此产生了城市。

当时，乌尔是世界上最大的城市，人口达6.5万人。金字形神塔也是那时候建立的。苏美尔人建立金字形神塔来供奉月神"南那"。神塔的主要结构是一个开起的平台，平台由多层构成，晒制砖由沥青黏合构成神塔的内核。这是一座人造的神圣之山，建于幼发拉底河口处的平坦地势，四周没有山。如今，海岸线迁移，金字形神塔也不再矗立于海岸，但是地势却一如既往的平坦。

有一种说法：人们从北方的一个多山之地移居至此，在这里开始生活。他们在这片土地上根据记忆按照故乡的神宇建造了金字形神塔。在许多地区，神圣的建筑物和山有千丝万缕的联系。比如，奥林匹斯山的众神在西奈山上领受刻在石板上的十戒律法。在乌尔没有自然的高地，因此人们建造了金字形神塔。

金字形神塔是一个复杂建筑群的一部分，包括皇室宫殿。建筑群是整座城市的"行政总部"。这片土地归月神"南那"所属，唯有能与她进行沟通的人才能掌管此地。这里土地肥沃，富庶天下，是兵家必争之地。因此，管理总部一再易主。摩西的族长亚伯拉罕在《圣经》中称之为"乌尔的沙尔"。迦勒底人早在公元前9世纪开始进入该区居住。那时，城市只是一处古韵之地，而金字形神塔也零零散散。在公元前6世纪，那波尼德（新巴比伦王国的第六任君主）修建并扩建了神塔。那波尼德是伯沙撒（新巴比伦王国的最后一位统治者，严格来说是共同摄政王）之父。

那波尼德是月神的皈依者。他在乌尔扩建了金字形神塔再次奉献给月神，巴比伦人将其称为月神"辛"。3座排列有序的巨大楼梯位于建筑物的同一侧。顶部有一个多层神社，由蓝色釉面砖瓦砌成，看上去极为神圣。不知道那里曾经举行过什么仪式，但是一定是有一个不为人知的领域。在城市的某处低地还有另一所寺庙，那里一定举行过较为神圣但没有那么神秘的宗教活动。

20世纪80年代，这处遗址被重新整修。同时，在金字形神塔不远处建立了军事基地，用于保护神塔。它没有显示出对月亮的超自然诉求，而是出于更实际的考虑，保护它使之免受那些因为它的文化价值而对这个现代国家发起的进攻。

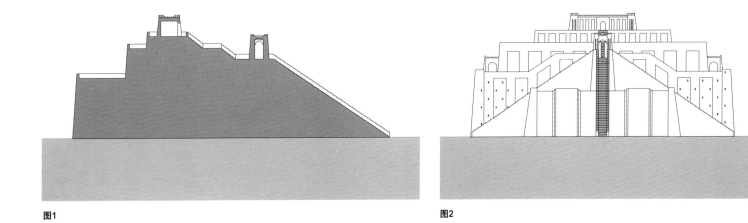

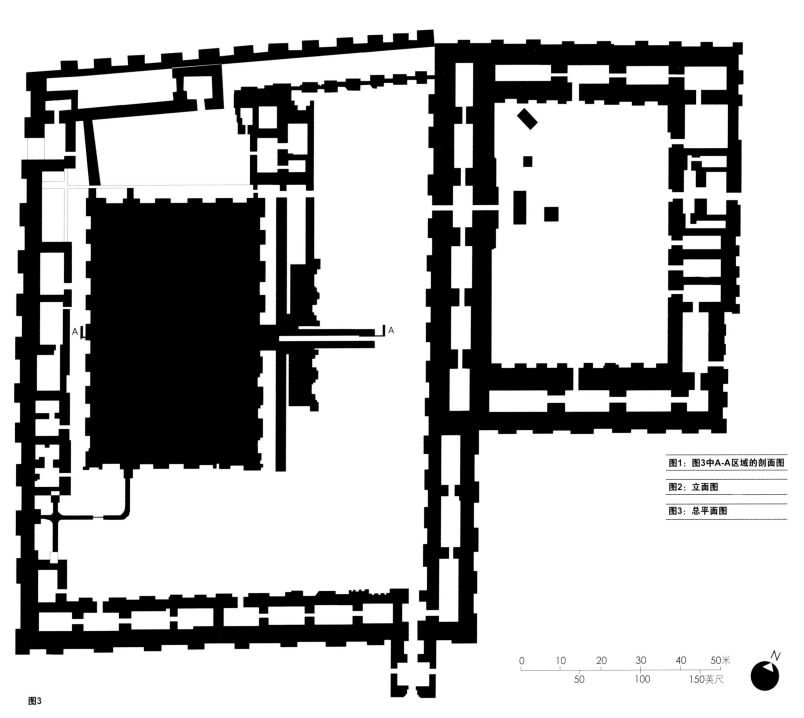

图1

图2

图1：图3中A-A区域的剖面图

图2：立面图

图3：总平面图

图3

0   10   20   30   40   50米

50   100   150英尺

N

第三章　宗教场所

阿蒙-拉神庙群

埃及，底比斯（卢克索）卡纳克；约公元前2000年

阿蒙-拉神庙群的建立可以追溯到埃及的中王国时期。那时金字塔的建立逐渐走向末期。中央政府从尼罗河三角洲移至底比斯，也就是现在的卢克索位于开罗以南700千米的尼罗河的右岸。历代法老在底比斯附近的卡纳克建造了大量的神庙、宫殿和陵墓，包括哈特谢普苏特女王庙和多座帝王陵墓。

神圣的宗教围地是由高墙围成的一个个矩形闭合空间，但两边非平行对称。和金字塔不同，卡纳克神庙并非以方位基点的形式排列。但是有一个大道横穿尼罗河，直到哈特谢普苏特女王庙。

牌楼门是古埃及庙宇的大门。它是庙宇建筑群中最高的部分。外面有3个主要的牌楼门，3个牌楼门分别通向内部不同的庙宇。神塔就像巨大的牌子一样，上面镶嵌着众神像。现在看上去是浅浮雕，但之前是着色的，而且两侧木制桅杆上挂有旗帜，表现出国王至高无上、神圣不可侵犯的气势。

从街道就可以走入深庭，那里坐落着古埃及神圣建筑的代表作——庙宇建筑群。庭院中排列有致的巨大石柱旁边还有一系列牌楼门，入口相互紧挨着，从入口可以通到密室，这是一般公众难以进入的地方。最隐秘的地方也是最古老的地方，在这里庭院和牌楼门只是装饰，让风格简约的圣地显得庄严宏大。

之后，古埃及人又创造出了新的神祇，神庙群继续用作祈祷和膜拜之地。但是，最重要的建造计划可以追溯到图特摩斯一世（公元前1530年）、拉美西斯二世（约公元前1300年）的统治时期，最外缘的牌楼门可以追溯到托勒密王朝（约公元前330年）。

阿蒙-拉神庙的石柱大厅是古埃及的建筑杰作。这个大厅始建于阿蒙霍普特二世时期。石柱大厅顶层由巨石板覆盖，石柱之间仅有有限的空间。最高的石柱立于中心轴的两侧，这两根石柱所支撑的厅顶比其他地方的顶部高出许多。在顶部两端有一个石头组成的格栅，一缕阳光从格栅中直泻而下。中央的顶柱是房间中最亮的部分，而大部分的石柱则在黑暗处，不易察觉。一切都用古埃及象形字书写，无一不显示出阿蒙-拉（古埃及的太阳神）的超凡力量。

中央的两排柱子最为高大，其直径达3.6米（12英尺），两排柱子间没有任何多余的空间。于是，渺小的人类在这些伟大庄严的建筑下黯然失色。

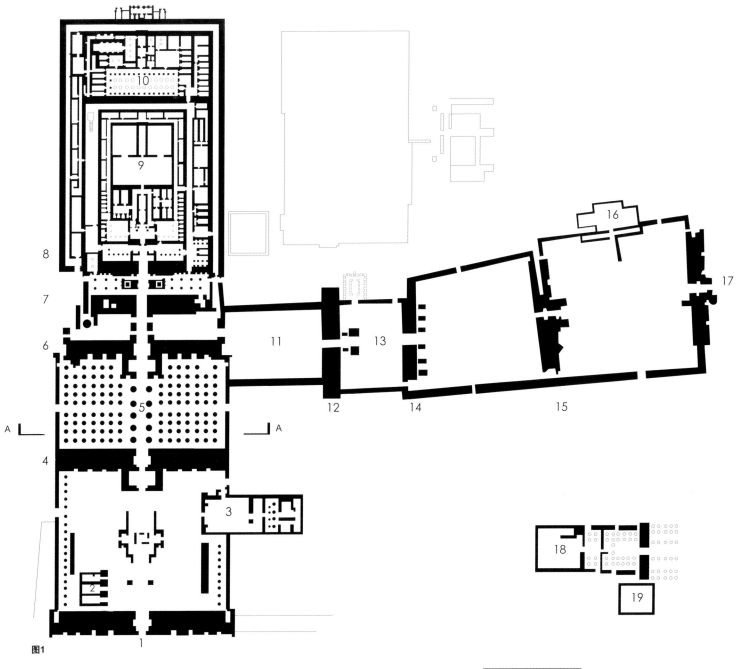

图1

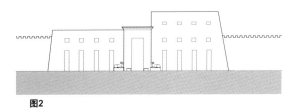

图2

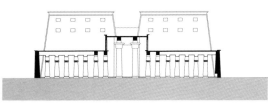

图3

图1：底层平面图

1. 一号牌楼门
2. 塞蒂二世三座圣祠
3. 拉美西斯特庙
4. 二号牌楼门
5. 多柱大厅
6. 三号牌楼门
7. 四号牌楼门
8. 五号与六号牌楼门
9. 古埃及中王国时代法庭
10. 图特摩斯二世节日大厅
11. 第一院
12. 七号牌楼门

13. 第二院
14. 八号牌楼门
15. 九号牌楼门
16. 蒙霍普特二世塞德节神庙
17. 十号牌楼门
18. 洪苏神庙
19. 欧泊尔神庙

图2：西侧立面图

图3：图1中A-A区域的剖面图

第三章 宗教场所

特尔菲阿波罗神庙

希腊，特尔菲；史前建筑，主体寺庙重建于公元前373年

古希腊的特尔菲阿波罗神庙位于帕纳塞斯山。帕纳塞斯山是太阳神阿波罗和文艺女神们的灵地、缪斯的家乡。它是古希腊最重要的圣地之一。卡利俄佩最初可能是歌神或音乐之神。她是半人半神的俄耳甫斯的母亲。俄耳甫斯的演奏让木石生悲、猛兽驯服，他进入冥界后没能救出妻子，却被冥界的一群女人吃掉了。

帕纳塞斯山是艺术灵感的象征，俄耳甫斯赞歌为古老的希腊宗教赋予了深刻的洞察力。帕纳塞斯山也被认为是在世界产生之前连接世界的脐带。

特尔菲的阿波罗神庙将关于冥界的神话和世俗的观念相融合。经过充分的准备工作和巨大的财政投入，特尔菲神庙的神谕是可以被国家元首解读的。这些建筑物内部陈列着大量的宝藏，有的是战利品，作为圣地的贡品在此陈列。雅典人的宝库是在感恩节期间建立的，为了庆祝雅典人在萨拉密斯战争中战胜波斯人。斯巴达人在屋内修建了柱廊和一组雕像，以纪念埃戈斯波塔墨战役后斯巴达人在希腊拥有霸权。特尔菲神庙位于主要城邦的外围，这样可以便于抵御内部城邦的敌人，解决突发状况。这座古希腊城邦并非一座大城市，但不难想象，它当时处于世界的中心。

人们穿越讲希腊语的国家，来到特尔菲神庙，那里的神父拥有令人不可思议的预知能力，那里的新闻业还没有形成体系，网络信息相对于现代来讲比较落后，但是人们的知识面非常广，墙壁上用甲骨文书写的格言和其他一些直抒雄心的话语都非常工整。在庙宇前面的小道上刻着"了解你自己"几个字。人们经常听到这句话，但是却需要一生的时间去体会。

在特尔菲遗址上发掘的文物，全部收藏在附近的博物馆里，最有看头的是一个拉着4匹马的青铜像"战车的御者"。虽然人与车已分成两截，但造型精美，气势慑人。人们以唱歌、舞蹈和竞技等方式来表达对诸神的敬意。这些竞技体现勇敢、强壮和健美，体现古希腊人崇高的理想和追求。他们在一种宗教性圆形石器——翁法洛斯前举办赛事。这种圆形石器上有个"肚脐'，看上去就像是与一个打结的绷带相连接。翁法洛斯可能是古老石器的替代物，那些古老石器上缠绕着真头的绷带，在上面可以倒入橄榄油或是血液作为祭奠。特尔菲神庙体现了生命最原始、最本质的一面。

建筑是反映涵养的一面镜子。特尔菲阿波罗神庙是多利克柱式建筑的典型代表。特尔菲阿波罗神庙重建于公元前4世纪中期，之前由于地震被损坏，重建之后的神庙呈多利克柱式建筑风格。公元390年，信奉基督教的罗马帝国皇帝狄奥多西一世下令封闭神庙。此后，这里的庙宇等建筑逐渐坍塌。在其他地方，比如帕特农神庙（见第16—17页），这些古老的庙宇逐渐变成了教堂。但特尔菲阿波罗神庙下面强大的超自然力量使其没有被损坏。特尔菲阿波罗神庙因滑坡被掩埋，直到19世纪90年代挖掘工作的展开，神庙才得以重见天日。

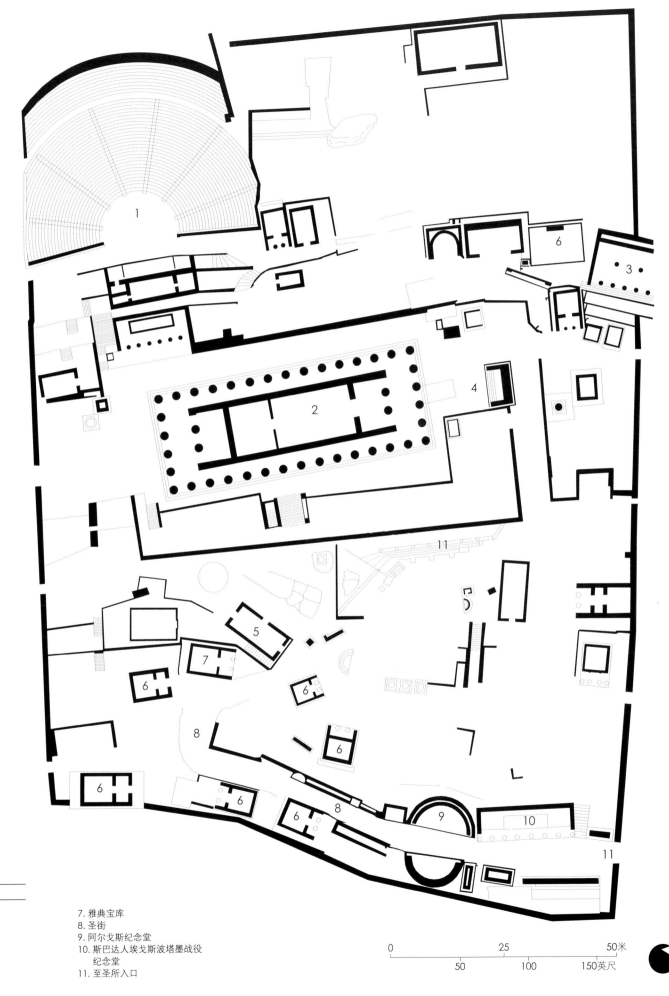

总平面图

1. 剧场
2. 神庙
3. 拱廊
4. 圣坛
5. 议事厅
6. 珍宝库
7. 雅典宝库
8. 圣街
9. 阿尔戈斯纪念堂
10. 斯巴达人埃戈斯波塔墨战役
    纪念堂
11. 至圣所入口

```
0          25          50米
   50       100      150英尺
```

N

阿波罗·伊壁鸠鲁神庙

希腊，巴塞；公元前450—公元前425年

阿波罗·伊壁鸠鲁神庙是为纪念太阳神和拯救人类的神——阿波罗而建成的圣所（传闻出自一位古代的旅行者之口），因为他将当地居民从一场瘟疫中拯救出来。当地人的身份我们不得而知，因为神庙的位置没有靠近城市，而是在远处的阿卡迪亚多山地区。

令人惊奇的是当地居民可以建造一座气势宏伟的神庙。直到19世纪早期被人们再次发现，这一结构的建筑才展现在世人眼前。一经发现，精美的大理石雕刻很快就消失不见了。大英博物馆收藏了雕带部分，其他支柱部分由哥本哈根国家博物馆收藏，现在的神庙遗址只剩下残垣断壁和几根圆柱在那里。因地震的破坏曾几度重修，神庙不断受到雨水的侵蚀，已经濒临倒塌。现在人们已经对神庙采取了保护措施。

我们从一位旅行家口中得知神庙，他就是保萨尼亚斯（马其顿国王腓力二世的近身护卫官之一）。他前往神庙时，希腊还处于罗马帝国的统治之下。他被宏伟的建筑所折服，认为这是特基亚地区最完美的建筑物。特基亚地区地势平坦，如今全被现代的房屋所取代。像巴塞的其它建筑，在神庙的长墙上有一扇门，但建筑平面呈狭长型。这一比例可能反映出阿卡迪业的传统，而非巴塞当地的建筑风格。

在装饰的细节方面，整个建筑十分出彩。外部的多利安式圆柱没有出现在内部；相反，柱墩末端通过钟状柱顶嵌入圆柱——也许是因为从底部可以看到上面，或许是因为内部空间有限。雕带上刻有的打斗的雕像布满整个房间，一旦阳光低于天花板，整个房间就陷入黑暗。

墙壁的图画展示了科克雷尔的采光天窗。祭祀的雕像稍微偏离中心，超过上一根半圆柱和位于中心的独立圆柱。这也就解释了内部布局的原因，但也有可能是误读。这尊雕像面向东面的侧门，这样一来阿波罗就可以迎接黎明。但是古代的建筑者不一定是出于这种目的。内部的装饰挡住了圆柱，因此，如果将神像摆在那个位置，就一定有一个由圆柱和雕带组成的祭祀空间。现代的专家们认为神像应该是摆在正常的位置上，面对主要的门。

这根圆柱是整个建筑中最显眼的。这是最早的科林斯式柱子的代表——最具装饰色彩的希腊柱子，罗马人花费了大量的精力，将其用在最宏伟的建筑物中。这也许不是这根圆柱最早被发明的地方，但是据悉是最早使用这种圆柱的地方。制造柱子的石匠可能是来自雅典的专家，当地人认为伊克提诺斯，雅典卫城的建筑师可能也参与其中，但目前还没有证据证明这一点。

保萨尼亚斯告诉我们在祭祀那天建筑物内部的太阳神阿波罗铜像并不在里面，他没有说铜像消失了，只是说他在城市中见过它。

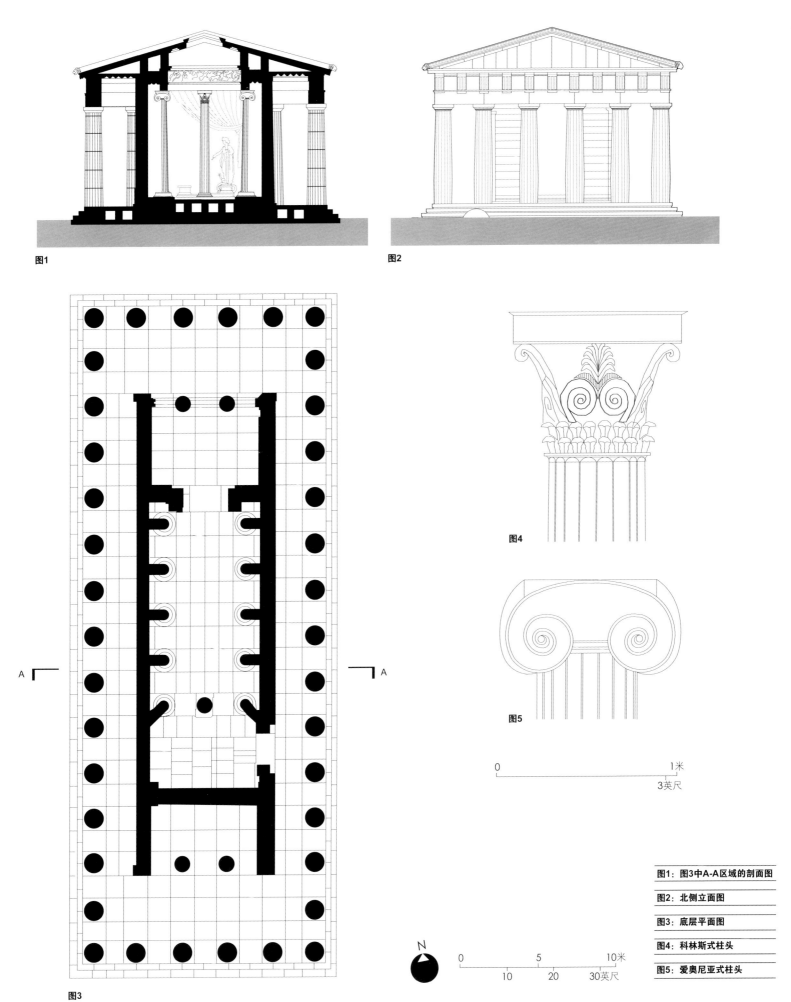

图1

图2

图3

图4

图5

图1：图3中A-A区域的剖面图

图2：北侧立面图

图3：底层平面图

图4：科林斯式柱头

图5：爱奥尼亚式柱头

N

0　　　　　　5　　　　　10米

10　　　　20　　　30英尺

0　　　　　　　　　　　1米

3英尺

四方形神殿

法国，尼姆；公元前20年

　　法国南部尼姆市的历史可以上溯到古罗马帝国的极盛时期，著名的四方形神殿便坐落于此，迄今为止，它是尼姆市保存最为完好的古罗马式建筑。公元前146年，罗马人在科林斯湾征服了希腊，他们被希腊的文化所打动，认为希腊的文化比他们自身的文化更加绚烂。斯巴达人是罗马军事文化的先驱，维吉尔以荷马史诗为范本，处处加以模仿。罗马人模仿希腊的雕塑和建筑风格，但是对于建筑宏伟的纪念碑，他们崇拜的是雅典人而不是斯巴达人。

　　最宏伟壮观的纪念碑就在罗马城内，然而尼姆市作为法国南部加尔省的省会，市内的建筑物都带有罗马风格，因为这里曾被罗马人占领过。高卢的南部在公元前121年被征服过。这里的战略意义在于它连接了意大利和西班牙。通往西班牙的罗马大道，这座城市是在盖乌斯·尤利乌斯·恺撒发动高卢战争（发生于公元前58—公元前51年）之后建立的，高卢未被征服的土地完全受到罗马人的掌控。

　　尼姆市成为高卢五大重要城市之一。城市四周有城墙，有威武壮观的长方形大会堂用于商讨政事，有圆形露天竞技场供人娱乐，当然，竞技场要比罗马竞技场小得多（见第18—19页），但有一些祭拜的场所。这座建筑现在被称为戴安娜神庙，这里其实是一个水道口，用来提供高位水源。四方形神殿占据了重要位置，地处集会的主要场地。它是城市最基本的纪念碑之一，最初的结构已被现有的神庙所取代。在玛尔库斯·维普撒尼乌斯·阿格里帕（古罗马政治家与军人）的鼓动下，神殿由他的儿子（古罗马帝国开国皇帝奥古斯都的孙子）——盖乌斯·恺撒和卢修斯·恺撒继承。然而，他们都英年早逝。其作为公共机构的功能还不确定，但是罗马对这里有司法管辖权。

　　希腊神殿是由几排圆柱支撑的独立实体——列柱走廊排列于整条道路，环绕在神庙外围。早期的罗马神殿叫作伊特拉斯坎，实际上是3间位于石面上的封闭房间。在这些房间的前面，有一个

被覆盖的空间，相连的屋顶由几根圆柱支撑，台阶直达房间基座。这种格局与希腊神庙的格局截然不同。希腊神庙一般有3层台阶，由右侧直达基座——小的庙宇有若干小台阶，大的庙宇则有大台阶；如果台阶太小，客人身份较高，入口处还有一个石制斜坡。与之不同的是，罗马的神庙一般有较长且面积适中的台阶。

　　四方形神殿典雅、庄重，建筑样式为古罗马风格，方形神殿的圆柱柱身纤巧，环绕在建筑的周围。这种风格被称为仿柱廊式建筑。圆柱支撑着整座神殿，简单的结构融合承重墙上的细致的雕饰，使神像视野开阔。

　　4世纪，基督教成为罗马帝国的合法宗教后，神庙被改为教堂，所有的神像都被移走。建筑就以这样的形式安全地度过了中世纪。

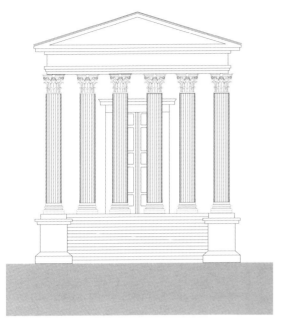

图1

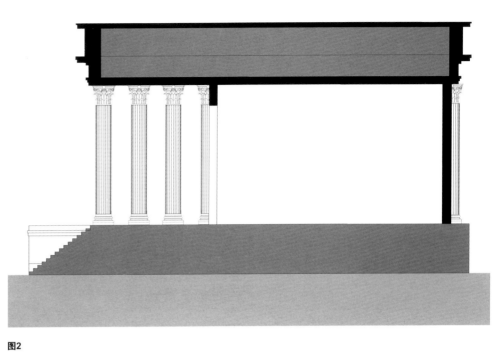

图2

图3

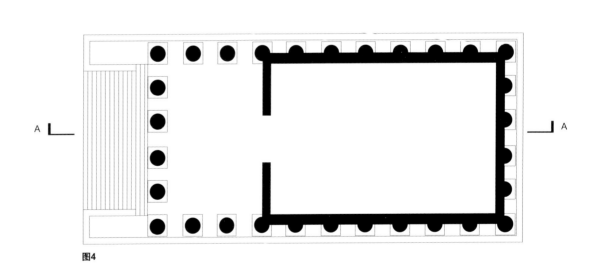

图4

图1：立面图

图2：图4中A-A区域的剖面图

图3：柱子细节图

图4：平面图

万神殿

意大利，罗马；120—124年

罗马的万神殿是另一个早期被改为教堂的神殿。万神殿比四方形神殿（见第106—107页）保存得要好，但是它并不是一个代表性的神殿。然而，万神殿有一些伊特鲁里亚风格的特点。圆柱将万神殿的门廊分成三部分，这是为了纪念伊特鲁里亚神庙的3层格局。但是，神庙没有3道门，而是只有一道，而内部的几间偏房都改成了壁龛，用来供奉神像，而中间的房间变成了城市里最壮丽、雄伟的宗教房间，内部摆满了重要的纪念碑。

神殿的内部造型传统而神圣。门廊不仅由圆柱支撑，而且在早期的建筑上面还有献词，标明建造者是玛尔库斯·维普撒尼乌斯·阿格里帕，而不是哈德良（罗马帝国五贤帝之一）。

起初，进入万神殿要通过一个矩形的场所，像其他建筑一样控制着建筑入口空间，而不是一进门就能看到大穹顶。

这个穹顶是当时最大的屋顶，甚至比圣索菲亚大教堂（见第24—25页）的屋顶都要宽，通过凸起的穹顶可以看到内部有一个更大的空间。后来，建于1420年（1300年之后）的佛罗伦萨大教堂的穹顶的直径超过了它。万神殿的穹顶堪称登峰造极之作。屋顶由混凝土制成，天花板上凹形的镶板使屋顶凹陷深度变大（但又没有多余的重量）。每一处凹壁都嵌有一个镀金铜制的蔷薇花饰，整个屋顶看起来就像一片星空。

混凝土用水泥做胶凝材料，沙、石做集料与水搅拌。罗马人十分清楚火山灰泥的调和比例，以及如何做出混凝土。混凝土十分轻盈、通透。充满空气的火山岩浆接触到水后变成了岩石。脉尖消失了，取而代之的是一个直径为8米（26英尺）的铜环，面向天空。这里是整个房间光源的主要来源。当巨大的铜门（原来的门仍然处于原位）打开，一束伴星的光就从这个门口射进来。当太阳升起光芒四射，一束强光就将地下室照得通亮，将镶板分成28个发亮的区域，每一块区域代表阴历每月的一天。

针对这一空间，有理论表示它与天空和星球有关，具有隐藏的含义。对于刻有7座神像的石板，有一些人认为这代表了一周7天，代表古罗马七大行星（太阳、月亮、火星、水星等）。

由于内部极为重要，万神殿与其他的神殿截然不同。一个神殿的内部通常用来供奉神像，祭祀仪式在建筑外面离神像有一定距离的正前方举行。万神殿的内部装饰极为华丽，注重内部装饰胜于外部造型，不禁令人相信之前在内部举行过非常重要的仪式，或许是一个神秘的宗教仪式，就像每年9月举行的"艾留西斯之谜"（一个重大的宗教活动）。

泄露艾留西斯宗教活动信息的人会被处死，因此对艾留西斯宗教大部分都只是猜测。但与其相似的还有一个庙宇，现在已经损坏了，在宗教仪式期间光线会从上面投射进来。

图1：正面立面图

图2：图3中A-A区域的剖面图

图3：底层平面图

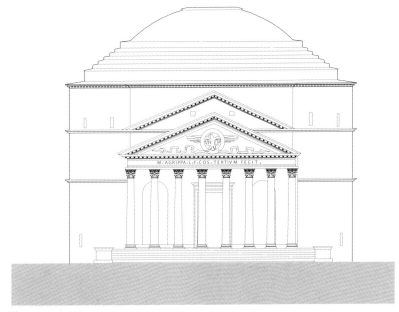

图1

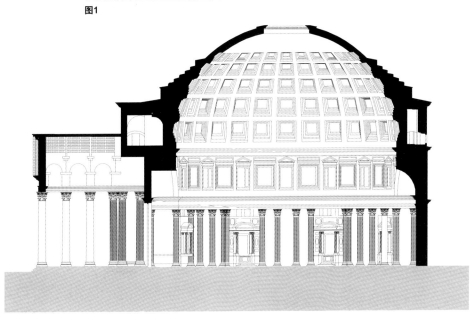

图2

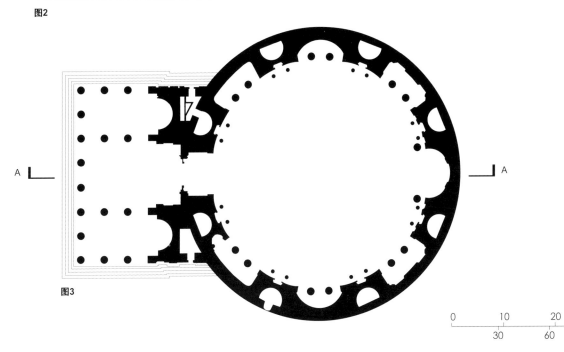

图3

0　　10　　20　　30米
30　　　60　　90英尺

N

摩诃菩提寺

印度，比哈尔，菩提伽耶；5—6世纪

乔达摩·悉达多王子于公元前6世纪中叶出生于今尼泊尔境内，成道后被尊称为"释迦牟尼"。他出身显赫，但在29岁时他离开妻儿出家修道，与五比丘在苦行林中修苦行。后转而前往菩提伽耶，在菩提树下禅定，悟得三明与四谛，证得无上正等正觉，而成为佛陀。佛陀教团以此为中心，逐渐扩大教化。释迦牟尼禅定的菩提树也被世人敬仰，其后代种在摩诃菩提寺（又称大觉寺）内。

阿育王（约公元前304—公元前232年）是印度孔雀王朝的第三代君主。他在推动佛教成为印度全国性的宗教中起到了至关重要的作用。他负责早期的菩提伽耶寺，现在寺庙是在原来的基础上修建的，比之前的寺庙更高、更精致。联合国教科文组织《世界文化遗产名录》将摩诃菩提寺描述为印度现存的笈多王朝（320—550年）后期最引人注目的、整体为砖石结构的寺庙之一。寺庙在19世纪后期被修复。该圣地包括一座内有佛像（金刚座）的古老寺庙，现在已成为一片废墟，四周是不同年代的寺院房屋，其多样性令宗教游客叹为观止。

圣地中最重要的部分是菩提树，四周是石刻围栏，将菩提树分为三部分保护起来。围栏将整个阿育王的寺庙范围划分出来。尽管寺庙被整修过，但是幸存下来的那块最古老的石块还在寺庙之中。菩提树的树干长出了围栏，坐在枝繁叶茂的菩提树下可以静思。

佛塔是这里的主要建筑结构，它高55米（180英尺）。佛塔的石雕布局精巧，上千个小巧的佛塔层层叠加，在顶部逐渐搭建出一个方形平台，在上面有一个圆形顶尖，之前放有舍利子。在四周有体积较小的佛塔，在塔底部的每一处角落都有一个小型的佛塔，差不多有100多个分布在花园的各处。

圣地内部供奉了一尊通身镀金的佛祖悟道佛像，一手放在地上，身着藏红花长袍。佛像没有像人们想象中那样面对菩提树，而是位于一个低于地面5米（16英尺）的拱形空间内。

与花园四周的空间比起来，内部的装饰显得微不足道。菩提树是静思的主要场地，但是整个花园是用来进行精神训练，通常都是由修行的人来组织，他们遵循释迦牟尼的教义，用身体的动作来帮助他们达到精神层面的修行：走动缓慢，泰然自若，沿着顺时针方向走动。一群人沿着佛塔走，或是独自一人沿着纪念碑走动。

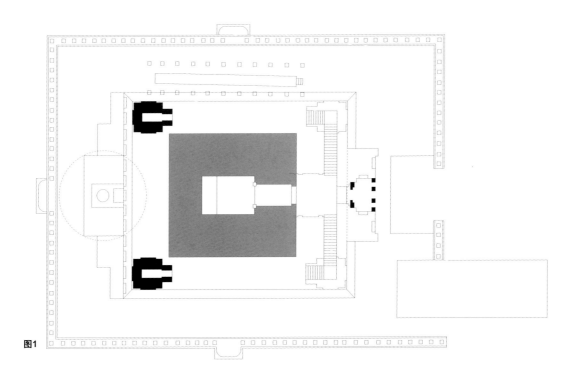

图1

图2

图1：平面图

图2：东侧立面图

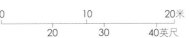

0　　　　10　　　　20米

20　　30　　40英尺

N

第三章　宗教场所

岩石圆顶清真寺

以色列，耶路撒冷；687—691年

约柜放置有上帝与以色列人所立的契约。这份契约就是由先知摩西流浪40年在西奈山上从上帝那里得来的两块十戒石板，最终在耶路撒冷所罗门建造的寺庙中被发现。公元前568年寺庙被巴比伦人洗劫一空。随后被一个面积更大的寺庙取代，但是内部装饰不如之前的寺庙，在公元前70年又被罗马人洗劫。

第二个寺庙的许多下部结构还存在。它坐落在一个自然露出的岩石上，圣殿山的建立使整个水平面呈平台状，适合建造寺庙。圆顶清真寺建立在四周岩石的最高点。而在"圣石"之下，还有一个狭小的石室，被称为"灵魂之泉"。透过岩石上的小孔可以看到内部，从旁边的台阶可以到达石室。一种猜测认为至圣所就在耶路撒冷圣殿山穆斯林的奥马尔清真寺圆顶清真寺的附近。约柜就放在这里。考古证据尚无定论，但是对此的猜测却是肯定的。穆斯林相信圆顶清真寺的岩石使穆罕默德夜行登霄，和天使加百列一起到天堂见到真主。

圆顶清真寺因此产生越来越大的影响，成为

穆斯林的朝觐圣地。当地还有一个更大的清真寺供公众敬拜。在632年穆罕默德去世后，穆斯林建造了圆顶，将穆罕默德夜行登霄的那块岩石供奉起来。圆顶本身是木制的，经牛不断被修整替换。最初，圆顶表面涂有一层铅，但在20世纪60年代，上面又被涂了一层铝阳极金。在1993年扩建的时候，圆顶又被涂上厚厚的一层金。圆顶清真寺一直是耶路撒冷最著名的标志之一，象征着整个城市。

建筑形式来源于罗马人陵墓式的建筑风格，比如奥古斯都陵墓，陵墓为圆形，包括几个同心圆环。早期的基督教罗马帝国，建筑都融合了这种风格，比如意大利罗马圣康斯坦齐亚大教堂（370年）是罗马皇帝君士坦丁大帝为长女康斯坦齐亚准备的洗礼堂，后改为教堂。最特殊的是殉教者遗物陈列所，这里用于纪念被杀或是被埋葬的圣人。在耶路撒冷，圣墓教堂（330年）就是采用这种格局，据说耶稣的所谓"圣墓"也在其中，但巴西利卡式教堂却也包含其中。圣殿山上的两

座圣殿一座是用来供奉神像，一座是用来公众敬拜的。两座圣殿独立保存着。

耶路撒冷是争议最大的宗教圣地。1099年，十字军侵占了城市，将圆顶清真寺变成了教堂。圣殿骑士团保护欧洲来的朝圣者，并在12世纪建造了各种圆形教堂，包括伦敦圣殿教堂。16世纪，圆顶清真寺落入奥斯曼帝国手中，苏莱曼大帝用土耳其伊兹尼克上等的瓷砖修建了清真寺。

清真寺的内部是由两排科林斯式的圆柱支撑，有窗间壁作为点缀，作为支撑的拱形圆顶并不突出，但是比旁边的半圆顶稍微高一些。内部的地板铺满了嵌有条纹的大理石和彩色玻璃镶嵌的图案，并镶有大量金子。它模仿了拜占庭的工艺，但是又避免了其他隐含色彩。这里有很多殉葬室，但却没有一个殉葬者在里面，但是作为一个供奉的地点，这里就像乌鲁鲁（见第12—13页）一样具有极为神圣的意义。

图1：平面图

图2：图1中A-A区域的剖面图

图3：南侧立面图

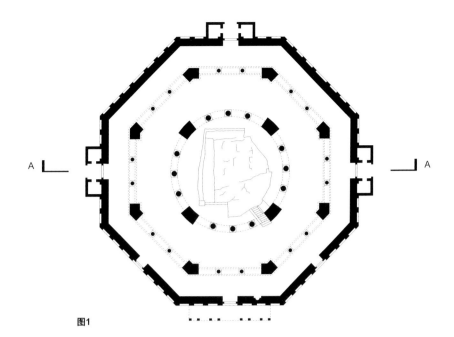

图1

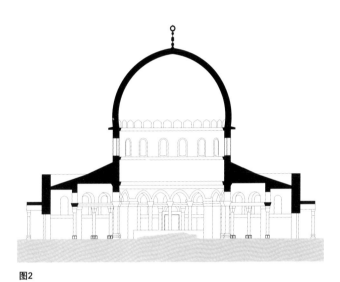

图2

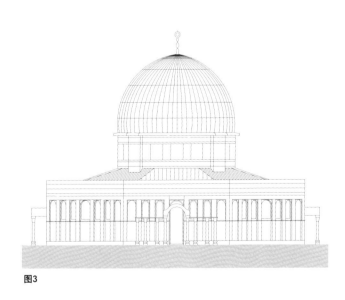

图3

N

大马士革大清真寺

叙利亚，大马士革；706—715年

和最早的教堂一样，最早的清真寺都是家庭住宅式的建筑，祷告者在那里聚会和祈祷。在公元313年罗马帝国确定了基督教的合法地位时，就有了建造一座供人们参拜的雄伟教堂的可能性和需要。

罗马神殿面向举行祭祀的圣坛，神殿里通常放置有神像，而参加祭祀的人们围绕着圣坛，聚在外面。而教堂不同，因为人们聚集到一起，采取"皇家会客室"或者长方形柱廊大厅的形式——实际上就是公民行政楼，虽然国王永远都不可能出现，但是在中殿的后边摆放着国王的雕像。

东地中海地区先前曾是拜占庭帝国的一部分，这个讲希腊语的东罗马帝国以君士坦丁堡为统治中心。在东地中海地区，伊斯兰首先成为官方宗教。如果一个城市缴械投降，在其显著的地方会新建一座清真寺；如果一个城市顽强抵抗，又被武力征服，那么其最主要的教堂将会被征用，改建成清真寺。基于穆罕默德先知的庭院的设计理念，清真寺也必须是露天的。

在大马士革，情况就复杂一些了，因为虽然城市一部分人默许伊斯兰教的到来，但另一部分人做出了反抗。公元632年，穆罕默德先知去世后不久，穆斯林征服了这个地方。公元705年，在围绕教堂和庭院的原先的共居地，穆斯林驱逐了那里的基督徒，并建立了清真寺。它仍然保留了基督教堂的痕迹，与同一时期建造的教堂类似，一排排拱桥都是以科林斯式的柱廊为支撑的。最显著的差别在于朝向。

当时的教堂朝向要与罗马教堂保持一致，主门位于西面，人们向东可以看见圣坛。在大清真寺，集会时要面朝麦加的方向，即大马士革的南面，所以朝拜者横向而非纵向眺望整栋建筑。穿过教堂中殿的高大的十字形翼部并非是一个重要入口，而是一处敏拜尔讲坛，阿訇可以带领祷告者在这里祈祷。

用于唤起祷告者诚心的大清真寺转角塔是一次举足轻重的创新。祷告声音要比说话声传得远，而从高塔里面传出的声音会传播到更远的地方。起初建造这座塔是出于防御目的，后经改造和修饰，它们被认为是世界上第一批光塔，后来光塔成为清真寺必要的组成部分。

只要大马士革这个城市存在，这个地方就一直都是神圣的——大马士革是世界上已知最古老且仍有人居住的城市。在罗马占领大马士革，建立朱庇特神殿之前，那里就已经有一座屹立千年的神殿了。4世纪，这座神殿又变成了教堂，用于纪念施洗者圣约翰。

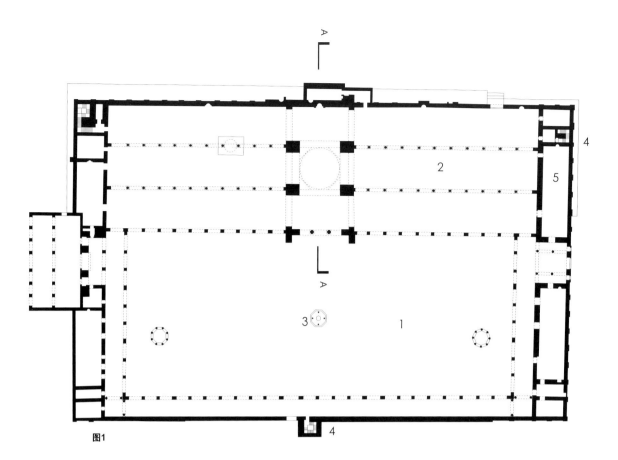

图1

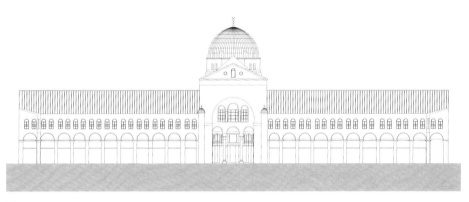

图2

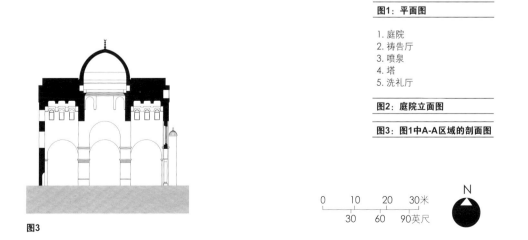

图3

图1：平面图

1. 庭院
2. 祷告厅
3. 喷泉
4. 塔
5. 洗礼厅

图2：庭院立面图

图3：图1中A-A区域的剖面图

0 10 20 30米
30 60 90英尺

N

海岸神庙

印度，泰米尔纳德邦，马哈巴里普拉姆；700—728年

印度南部的古老寺庙在修建时因地制宜，对现成的石头进行雕琢，比如洞穴的墙壁、露头的岩石。有些玄武岩表面柔软的砂岩遭到漫长的侵蚀后，房子般大小的玄武岩便暴露出来，然后对这些玄武岩进行雕琢，尽管没有巨大的尺度用来指引当地的人们。显然，这些岩石都有特殊的意义，被赋予了文化意义，或是为了欣赏，或是为了标榜神圣感。

站在马哈巴里普拉姆的海岬俯视孟加拉湾，可以看到海岸神庙。海岸神庙是南印度保留下来的最古老的庙宇，全部采用石料建成，海岸神庙属于当地国王（婆罗教国王）所建寺庙群的一部分，当时马哈巴里普拉姆是一个繁荣的港口。该寺庙群中其他圣祠分布在方圆几千米的范围内，都用沉积岩石凿成。

海岸神庙由3个圣祠组成，呈正方形。其中两个圣祠是为湿婆所建，另外一个是为毗湿奴所建，位于中间。庙内的空间很小，用来安放人们尊崇的神像，教士们为他们更衣沐浴，在整个镇子上列队巡游。两个湿婆圣祠有着精致的金字塔形屋顶，较高的屋顶有20米（66英尺）高。

尽管暴露在外的花岗石圣祠的花纹受到了侵蚀，但同附近的石造寺庙相比，可以看出它们原来是多么精美。金字塔形的屋顶曾刻有湿婆的动感形象。湿婆的名字是"吉祥"的意思，但他本身却被认为是"毁灭之神"，或者"促使变化之神"——让事物处于运动之中。

礼拜时用水果做供品，包在香蕉叶里，将其放在神庙前，然后顺时针环行，并分别在神庙的四面墙前祷告。礼拜者通常不会进入圣祠里面，即使较大的湿婆圣祠也很难容纳大批人进入，因为通向这个圣祠的路非常狭窄。每逢重大节日，鉴于会有大量的圣徒在同一时间进行礼拜，人们改变了个人冥想的礼拜形式。

马哈巴里普拉姆的圣祠用石头建成，而早期的建筑则用较易腐坏的材料建成，因此可以轻易地将两者分辨开来。最显著的是"战车"，每逢节日的时候就会用战车载着神像列队巡游。最大、最精美的带轮战车是佳甘纳特神（克利须那神的另一版本）的战车，它有着金字塔形的上覆构造，人们认为佳甘纳特是在通往"世界主宰"的路上。

图1：平面图

1. 湿婆圣祠
2. 毗湿奴圣祠
3. 湿婆圣祠

图2：庭院立面图

图3：图1中A-A区域的剖面图

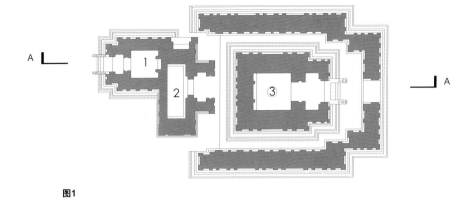

图1

图2

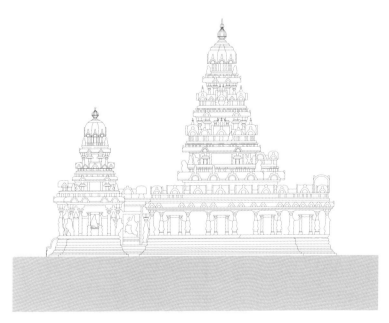

图3

科尔多瓦主教堂（清真寺）

西班牙，安达卢西亚，科尔多瓦；清真寺建于786年，教堂建于1523年

自罗马时代，科尔多瓦就是省会城市。在公元10世纪，科尔多瓦是世界上最大的城市，管理着当时独立的伊斯兰国家安达鲁斯（或安达卢西亚）。这里原来是大罗马神庙，后来西哥特人入侵，将之改成了教堂。公元711年，穆斯林入侵后，这个教堂被征用为清真寺，科尔多瓦也成了大马士革的辖区；科尔多瓦酋长国建立（750年）之后不久便进行了重建，使之与这个城市的地位、公信度、繁荣度相符。

大量从罗马抢救下来的柱子被排成网格状，支撑着马蹄形拱顶，这些柱子尺寸适中，由大理石和半宝石制成，马蹄形拱顶上面还有更多的拱顶。据说大马士革大清真寺（见第114—115页）是科尔多瓦清真寺的模型，但两处建筑整体风格却有很大的不同。大马士革大清真寺呈轴心设计，中间是较高的中殿，两侧是较低的侧廊；而科尔多瓦的清真寺重复的网格充满韵律感。柱子足够细长，间隔够大，在整个祷告殿中非但不显得突兀，反而像游客和礼拜者的陪伴者。

这座清真寺绵延无边，像一片森林。一般来说，在这样大的空间中，天花板通常会显得很低沉，但科尔多瓦清真寺教堂不是这样的，这里的天花板被拱遮住，光从4个圆屋顶上过滤下来，为人指引善行和光明。这种低调的宏伟仿佛取代了大教堂原有的气质，但这也为统治阶级祷告提供了合适的场所，与此同时，这个城市的影响力也逐渐提高。

350年后，政权又一次发生变化。经过长时间的围攻，卡斯提尔斐迪南三世于1236年占领了这个城市。科尔多瓦清真寺立刻被改建成基督教徒的礼拜之地，而且在接下来的300年里一直都用作教堂，中间只有过几次微修（比如在周围建造小礼堂）。

在16世纪查理五世的统治时期，这里增建了一个高耸的唱诗班和高坛，打破了原有的结构。这无疑属于建筑暴行，不过却为这座建筑增添了强烈的文化碰撞感。总体来说，该建筑沿用了相对传统的文艺复兴时期的模式，采用了一些旧式北方哥特式图案；之后又覆盖了很多17世纪的巴洛克式装饰。虽然它不如传统清真寺构思巧妙，但这座拥有不同构造的混合风格的建筑凸显了不同信仰间的冲突和权力的更替。

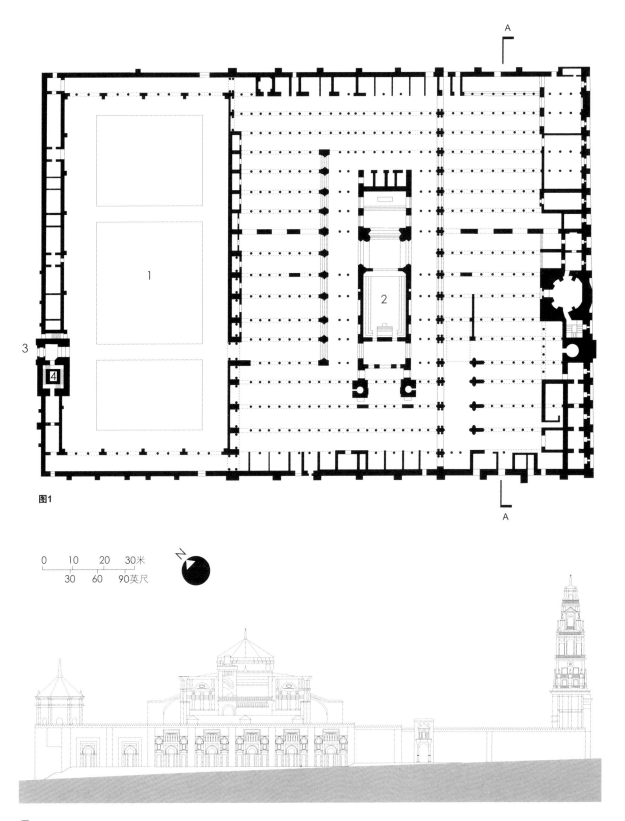

图1

0 10 20 30米
30 60 90英尺

图2

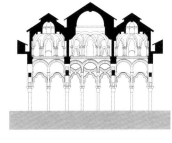

图3

图1：平面图

1. 橘树庭院
2. 清真寺教堂
3. 赦免之门
4. 钟楼

图2：庭院立面图

图3：图1中A-A区域的剖面图

0 5 10米
10 20 30英尺

婆罗浮屠佛塔

古纳德尔玛

印度尼西亚，爪哇岛；约800年

现在爪哇岛约有160万人，是印度尼西亚群岛中人口最多的岛屿。它长约1000千米（621英里），沿线有许多火山。

过去，爪哇岛上的火山很不稳定，因此岛上形成了多种多样的传统。祭拜祖先的传统在一些地区还在延续，但建造婆罗浮屠纪念碑的传统却不复存在，它是印尼最大的专门为佛教而建的宗教纪念碑。

婆罗浮屠佛塔的建造环境已不得而知，虽然据传一位建筑师的名字和这个地方有关，但是这只是传言，并不可靠。目前还没有令人信服的证据表示婆罗浮屠佛塔暗示的意思，但它可能源自附近村庄的名字。

它距离岛上的主要城市雅加达400千米（约249英里），并在山的另一边，但距离日惹只有约40千米（约24.9英里）。

该建筑的规模之大和工艺之复杂，表明该项目得到了王室的赞助，而且它的雕塑与印度传统相呼应。该雕塑作品的风格为研究建筑物的建造日期提供了重要线索。14世纪，伊斯兰教传到该岛，圣地被弃用，在19世纪初欧洲殖民者注意到它之前，它一直被遗弃。

该圣地是一个复杂的佛塔，面积约118平方米（387平方英尺）。它建立在一个突出的基岩上，周围都是平原，为建筑物提供基座，这是自然景观为人类文化所用的又一证据。它的结构是曼荼罗的形式，这是沉思和冥想的图案，通常是图片大小，而不是建筑物那么大。它体现了佛教对宇宙和思想的认识，不同层次的现实和精神觉醒。

婆罗浮屠佛塔的塔基是接近正方形的，上层是圆形的。朝圣者会围着不同的层次走，两旁的石雕板（1460个）描绘着佛祖的生平，其中大量描绘的是他出生之前以及启蒙前被称为悉达多太子时的事情。纪念碑的顶端是大的石佛塔，旁边围绕着分布在上三层的圆形塔台上的72个小佛塔，每一个里面都有一个小佛像。在朝圣者攀登时，他们也经历了从欲界、色界到无色界的旅程。

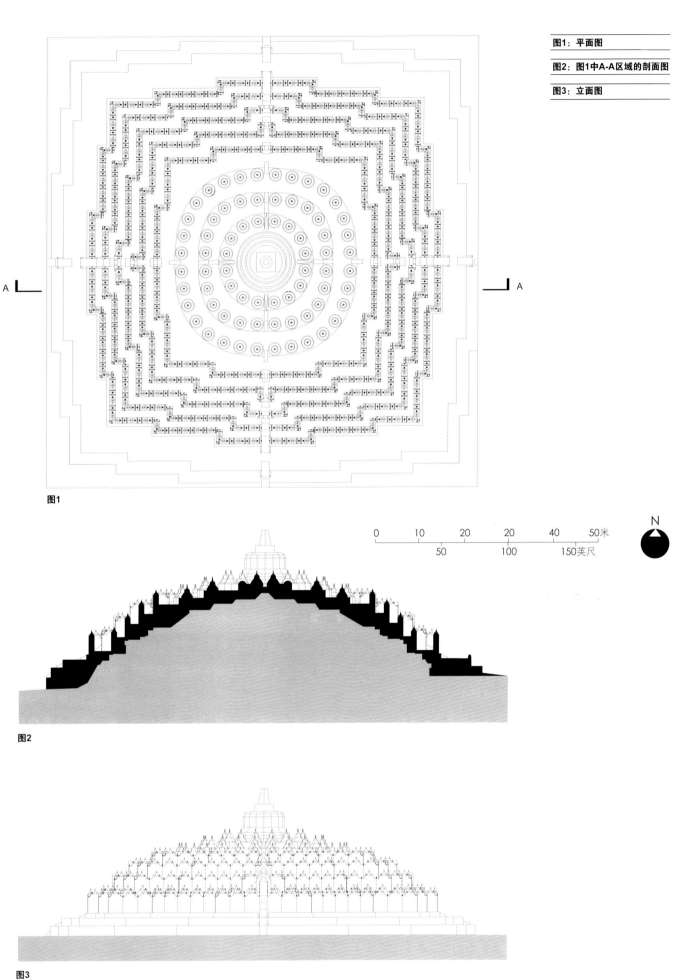

图1

图2

图3

N

0　10　20　20　40　50米
　　50　　100　　150英尺

A

A

灵迦拉伊神庙

印度，奥迪萨邦，巴布内斯瓦尔；约1080年

印度教综合各种宗教习俗，尽管有些习俗相同，但并未形成系统的正统教义。印度主神都是以天神下凡的形象出现的。不同习俗的印度教宗师们一直争论到底谁才是最重要的印度主神。

印度教信徒相信，修建寺庙有利于修行，这种传统信仰在印度东部奥迪萨邦［Odisha，前奥里萨邦（Orissa）］的首府巴布内斯瓦尔产生了极大的影响。巴布内斯瓦尔被称为"寺庙之城"，因为那里有600多座寺庙。最大的要数灵迦拉伊神庙。该寺庙是为供奉诃里诃罗神而建，位于隐蔽之地，周围有130个较小的圣祠环绕。尽管在节日期间来这里的信徒并不多，但它的影响力正在逐渐扩大。

诃里诃罗神是由湿婆神与毗湿奴合二为一的神。其实湿婆神和毗湿奴有时是对立的两个主神，但在巴布内斯瓦尔这两个神却被集中到一个神身上，作为其左右两半（并不是一个是另一个的化身）。"灵迦拉伊"的意思是"林迦王"——林迦指的是男性的生殖器，通常是湿婆

神的表征。有时人们会讨论林迦是不是一个抽象的符号，但肖像研究者不是特别同意这种解读方式。在灵迦拉伊神庙，林迦被放在圣祠中，用来盛放人们献上的鲜花和祭祀用的油料；也有的放在圣祠的高处，透过建筑可以看见。这个塔有35米（115英尺）高，是该城市寺庙中最高、最显眼的建筑。

进入灵迦拉伊神庙要经过4道门槛，每跨过一道门槛，神圣感随之增加。虽然最早的石窟寺庙内部装饰都模仿木质结构，但是进入这个寺庙仿佛进入了洞穴，光线全无。原来的寺庙只有两个没有窗的内室（曼达帕）。

灵迦拉伊神庙外部装饰精心、风格抽象。塔墙巨厚无比，上面杂乱地画着很多一模一样的不规则几何图形；而塔顶处却大胆地使用了水平的光条纹。突出的枕梁和塔顶上的狮子同供奉的神灵塑像一起，支撑着阿马尔卡（塔顶上的棱纹球状结构），阿马尔卡承载一个瓮，上面有一面旗子，象征着神灵的存在。

塔周围的建筑形式（比如侧面的3个附属圣祠）很多都是重复的，只是大小不一；还有原来的曼达帕和后来加上的两个内室，以及其他附属圣祠。

这里数不清的圣祠，多年来圣祠的数量不断增加——这要归功于许多人。人们回到这里，将这一传统代代相传。每一块石头都经过风吹日晒，看上去有种古香古色的感觉，仿佛浑然天成，看不出人工雕琢的痕迹。不过，圣祠声名远播，吸引游人蜂拥而至，开始有了狂躁之嫌。人们总觉得缺少一座圣祠。如果说金字塔因其宏伟而让游人叹服，那么这里让游人叹服的却是其庞大的圣祠数量。

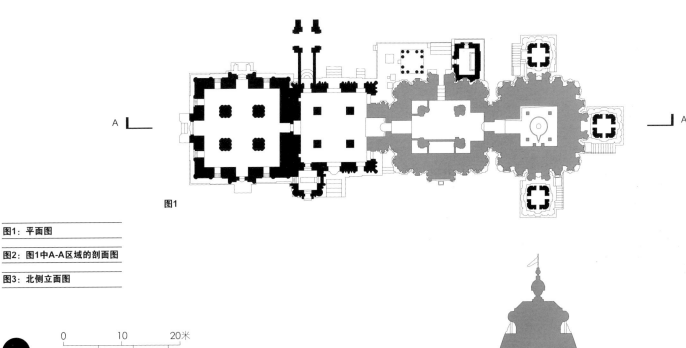

图1

图1：平面图

图2：图1中A-A区域的剖面图

图3：北侧立面图

图2

图3

坎达里亚·摩诃提婆神庙

印度，中央邦，克久拉霍；约1050年

克久拉霍的寺庙建于印度中部中央邦的昌德拉王的王宫驻地。昌德拉于9世纪时建立该城，14世纪时迁走。如今的克久拉霍已不复见往昔的繁华风貌，只是一个有着1万名居民的小镇，留有印度最好的千年遗迹。

坎达里亚·摩诃提婆神庙是建筑艺术发展的顶点，展示出了复杂多变的惊人水平。更展示出在相对小规模建筑上付出的大量人工心血。

建筑平面图展示出寺庙是如何将一系列相互交织的四方块融合到一起的，以及台阶是如何向中轴线靠近的。在神庙较低处的四方块上刻有水平的光条纹，墙上的开口都水平对齐，营造出强烈的和谐美。四大主广场的屋顶向上拔起，高度逐渐递增，最高达33米（108英尺），高过内殿。

环绕的走廊将内殿同外部分隔开，看上去内殿仿佛是建筑内的建筑。而且，从外部看来，该建筑设计极其复杂，各部分重重叠叠，相互簇拥。

从神庙拐角平面图可以清楚地看到这一点——拐角的设计更为复杂，相互重叠簇拥入内殿结构中。然而，这些拐角上升至屋顶，并成为屋顶结构的边缘，产生一种建筑相生的感觉。从环绕内殿的凸窗处看得最清楚。每个拐角的建筑手法都与神庙的门廊相同，每个拐角上都有顶盖，与门廊的顶盖相配；只是不如门廊的顶盖完整，因为这些拐角都叠入另一座塔内。这是为了产生与门廊遥相呼应的视觉效果；整体上来说，坎达里亚·摩诃提婆神庙是由大量的、相互重叠的方形建筑组成的。

无论在哪个年代，坎达里亚·摩诃提婆神庙都算得上是建筑界的鸿篇巨制，该神庙的建成不但显示了当时发达的石工建筑行业，更凸显了不知多少代人为此付出的努力。

神庙外壁的浮雕饰带增加了建筑的复杂度，饰带上雕满了日常生活和情爱的场景。这些精美的浮雕深深地吸引着游客，但最让人震惊的是，它们与整个建筑融为一体，融合了大量的、不寻常的细节，营造出完美的整体效果。

图1: 平面图

图2: 图1中A-A区域的剖面图

图3: 南侧立面图

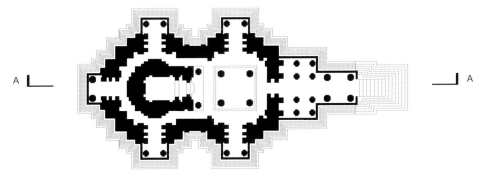

图1

图2

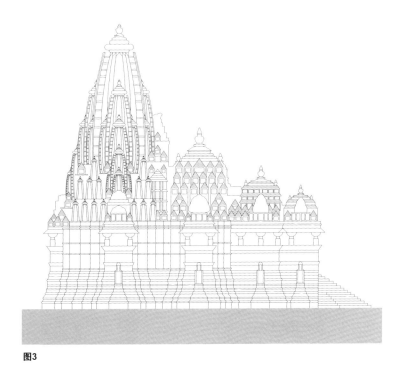

图3

0　　5　　10米

10　20　30英尺

N

达勒姆大教堂

英国，达勒姆；1096年

　　经过几百年的重塑和修复，达勒姆教堂才呈现出今天的面貌。达勒姆教堂是欧洲最古老的教堂，悠久的历史可与罗马人留下的金库相比。原本，建筑的东边有一个半圆形后殿，那里埋葬着圣徒卡斯伯特——一位在当地颇具感召力的圣徒。

　　达勒姆大教堂的成功要归功于它的建造者得到了巨大的资金支持，这都源于对卡斯伯特的崇拜和达勒姆军事地位的重要性。自诺曼人入侵以来，征服者威廉成为国王，此后他一直在英格兰北部建立和强化军事基地。达勒姆主教负责管理军队，保护王子的地位。第一位被国王任命的主教被人谋杀后，圣卡雷斯（或圣卡里利夫）的威廉接替他的位置，接管大教堂。

　　大教堂建在河湾岸边，那里地形完好，形成一个天然的护城河。随着河底地面逐渐上升，修建了一座城堡来巩固通往北方城市的领地。山

顶建有一个代表神权的大教堂。在诺曼人到来之前，它就已经成为了一处神圣之地。

　　大规模的整修使得建筑看起来不会很古老。1228年，教堂的9个祭坛都加入了一些哥特风格，这是受到了英国南部索尔兹伯里大教堂的影响。塔的顶部建有塔尖，使得建筑看起来类似于13世纪或晚期的哥特式结构。然而，建筑最成功的独创性在于走廊以及中殿的拱顶。

　　建筑试图模仿罗马的建筑风格，即两筒正交相贯穹顶，而不是简单的斜拱。在达勒姆教堂的正厅可以清晰地看到"交叉拱顶"。拱门上的对角线是最重要的：它们呈现半圆形的罗马式拱，而直接横跨正厅的拱要比对角线拱稍尖。这是因为对角线比矩形的正交边长，如果所有拱门在同一水平面上，它们就不可能都呈现出半圆形了。要么是对角线延伸，将半圆的弧度变小，这样会将其作用削弱，从而增加使用扶壁的必要性；要

么使正交拱门坡度更陡，令其更尖，从而减少对扶壁的使用。

　　这种建筑方法被广泛使用。它简化了拱顶的结构，使其更加概念化，并提高了修建的速度。这种方法很快就被广泛应用，并在中世纪被发扬光大，出现了更多精美的尖拱。

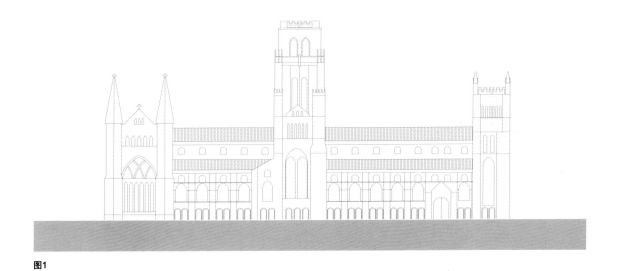

图1

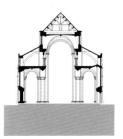

图2

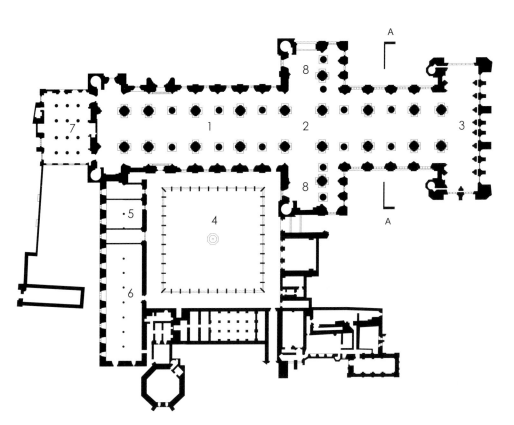

图3

图1：南侧立面图

图2：图3中A-A区域的剖面图

图3：平面图

1. 中殿
2. 十字通道
3. 九祭坛教堂
4. 回廊
5. 僧侣住所（上层）
6. 圣徒卡斯伯特宝藏（下层）
7. 西端入口门廊教堂
8. 耳堂

0　5　10米
15　30英尺

N

库库尔坎神庙

墨西哥，尤卡坦州，奇琴伊察；11—13世纪

现在，尤卡坦半岛属于墨西哥的一部分——将墨西哥湾与加勒比海分隔开。奇琴伊察建成后，玛雅人居住在这里，其文明可以追溯到公元前2000年，虽然玛雅人在中美洲占领了相当大的区域，但却没有自己的首都。不过，16世纪，西班牙征服者来到这里，没有首都这一点倒是帮了玛雅人。因为没有据点，西班牙人就无法控制这里。直到约170年后的17世纪末，印加人满为患，玛雅人才逐渐失去主导权。奇琴伊察神庙与蒂卡尔一号神庙（见第20—21页）有着相同的传统，但是发源地不同，虽然准确的时间不能确定，但据说比蒂卡尔稍晚一些。

奇琴伊察是一座很重要的城市，那里有很多令人印象深刻的神庙，更重要的是城里有两口天然水井——这对于一个缺少自然景观的城市来说，是一个天然的城市标志。"奇琴伊察"的意思是"伊察的井口"。这里土地平坦，河流顺流而下。有迹象表明玛雅人最早在此定居，时间可以追溯到公元前8000年，很长时间之后才诞生了

玛雅文明。奇琴伊察有一个港口，通过它，人们可以同外界建立联系，城市的一些建筑上带有墨西哥中部风格的图案。库库尔坎神庙坐落在市中心，代表着宇宙的中心。起初，神庙是在现在的遗址下面被发掘的。

神庙四面的所有楼梯共有365阶，正好是一年的天数，建筑的东北和西南面分别对准夏至的日出和冬至的日落方位。库库尔坎是一个长着翅膀的蛇神，也被称为羽蛇神，备受阿兹特克人的尊敬（曾有几位国王也叫库库尔坎，经常和神的名字弄混）。库库尔坎神庙是奉神的重要圣地。虽然羽蛇神的功绩鲜有人知，但传闻中他具有预言能力，是奇琴伊察很伟大的神，所以奇琴伊察在神庙的周围建了一个圆形的水池——人们可以在那里举行祭祀。

纪念碑修建的位置非常准确，展现出当时人们高超的搬运技巧。工人们并没有使用金属工具或滑轮，也没有借用马或牛的力量来帮助他们搬石头，全靠自己的力量修建了这座纪念碑。神庙

四面基底的楼梯都刻有蛇头雕像。

在春分和秋分太阳升起的时候，会在台阶边缘的墙上投射出金字塔高层拐角处的影子。这个波浪状的影子正好是楼梯的长度，一直延伸到蛇头雕像的位置。传说神会在那一刻降临。

图1：平面图

图2：图1中A-A区域的剖面图

图3：北侧立面图

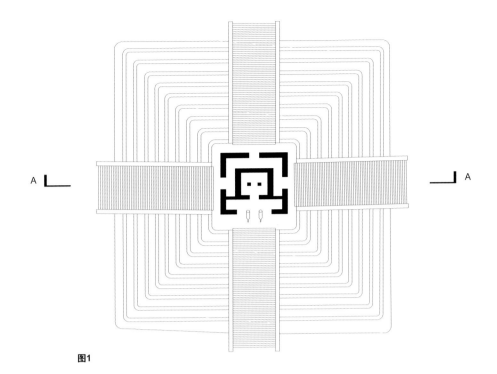

图1

图2

图3

马德兰大教堂

法国，勃艮第大区，韦兹莱；1120—1132年

尽管马德兰大教堂是法国最大的罗马神庙式教堂，却不坐落在大城市，而是在一个小村庄里。朝圣者们来这里，朝圣抹大拉的玛丽亚遗迹，并出资建造了这个大教堂。抹大拉的玛丽亚是耶稣的朋友和追随者之一。马德兰大教堂声名远播，吸引了很多国王和圣人前来。但自从1280年法国发生多方冲突之后，该遗迹受到重挫，影响力也日渐式微。

虽然马德兰大教堂建造时间晚于达勒姆大教堂（见第126—127页），但马德兰大教堂在中殿的半圆形圆拱之间采用了更为古老的穹棱拱顶。良好的采光让马德兰大教堂成为中世纪后期的领军建筑。唱诗班使用的圣坛特别明亮，但在1165年遭遇大火；之后重建为当时流行的哥特式风格。19世纪，维欧勒·勒·杜克在他的修复工程中对其进行了改造，使得圣坛更加明亮。

马德兰大教堂的主体部分模仿罗马教堂的模式，显示出罗马式建筑善用圆柱和半露方柱进行装饰的风格。建筑师们没有采用标准的科林斯式柱头，而是沿用了当时传统的建筑风格。第一眼看上去，这些柱头好似是科林斯式，但它们没有采用统一风格的叶形装饰，而是采用各种各样的雕刻题材，表现《圣经》中所描绘的场景、寓言和神话人物。虽然这样的柱头雕刻绝不是第一次，但韦兹莱的柱头雕刻异常出彩。

1140—1150年，马德兰大教堂增建了教堂前厅，前厅起到重要的保护作用。在前厅的主入口大门上有着精雕的镶板；而建筑外面的雕塑却被风雨侵蚀得非常严重，没有出现在维欧勒·勒·杜克的画作中。

1840年，维欧勒·勒·杜克在韦兹莱开始了他的工作，将一片被人遗忘的废墟变成了法国著名的历史遗迹之一。尽管以今天的标准评判，他的改造仿佛过于随便，但却让这座建筑成为和谐和魅力的典范，让游人陶醉其中，情不自禁地重新审视罗马式建筑风格。马德兰大教堂充分表现了基督教关于雕塑的教义，并且同更古老的主题联系在一起。在大教堂里面，可以看到神奇的光影变幻和宇宙的天体队列。夏至日的中午，阳光从天窗中流入，沿着中殿的中央轴线留下一行完美的光区。

马德兰大教堂修建在当地知名的永恒之山上，该山的地理位置很特别。韦兹莱村庄位于山峦起伏的乡间，东侧是另外一座山峰，在那里，从一个标记着十字架（蒙茹瓦十字架）的地方看韦兹莱村庄非常显眼。在东侧的这座山峰上扫视整个山谷时，就能看到马德兰大教堂——这个山顶好像与地平面和观察者同高。韦兹莱的山比周围的山陡峭得多，仿佛是为了体现其令人敬畏的地位。这样的地形预示着该地的特殊性。

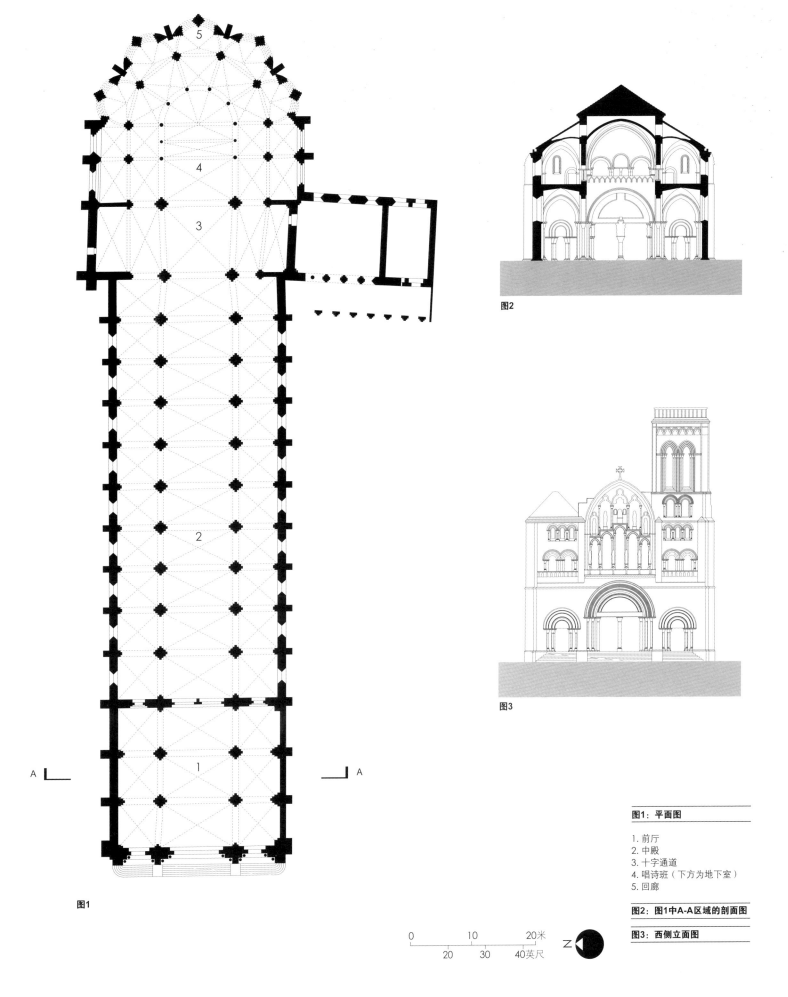

图1：平面图

1. 前厅
2. 中殿
3. 十字通道
4. 唱诗班（下方为地下室）
5. 回廊

图2：图1中A-A区域的剖面图

图3：西侧立面图

图1

图2

图3

0   10   20米
20   30   40英尺

N

第三章 宗教场所

吴哥窟

柬埔寨，吴哥；1113—1150年

历史一次又一次告诉我们，宗教建筑远比功能性建筑的价值高得多。吴哥窟（意为"寺庙都城"）是为供奉印度之神毗湿奴而建的寺庙，同时也是王宫和首都的所在地。当时该地的居民房屋都是由木材建成，而吴哥窟是用雕刻复杂的砂岩垒成，因此被保存下来，成为现在的佛教圣地。

这座寺庙都城建于高棉王苏利耶跋摩在位的时候（直到1150年），当时的国土除了现在的柬埔寨，还包括泰国、老挝和马来西亚的一部分。吴哥窟在不到40年的时间内建成，规模与凡尔赛宫差不多，以宝塔建筑（被认为是神王的居所）为主，1177年遭到洗劫，此后，在吴哥城建立了新的国都。

吴哥窟成了鲜为人知的荒芜之地，好在它没被永久遗弃。十六七世纪，葡萄牙和法国的旅行家们游历至此，发现了这一宏伟建筑，大为惊叹，认为此庙宇之宏伟，胜过古希腊和罗马的遗留；他们认定吴哥窟建于同样久远的时代。

吴哥窟建在平地上，整体呈现山形。寺庙外围环绕着一条护城河，用作防御。现在，这条护城河像一道屏障，将城市与森林隔开。即使在最鼎盛的时期，吴哥窟也被不断扩张的城市网包围着，包括很多后来作为国都的城市。因此，当时的吴哥成了工业化前最大的城市。垂直于环绕吴哥窟的护城河上有一道堤路，位于寺庙主塔的中轴线，这些主塔象征着须弥山（印度神的居住之处）的山峰。寺庙位于人工高地，与城市分开，只能通过陡峭的阶梯到达，这是为了提醒信徒们精神修炼的艰辛。

寺庙内部有60平方米（197平方英尺），经过精心设计，在这60平方米上建造了宝塔、庭院、回廊、长廊。中心的宝塔高35米（115英尺），树立在比周围地平面高出20米（66英尺）的人工高地上。这些石造建筑的壁面上布满浮雕，内容多为叙事场景；部分墙壁留有孔洞，可能用来放置之前掠夺来的青铜面板。该建筑用石头垒成，石块之间并无灰浆，而是被紧密地堆积在一起，通常看不到接缝。这些石头被打磨成彼此咬合的形状，有着诸如榫眼、榫接头和楔形榫头的结构，这些技术一般都用于细木工行业。显然，要想保持建筑风格一致，并保证建造速度，必须数千名学习过相同的工艺技术的工匠同时赶工。这种不求功利的建造活动一直延续到15世纪。1431年，吴哥城遭到了来自大城府（现位于泰国）的进攻者的掠夺，此后吴哥城被遗弃，迁都至洛韦。

吴哥窟是吴哥城中被保留下来的一部分，成为了无比宏大而人口稀少的佛家圣地。重生之后的吴哥窟成了重要的旅游胜地，一直以来创造着可观的收益，因为这里遍布奇观，就算是行遍天下的旅行者也为之吸引；而且吴哥窟已经成为柬埔寨的骄傲，其造型作为主图展现在柬埔寨的国旗上。

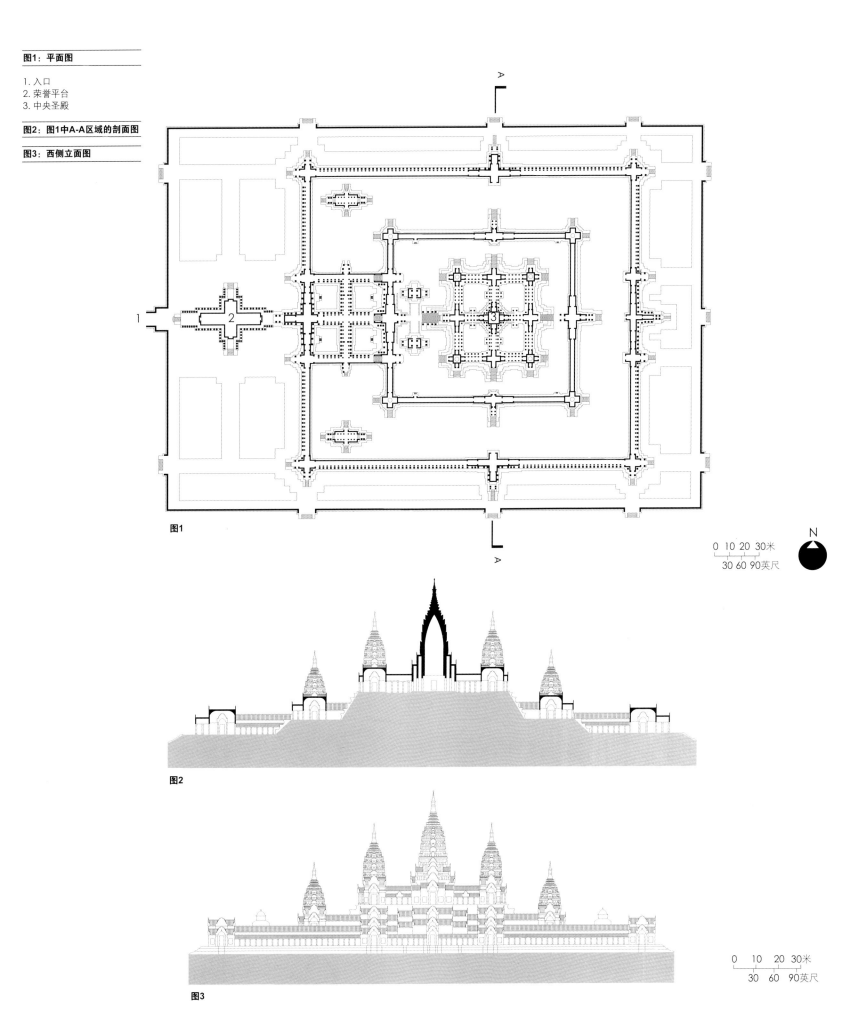

图1：平面图

1. 入口
2. 荣誉平台
3. 中央圣殿

图2：图1中A-A区域的剖面图

图3：西侧立面图

图1

图2

图3

0 10 20 30米
30 60 90英尺

N

0 10 20 30米
30 60 90英尺

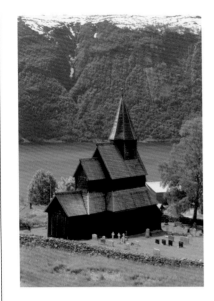

乌尔内斯木板教堂

挪威，乌尔内斯；1130年

挪威人一直信奉古老的北欧神，后来到了11世纪，国王奥拉夫二世（现在称为圣奥拉夫）才在挪威建立基督教。基督教来自英国，这与维京人有关，因为有无数的海盗在英格兰北部定居。

乌尔内斯木板教堂的布局衍生自一种非常简单的盎格鲁—撒克逊风格。英格兰也有木板教堂，但除了腐朽的木材之外，根本难觅它们的痕迹。人们经常用石头教堂代替木板教堂，但在14世纪或15世纪，即使是一些小的石头教堂通常也会升级改造，有一些常见的类型。例如，一个长方形的教堂中殿和窄窄的圣坛。

建造乌尔内斯的教堂时，罗马式的风格正在挪威盛行，并被广泛应用于诺曼侵略者建造的教堂。在挪威，木板教堂曾经很普遍，但鲜有留存至今的。乌尔内斯木板教堂是最古老的木板教堂之一。

现在这座教堂地处偏僻，但显然在它建造之初就拥有颇具财力的资助人。从外表看，它有着陡峭的斜顶，这些是复制品。八角形的木制尖顶也是后来加入的。窗户很少且很小，勉强足以照亮空间，但这不是其建筑特点。内部显然是罗马式的，但走道上方没有任何天窗。立柱沿着主殿延伸，支撑着半圆形罗马式拱券。不同寻常的是这个拱廊向中殿两旁延伸，立柱的柱顶是类似罗马式建筑的样式，且有一些雕刻装饰。

内部装潢中最让人惊叹的是它是由木材制成的。例如，拱门在木结构建筑中就毫无意义——用小石头来跨越较大的开口是很有用的，但在木结构中，它们只是装饰。木立柱比石头立柱略窄，柱顶和石头柱顶的形状是一样的。

乌尔内斯木板教堂的木结构建筑比电动工具和锯木厂出现的时间更早。立柱原本可以挑选树干笔直的树木，然后却采用车床手工制成的木板。墙壁和屋顶的木板完全采用手锯——这是非常费力的活儿。尽管已经发现少量古代社会的水力电锯厂，但在林业十分重要的挪威，直到14世纪才有此类电锯场。

如果教堂的内部装潢似乎是要把外来形式改造成一个正统的权威形式，那么最有趣的则是古老传统的留存。描绘着错综复杂、蜿蜒交织的线条的木板围绕着北门，看起来像北欧的生命树——宇宙树盘根错节的根部以及生长轨迹。

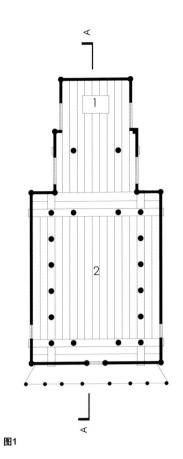

图1

图1：平面图

1.圣坛
2.中殿

图2：图1中A-A区域的剖面图

图3：南侧立面图

图4：东侧立面图

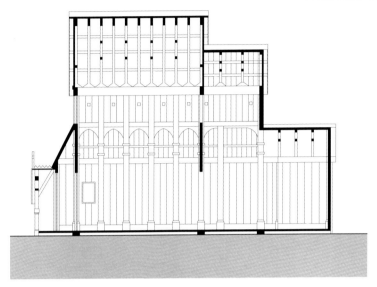

图2

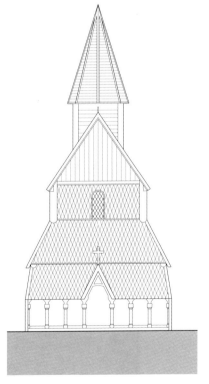

图3

图4

布尔日大教堂

法国，中央大区，布尔日市；1200年开始建造

达勒姆大教堂这样的大罗马式教堂有着稳固的砖石，让人印象深刻。12世纪，形成了新的建筑美学风格，砖石所带来的美感则退而次之。这种新的风格就是现在所称的"哥特式"风格，在北欧一直流行到16世纪初。"哥特式"这一表达方式17世纪时才开始使用，被用来指代所有非古典的风格，一直延续到19世纪。

"哥特"是德国的一个部落的名称，这个部落（还有别的部落）跟西罗马帝国的覆灭有直接关系。最初，"哥特"一词带有贬义色彩，意为"野蛮的"，北非的文物破坏者（Vandals，汪达尔人，该词在英语中故意破坏公物者之意）也是有类似的恶名。

哥特式建筑延续了很多罗马式建筑的传统，但加入了色彩斑斓的巨大窗户。对于当时的寻常人家来说，普通玻璃都已经很是昂贵了，使用彩色玻璃可以说是一种奢侈。教堂建筑者在教堂的墙壁上留下尽可能大的空间来安装窗户，所以需要用飞扶壁来支撑墙的顶部，以此抵消石头拱顶

对墙向外的推力——单靠薄薄的墙体绝对不行。达勒姆大教堂的拱顶就运用了该种结构，例如交叉肋拱；并且该教堂还在各处加入了尖拱——不只在拱顶上，窗户上方、拱形游廊上都有，营造出和谐的效果。

1137年，在修道院院长苏格的赞助下，于巴黎的北部开始建造圣丹尼教堂。苏格有着很大的政治影响力，他所在的教堂是埋葬法国国王的地方，受到的捐赠颇丰。苏格的著作中提到他曾经一度对彩色光线很着迷。这样做不是为了让室内明亮，而是让室内光线较暗，这样的话，色彩丰富的墙壁和同样色彩斑斓的窗户玻璃才能保持完全一致。

布尔日大教堂将这一建筑风格表现得淋漓尽致，规模远大于圣丹尼教堂。两条游廊围绕着中殿，外面的游廊通往小礼拜堂。光透过墙上的窗户（窗台高过头顶）和两排天窗将中殿照亮。一排天窗位于内侧游廊的上方，另一排高悬于中殿上方，较低处的窗户玻璃上的图像展现了栩栩

如生的《圣经》故事。

从内部看，教堂就像一个用来支撑五彩玻璃的笼子，细长的柱子高高耸立，拱顶轻浮在顶部。外部和内部截然相反，几乎看不到外部结构，后面大量的对角石柱就像一个脚手架将教堂支撑起来。

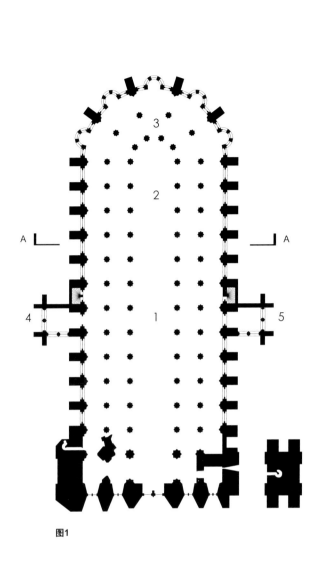

图1

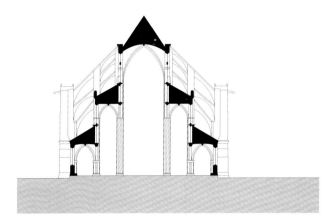

图2

图3

图1：平面图

1. 中殿
2. 唱诗班
3. 回廊
4. 北门
5. 南门

图2：图1中A-A区域的剖面图

图3：西侧立面图

图4：南侧立面图

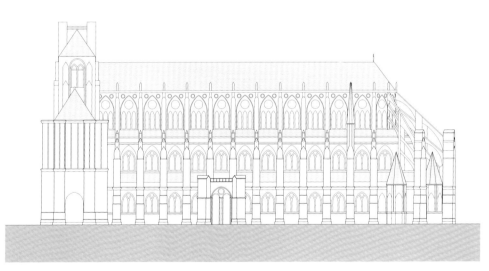

图4

科隆大教堂

德国，北莱茵-威斯特法伦州，科隆；1248年

哥特风格的建筑遍布北欧和西班牙，在长达几个世纪的传播过程中，出现了很多衍生建筑和亚风格建筑。德国大教堂与以布尔日大教堂（见第136—137页）为代表的法国风格较为接近，但进一步继承了使用建材少的特点。

例如，在斯特拉斯堡（德国和法国曾多次交替统治这一边境城市），结实的砖石墙体常常掩映在精致单薄的石雕之后，这些石雕中的雕塑非常引人注目，而后面的承重墙就化为无形了。1773年，歌德发表了一篇关于大教堂的文章，成为再度掀起中世纪建筑之风的重要推动因素。

在科隆，教堂的尖塔成为这个城市的特色。这些尖塔石雕中留有镂空，以便采光。这些尖塔的建造难度很大，让人望而却步。实际上，这些尖塔建于19世纪，那时具有浪漫主义的风格的哥特式备受推崇，从一些中世纪的绘画中可以看出尖塔就是在此时应运而生的。当时，人们决定建造这样的尖塔，并于1880年建成，塔高157米（515英尺）——科隆大教堂成为了当时世界上最

高的建筑，直到1884年被华盛顿纪念碑所取代。

科隆大教堂是一直以来不断尝试和超越的巅峰之作。第一座教堂尖塔建于12世纪40年代法国北部的沙特尔，在周围平坦的农田里可以看见这座高耸云天的尖塔。尖峰是高大陡峭的金字塔式砖石结构，在飞扶壁中有承重的作用，可以加强建筑的稳定性（通常与墙面呈一条直线延伸到扶壁底部）。尖塔也只是装饰性的，给人一种高耸入云的印象。

科隆的尖塔与大教堂的其余建筑相得益彰。通过这些新颖、大胆的建筑结构，这个大教堂的作用并非只是为宗教仪式提供场所而已。建造的原动力在于大众和普鲁士意识到这是一场他们可以获得胜利的竞赛。这里的造价昂贵，大开的石质格窗让人联想到华丽的杂技表演。

科隆大教堂建成之后的第九年，埃菲尔铁塔（见第36—37页）镂空结构的杰作就横空出世了。对于建造者在科隆做出的一切努力是否为其带来了期望中的声望一直存在争议。如果

把尖塔看成中世纪晚期的杰作，那么其成就的确令人叹为观止。

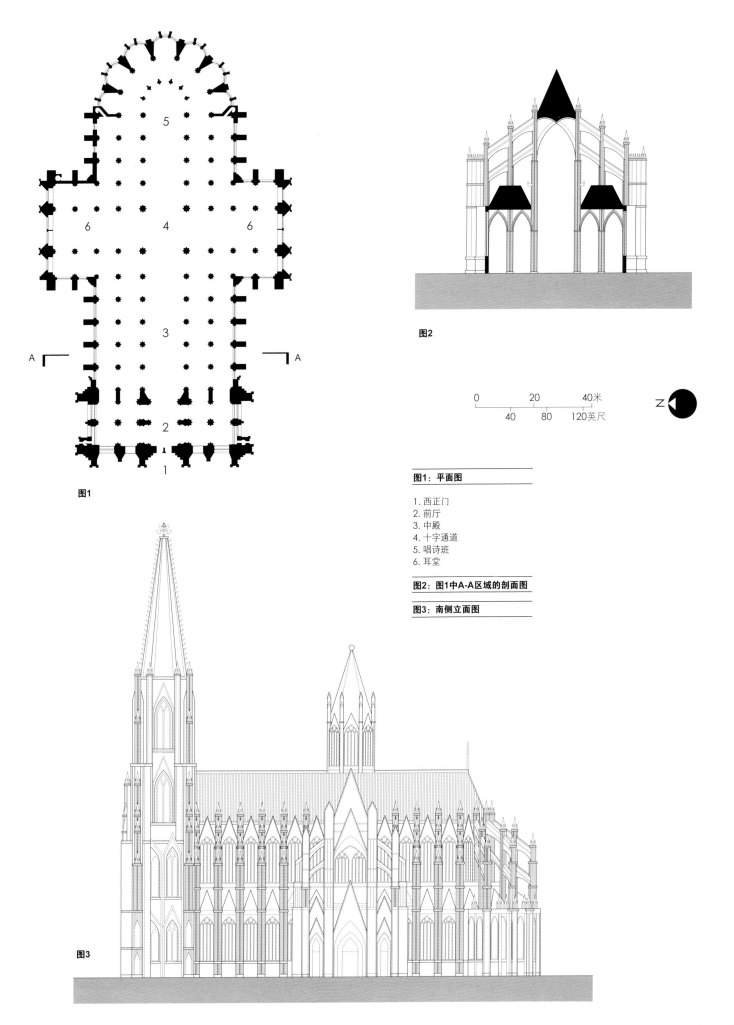

图2

图1

0　　20　　40米
40　　80　　120英尺

N

图1：平面图

1. 西正门
2. 前厅
3. 中殿
4. 十字通道
5. 唱诗班
6. 耳堂

图2：图1中A-A区域的剖面图

图3：南侧立面图

图3

科纳克太阳神庙

印度，奥迪萨邦，科纳克；1260年

奥迪萨邦（原奥里萨邦）科纳克寺庙，有时也被称为黑塔，门口有一对巨大的踩着大象的狮子，大象又踩着人。这是一个不祥的预兆。寺庙是灵迦拉伊神庙（见第122—123页）的终极体现。它最初位于海边，但随着海岸线的移动，现在是距海边3公里（约1.86英里）的内陆。

为献给太阳神苏利耶，将神庙设计成一个巨大的战车，由7匹马（现存6匹）和12对巨大的车轮带动——据说象征一天的时辰。神庙面对东方迎接初升的太阳。其内部的神殿和上方巨大的塔已经倒塌，但它们的台基和外面的小室尚存。

寺庙的崩塌引发了天马行空的猜测，最合理的猜测是16世纪该地区信奉伊斯兰教，因此捣毁了印度教教址。实际上，东恒伽王朝的国王纳拉幸哈·德瓦（1238—1264年）为庆祝打败穆斯林反对派而建造了这座神庙。该古迹后被茂盛的丛林和漂流的沙丘所掩盖，在19世纪末才清理后得以重见。

皇室的资助使得建筑拥有非凡的品质。它覆盖精美传神的雕塑，其中一些还在原地，而另一些在当地博物馆或加尔各答和新德里。有些雕塑材料是砂岩，其他的浅浮雕板材料是绿泥石。3个圣所的小展厅实际上有着描绘苏里亚生活的各个方面的绿泥板。

科纳克太阳神庙宏伟壮观。观众席高38米（125英尺），但没有尖顶。塔被认为高约60米（200英尺），是印度最高的塔。车轮的直径为3米（10英尺）。

然而，尽管这个遗迹巨大无比，但它并没有让人感觉压倒一切。因为随处可见的雕塑充满活力人文主义感。它们描绘的范围很广，从公共到私人生活，从禁欲到放纵，其中大部分传达的是快乐的情绪，描绘了许多音乐家和舞蹈家。还有成群的鸟类和动物，还包括约2000头大象。

神庙的轴线上，为了方便神能够看到，设置了一个方形的舞蹈亭。它的底座和柱子还在，但屋顶塌了。神庙的其他地方有食堂和厨房，以及附属神社。这里的朝拜活动是充满节庆和愉悦氛围的，在一年中的某一天，整整一天的时间，信徒们会在海中沐浴，以庆祝太阳的重生。

图1：平面图

1. 内部神殿
2. 外室
3. 神宫

图2：图1中A-A区域的剖面图

图3：南侧立面图

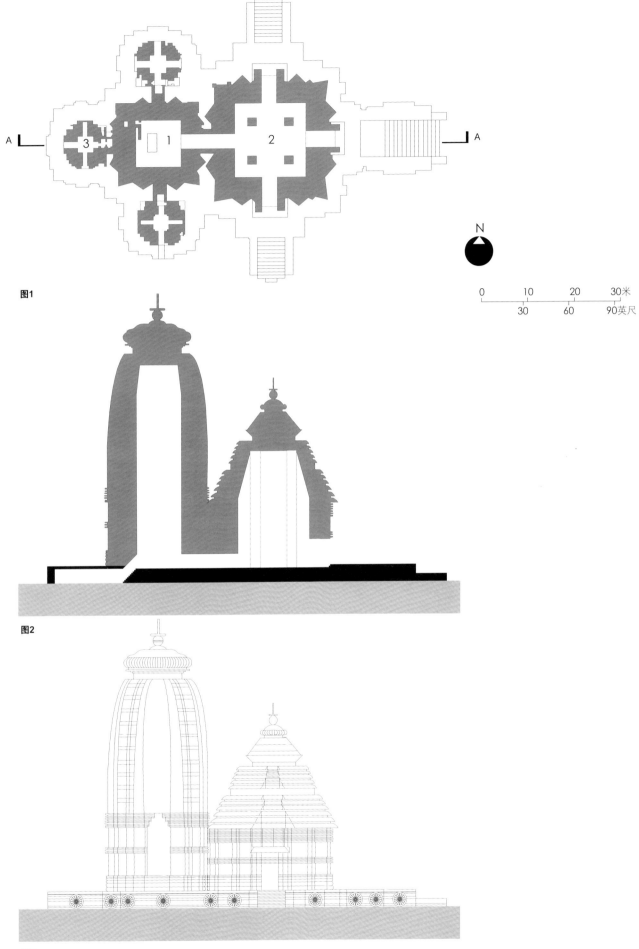

图1

图2

图3

金阁寺

日本，京都，室町；1397年

室町既是一个区的名字也是日本一个时期（1336—1573年）的名称。当时日本由足利幕府统治。天皇只是名义上的元首和重要的象征性人物——传统神道的首领——但实际的政治问题由幕府的将军负责。最开始，"大将军"是一个军事称号，后来可以世袭。

足利尊（1305—1358年），这位天皇后裔的武士是第一代室町幕府的将军。金阁寺（鹿苑寺）的创建者是他的孙子——足利义满（1358—1408年）。在他11岁的时候，父亲去世后他成为幕府的将军。1394年，他又让位于自己的儿子。

足利义满的宅第是他退位后兴建的。1397年他购买了大片土地，并将其改建为一个令人印象深刻的带凉亭的花园。在他去世后，他的儿子按照他的遗愿，把最大的建筑改建为佛教禅宗寺庙鹿苑寺。为了达到壮观的效果，鹿苑寺的上两层外墙均完全以金箔覆盖。

寺内宁静安详，小路蜿蜒穿过林地，其间建筑相互掩映。隔湖极目远眺，景色沿湖面展开，金阁寺倒映在水中。每层建筑都有阳台环绕，上方有悬挂式屋顶，在较低的楼层，内部由可移动的屏风隔开。在顶层有拱形门洞和铰链门。

三个楼层都有各自不同的风格：一楼是京都王宫（第248—249页）的皇家建筑风格，雕刻精美的装饰营造出贵族的氛围。二楼是武士建筑风格，反映了足利家族的武士特点，如果不是外部镀金，风格会更严肃。顶层禅宗厅是大不相同的中国风格，采用了拱形门洞而不是暴露的木框架结构，里外均镀金。里面安放了一些佛陀的舍利。

该遗迹仍然深受崇敬。寺庙曾被多次烧毁和重建，最近一次是在1955年，被一名僧侣纵火而毁，因此建筑的材料并不古老。有人怀疑在初建时是否上层建筑包裹了现在这么多的金箔。火鸟或凤凰是一种神秘的鸟，在许多国家的货币上都有出现过。这种鸟牺牲自己，并从自己的灰烬中重生。栖息在屋顶的金凤凰可能是在早期重建时建造的，但是在其他地方（如京都的凤凰堂寺）也可以看到凤凰雕塑。那里的象征意味并没有那么明显。

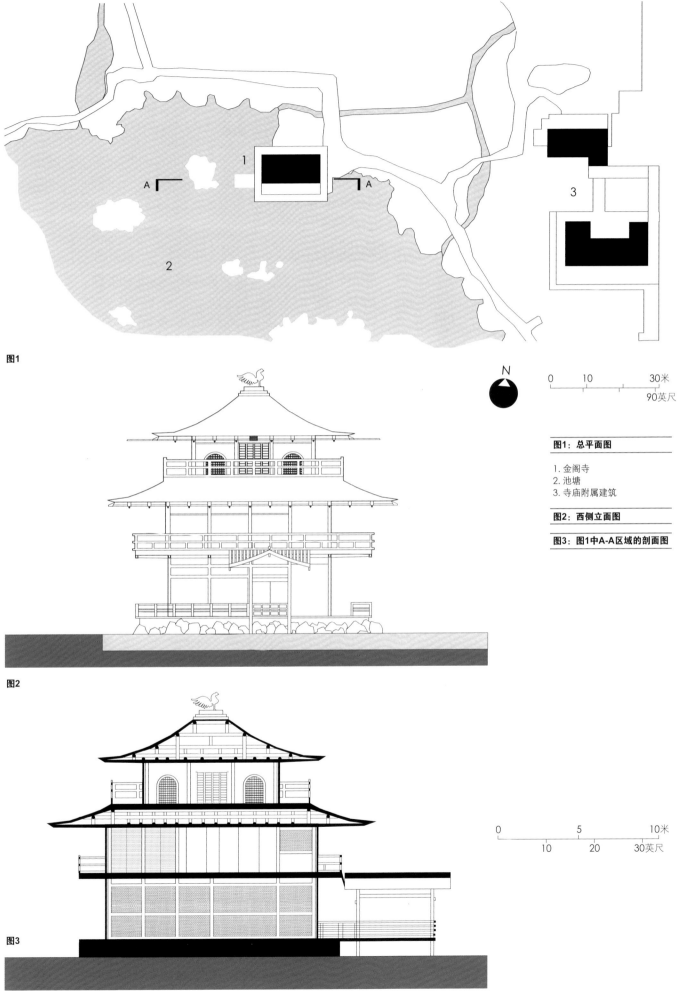

图1

图2

图3

N

0　　10　　　　30米
　　　　　　　90英尺

图1：总平面图

1. 金阁寺
2. 池塘
3. 寺庙附属建筑

图2：西侧立面图

图3：图1中A-A区域的剖面图

0　　　　5　　　　10米
　10　　　20　　　30英尺

高哈尔·萨德清真寺

盖瓦姆·尔丁，1410年开始名声大震

伊朗，呼罗珊省，马什哈德；1418年

818年，圣人伊玛目礼萨遇害后，人们在马什哈德建起了一座陵墓。马什哈德意为"殉难的地方"。之后，伊玛目礼萨圣陵经过多次重建和整修。如今的圣陵有一个壮观的大金穹顶，是伊朗最大的清真寺，该清真寺可容纳礼拜的人数居世界第二位，仅次于麦加大清真寺。高哈尔·萨德清真寺被并入这一更加宏大的建筑群，成为七大庭院之一。高哈尔·萨德清真寺与伊玛目礼萨圣陵毗邻，可用作祈祷，凸显了这座建筑的神圣地位。

呼罗珊省位于伊朗东部，与土库曼斯坦和阿富汗接壤。但在15世纪时这些边界并不存在，所有这些地方都是帖木儿帝国的领土。帖木儿帝国的根基在更远的东方——蒙古，帖木儿大帝在蒙古帝国（由成吉思汗建立）中的伊尔汗帝国逐渐灭亡后建立了帖木儿帝国，后来帖木儿的子孙吸收了波斯文化和宗教的精髓。

帖木儿帝国将马什哈德作为行政中心，因此马什哈德成为了东西方贸易往来的路线——"丝绸之路"上的重要城市，正因如此，该地变得异常富足。后来，帖木儿后裔转而去印度开创了莫卧儿帝国，可以说高哈尔·萨德清真寺是印度泰姬陵（第34—35页）的前奏，它提前为泰姬陵的建筑艺术和风格做了尝试。事实上，像大门等很多元素都来自撒马尔罕。

泰姬陵的建筑师盖瓦姆·尔丁还设计了其他的重要建筑，包括早些时候的赫拉特清真寺，赫拉特是帖木儿帝国的首都（位置更靠东，现阿富汗城市）。不过，盖瓦姆·尔丁被称为"设拉子"，"设拉子"的意思是伊朗西南部的起源。盖瓦姆·尔丁正如他的建筑一样名扬四海。

高哈尔·萨德清真寺的穹顶、尖塔、大门最具特色。整座建筑用精致铭文和复杂图案装饰而成，仿佛给整座建筑披上了一层地毯。装饰的主色调为白、蓝、宝石绿，精心调制的颜色提升了整座建筑的外观。该圣所面向麦加的方向，即马什哈德的西南方。

穹顶外面是宝石绿色的马赛克式锦砖，下面是最高的大门——像一道绿色的屏风，两侧分别有一个尖塔，气派非凡。屏风旁边是带尖拱的凹室，凹室的后面有一扇小门，通往圣殿。这个巨大的凹室全部采用白色装饰。

这座建筑的皇家赞助人是王后高哈尔·萨德，帖木儿大帝的儿媳。人们认为是她提出采用波斯的装饰方式，并且促成了将都城从撒马尔罕迁至赫拉特（她的陵墓所在地）。高哈尔·萨德在丈夫去世、长子被害（被其丈夫之子谋杀）之后，帮助其孙子有效地执掌朝政。高哈尔·萨德在80多岁高龄时依然有着足够的政治影响力和权力，这引起了帖木儿大帝一个曾孙的不满，最终在1457年，高哈尔·萨德被送上了断头台。

图1：图3中A-A区域的剖面图

图2：图3中B-B区域的剖面图

图3：平面图

1. 拜向敞厅
2. 宣礼塔
3. 圣泉
4. 庭院

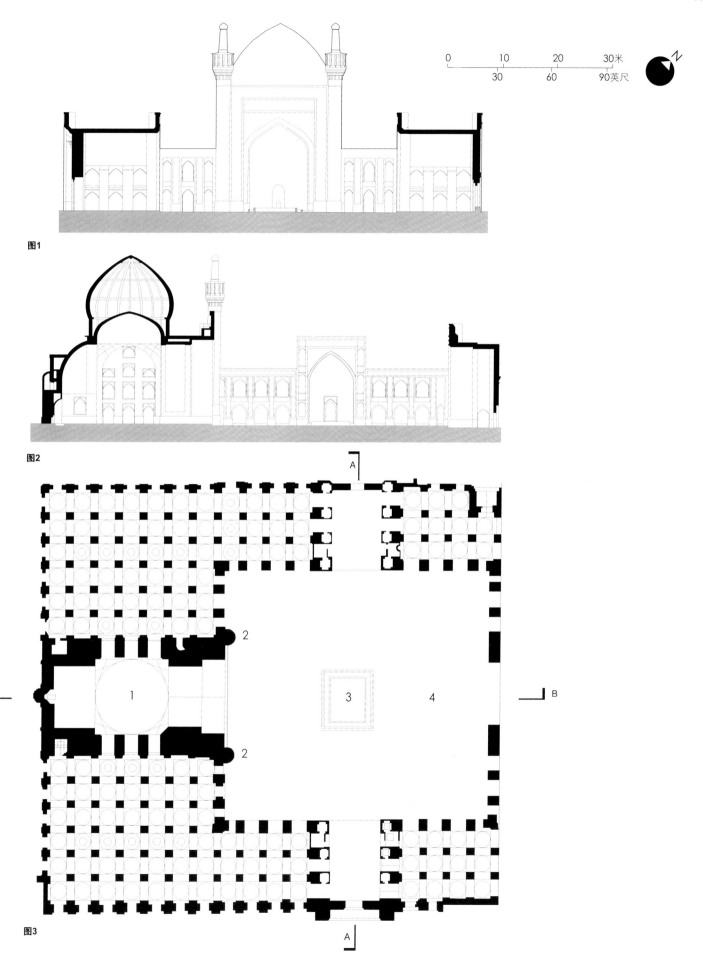

图1

图2

图3

圣神大殿

菲利普·布鲁内莱斯基（1377—1446年）

意大利，佛罗伦萨；1430—1488年

人们并不清楚思想是如何从一种文化转移到另一种文化的。不同的文化讲述着不同的发展历程，人们更容易相信思想是独立产生而非从别处复制的。

建筑师布鲁内列斯基是意大利文艺复兴时期的主要人物之一。文艺复兴标志着中世纪的终结和古典文化的重生。的确，设计精细的佛罗伦萨圣神大殿找不到任何哥特的痕迹。

没有高耸的建筑，没有神秘的色彩，哥特式风格从来没有在佛罗伦萨或罗马扎根。公认的典范是早期罗马城外的圣保罗教堂（源自395年），但它的布局更像后来传统的罗马式教堂。只是所有的立柱都是正统的科林斯式，而没有采用中世纪的传统在柱顶雕刻不同图案。

布鲁内列斯基圣神大殿布局设计中最引人注目的是利用方格来布置立柱。教堂的地板图案突出了方格网，采用鲜明对比的石头凸显方格。文艺复兴时期的绘画常常表现出这种方格，以唤起建筑的空间感。它像一个几何透视图——该时

期的重要发现之一，但圣神大殿有真实存在的方格。

穹顶更像东正教传统教堂（在1204年西方十字军洗劫君士坦丁堡时大行其道）的教会。祈祷人厅采用方格布局在其他清真寺有先例，例如，科尔多瓦清真寺教堂（第118—119页）和高哈尔·萨德清真寺（第144—145页），后者也采用了圆顶。但是圣神大殿的方格是绕着整个大殿，创造了较高的中央空间，而不是像清真寺一样让柱子无限延伸，或者具有东正教传统的方形平面上的十字结构设计之上的圆顶。

人们有理由怀疑圣神大殿是否受了东方的影响。君士坦丁堡被奥斯曼帝国的军队包围，并最终在1453年统治这个城市。如果他们没有被迫抵御帖木儿远东的攻击，他们本可以再早一些这么做。讲希腊语的基督教学者很担心从地中海东部移到意大利的前景，担心能否将希腊语普及以点燃学习具有时代特征且古色古香的文化的激情。

布鲁内列斯基的建筑布局中包括细致协调

的重复单元，似乎是预先做好了建造大量拱门、立柱和半圆形教堂的准备，虽然这在当时是不可思议的。内部空间的规则秩序也是该建筑的特点。

引人注目的是，圣神大殿的正面十分简单，设计成这样的原因是布鲁内列斯基的设计没有得以实施——内部才是施工的重点。建筑的朝向也不如内部的几何设计理想。它只是遵循预先就有的街道方向，并结合奥古斯丁修女和她们医院街区的朝向。礼拜式的"西"端更近南面，现在面朝着一个绿树成荫的广场，广场上有咖啡馆及市场，那里是人们日常生活的重要组成部分。

图1：平面图

1. 中殿
2. 十字通道
3. 唱诗班
4. 侧廊
5. 圣器室
6. 耳堂

图2：图1中A-A区域的剖面图

图3：北侧立面图

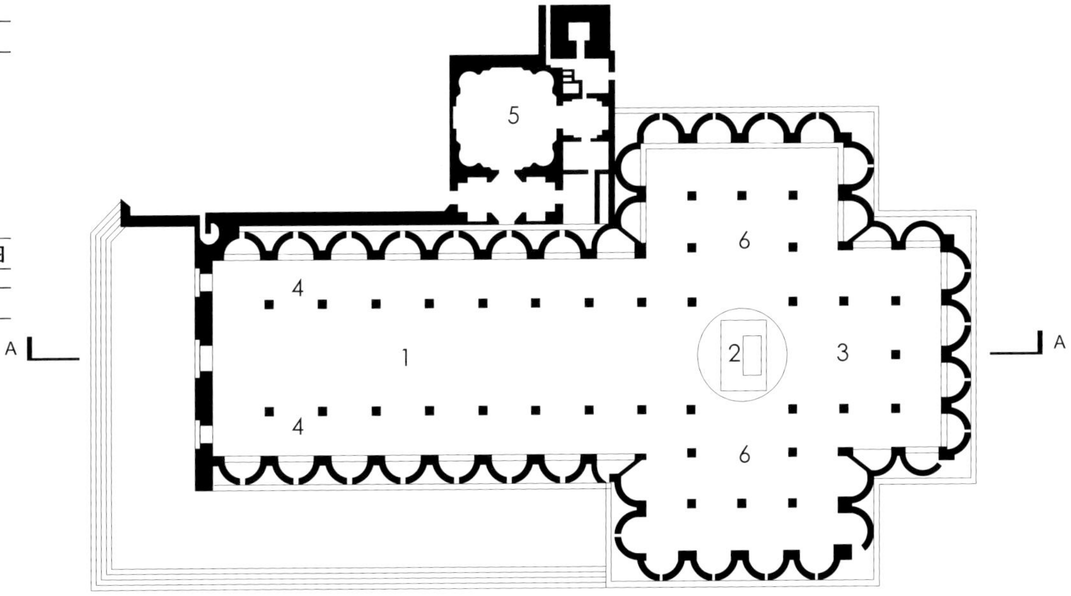

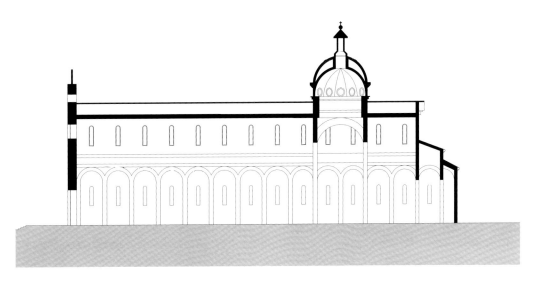

图1

图2

图3

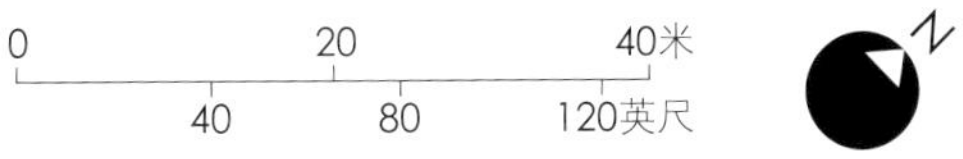

圣安德鲁教堂

莱昂·巴蒂斯塔·阿尔伯蒂（1404—1472年）

意大利，曼图亚；1470—1482年

莱昂·巴蒂斯塔·阿尔伯蒂出生于富有之家，受过良好的教育，注定会成为文艺复兴时期的不凡之人。莱昂·巴蒂斯塔·阿尔伯蒂的写作题材广泛，从绘画、马匹到家庭、建筑。为了改变那个时代的建筑风格，他做出了巨大的努力，让人们重新审视古建筑。

古罗马时期唯一一本保存下来的建筑论著是维特鲁威于公元前1世纪所著的《建筑十书》。罗马时期的书本都是卷轴书，而非像现代书册一样的装订本。维特鲁威所写的十篇论著因阿尔伯蒂而重现世间。

阿尔伯蒂钻研这十篇论著，努力弄明白一些专有名词的意义，便于当代人理解，以此来指导当代的委托人和建筑师。因此，他写成了自古以来第一本系统研究建筑的著作——De re aedificatoria，翻译为《论建筑》，显示了作者对于现实问题的关注。他认为建筑要有稳固的基础，不单指字面意义上的牢固的地基和结构，还预示着将建筑学纳入知识体系，让高质量的建筑

诠释高效的建筑原则。阿尔伯蒂的早期论著都是手抄本，这也是一直以来的传统做法。古腾堡印刷机于1450年前后问世，当时阿尔伯蒂的《论建筑》还在创作之中，1485年，该书成为第一本印刷版建筑论著。

圣安德鲁教堂是为曼图亚侯爵——卢多维科·贡萨加（1412—1478年）而建的，为了保存一件神圣的遗物——一瓶圣血（这一发现归功于圣安德鲁神谕）。

阿尔伯蒂称圣安德鲁教堂为"伊特鲁里亚式教堂"，认为它沿用了前罗马建筑的风格，其实它是模仿了现代被称为马克森提乌斯的罗马长方形基督教堂——一个靠近罗马广场的大型拱形遗址。阿尔伯蒂从这个长方形基督教堂获得了圣安德鲁内部构造的灵感，但是，因为这长方形教堂的几个立面都已经损毁，他不得不从其他地方寻找修建教堂外部立面的灵感。

对于西面的立面，他模仿罗马广场上的提图斯凯旋门而建，使其适应教堂的形式，用一个较低的

三角墙代替沉重的上层构造。因此，这一立面就成了教堂最令人惊叹的部分。教堂完工后，其拱顶装饰有镶板和玫瑰形花样，就如万神殿（见第108—109页）一样。教堂中殿拱顶的建造费用并不高。最后，只建了个筒形拱顶，喷绘装饰着镶板错视画。这与1763年加建的巴洛克式圆顶风格相一致。

西立面的凯旋门矗立在该城市重要道路上的一个小广场上。中间的拱门会让人联想到这面墙另一面拱顶的缩影。就像提图斯凯旋门，这个立面使用了两种大小不同的柱子：一种柱子落脚点较低，支撑拱顶的起拱点；另一种柱子比较高大，建于基座之上，向上支撑起主要的飞檐，加之阿尔伯蒂设计的三角墙，这就产生了神庙正面的效果。

因此，该立面采用了两套不同的立柱系统。它们的柱头各不相同，分别支撑着飞檐的某一部分。较低的柱子仿佛在高柱后面穷追不舍。但是，这些全部只是装饰。就罗马风格来说，真正起支撑作用的是坚固的砖石墙面，而复杂多变的表面结构只是个吸引眼球的花架子而已。

经典建筑　平立剖

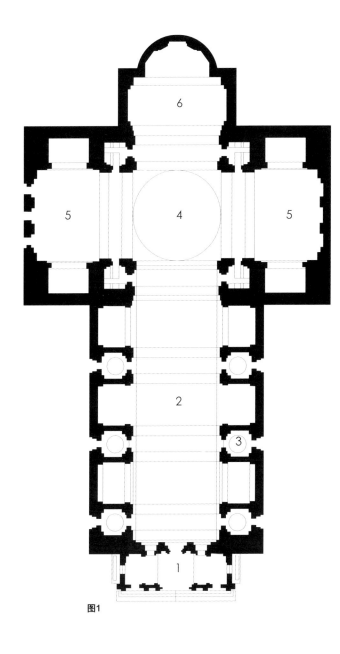

图1

图2

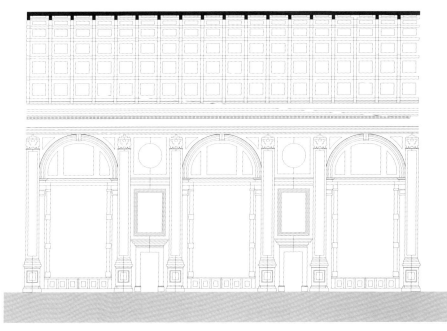

图3

图1：平面图

1. 西柱廊
2. 中殿
3. 通往地下室的楼梯
4. 十字通道
5. 耳堂
6. 高坛

图2：北侧立面图

图3：内部立面图

苏莱曼清真寺

科查·米玛尔·锡南（1498—1588年）

土耳其，伊斯坦布尔；1551—1558年

1453年，21岁的穆罕默德二世包围并占领了君士坦丁堡，将城中最伟大的基督教教堂变成了伊斯兰教清真寺。当时的君士坦丁堡依然令人惊叹，尽管早在1204—1261年，十字军就对这座宝库进行了野蛮的掠夺，城中珍贵的古物和圣遗物都被劫掠一空，其中施洗者约翰的头骨被送到了法国北部的亚眠，那里的大教堂后来成为世界上规模最大、装饰最美的大教堂之一。耶稣殉难时戴过的荆棘冠冕被卖给了法国国王路易九世，为此他在巴黎修建了圣礼拜堂来迎接它。

相比之下，穆罕默德二世在占领君士坦丁堡之后定都在此，并且着手发展经济贸易。在这么一个充满历史遗迹的地方，似乎并不需要去新建一座清真寺，况且城里还有宏伟的圣索菲亚大教堂。尽管如此，修建清真寺的事情还是被确立下来。

到了16世纪，奥斯曼帝国迅速扩张，皇帝苏莱曼一世希望向世人展示出帝国强大的国力与皇帝本人的文治武功。他与罗马帝国的查理五世达成协定，以退出匈牙利为交换条件，苏莱曼一世可以自称罗马皇帝，但这个头衔西欧诸国是永远不会承认的。

那时，圣索菲亚大教堂已有上千年的历史，其地位不可撼动。而建造苏莱曼清真寺的目的就是要超越此前的一切建筑，圣索菲亚大教堂自然包括在内。苏莱曼清真寺选址于旧城最高的山顶上，这样一来，尽管穹顶不比圣索菲亚大教堂大多少，苏莱曼清真寺还是占据了主要位置，成为了城中最重要的建筑。

在选址上，苏莱曼清真寺参考了耶路撒冷的圆顶清真寺，由此将苏莱曼与所罗门放到了一起，就像查士丁尼一世在圣索菲亚大教堂所说的："所罗门，我超过你了。"

苏莱曼最重要的改革之一是对法律体系的全面改革。为了反映这一点，苏莱曼清真寺不仅是一个祈祷的地方，它也是学习的场所，在这里，人们研究宗教典籍，修改律法以便同宗教教育保持一致。同时环绕清真寺也建有医学院，其建筑屋顶有几十个小型穹顶。

苏莱曼清真寺就是仿圣索菲亚大教堂而建的，但为稳定结构而用的大量砖石用重量很轻的艺术品遮挡住了，因此尽管圣索菲亚大教堂在地震中奇迹般地被保存下来，苏莱曼清真寺也成为其可靠的接替者。苏莱曼清真寺的几何结构并未因沉降和时间的关系而变形，装修精细但不炫耀，整个建筑无可挑剔。这让圣索菲亚大教堂看起来就好像一个幸存的试验品。

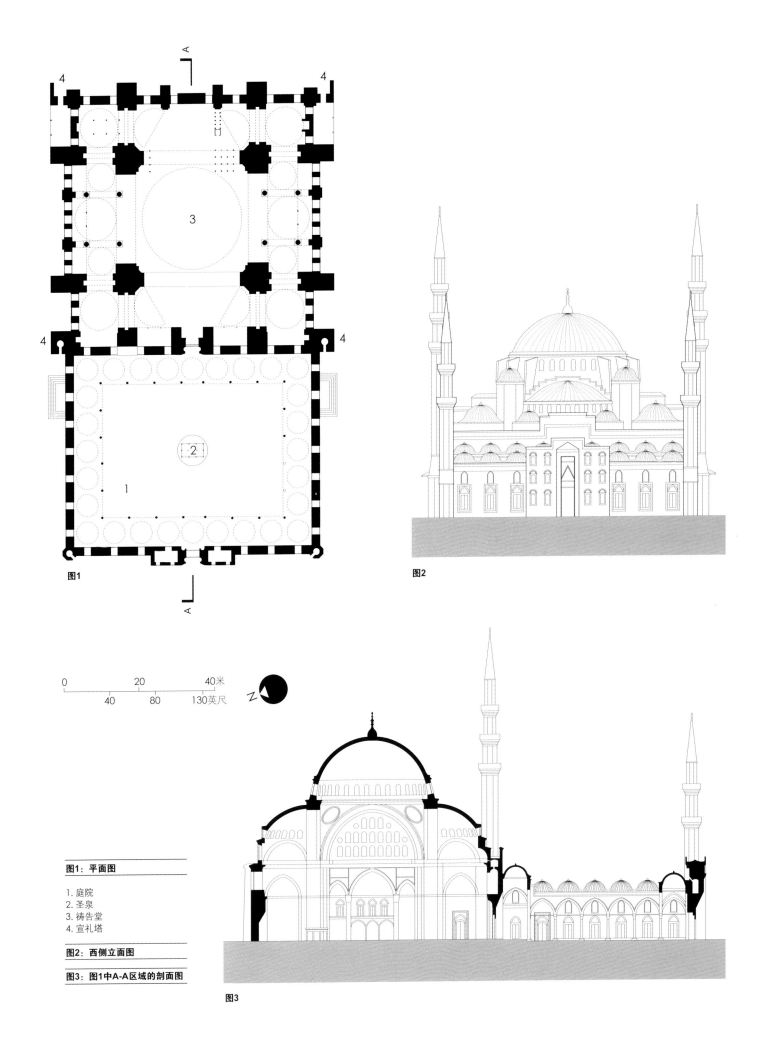

图1

图2

图3

0　　　20　　　40米
　40　　80　　130英尺

图1：平面图

1. 庭院
2. 圣泉
3. 祷告堂
4. 宣礼塔

图2：西侧立面图

图3：图1中A-A区域的剖面图

圣巴西尔大教堂

波斯特尼克·雅科夫列夫

俄罗斯，莫斯科；1554年

俄罗斯东正教原来隶属于君士坦丁堡牧首区，但在1453年穆罕默德接管君士坦丁堡之前，俄罗斯东正教宣布独立了。

正是由于这个原因，俄罗斯的传统建筑都喜欢采用单个或者多个圆顶，除此之外，也受到一些其他的影响。外部装饰和色彩选择好像是沿着"丝绸之路"从东边传过来的。莫斯科的圣巴西尔大教堂是俄罗斯最著名的大教堂，它所呈现的生机无与伦比。现在看来这个教堂貌似一直都像是嘉年华，但其实不然，它的色彩不是一直都这么鲜亮，而是19世纪40年代以后才变亮起来的。这既不是一个普通的教堂，也与圣巴西尔的地位不那么相称。

"Cathedra"是指主教的王座，正常情况下每个教堂里面都有一个宝座。俄罗斯的东正教主教的任命仪式在圣母安息大教堂举行，圣母安息大教堂建在克里姆林宫里面，有5个圆屋顶。大教堂广场周围有5个教堂，样式各异，与它的重要地位相符。圣巴西尔大教堂是一座更杰出的建

筑，位于克里姆林宫外面。它正式的名称是"护城河保护至圣圣母大教堂"（"Theotokos"是圣母玛利亚的一个称呼，意思是"圣母"）。但是几乎没有人这么叫，也很少有人认识这个名字。这是伊凡四世（伊凡雷帝）为了纪念在喀山和阿斯特拉坎战胜蒙古而命名的。

这事实上是个一室教堂建筑群，簇拥在中心主建筑"三一教堂"周围。它采用一种俄罗斯典型的建筑风格"帐篷顶"——八角锥，没有采用西方的尖顶，它不是一个单个的塔，而是把整个建筑都覆盖了（或者说，它把整个教堂变成了一个整塔或者尖顶塔）。这是俄罗斯一种十分普遍的教堂建筑风格。其他教堂也与之相似，但采用的是圆屋顶而不是帐篷顶。这种设计不适合大规模集会，有种小礼堂自觉地向中殿靠拢的感觉。

圣巴西尔大教堂位于皇家要塞外面的护城河边，它的地理位置也表明它在建筑群中的平民地位，这与中心那些大教堂的差别巨大。每一个教堂都为纪念一次战争的胜利，激励民众为国家的

胜利贡献自己的力量。

后来新建了一个"第十间房间"（平面图的左侧），是本土圣人巴西尔的墓地。

在17世纪80年代，又修建了一堵围墙，使所有教堂的联系更加密切。后来这里就被人们当成圣城，当成耶路撒冷的代表。直到1651年的圣枝主日，沙皇和元老骑着驴子从教堂广场走到新的耶路撒冷，重新开辟了一条基督教通往耶路撒冷的道路。这种情况下，不同的教堂显然都被融入到一个体系里面了，这一体系把这个建筑群当成圣地。主殿最终也没有建成，见证人只能聚集在露天广场上。

图1：平面图

1. 礼拜堂
2. 三一教堂
3. 巴西尔神殿

图2：西侧立面图

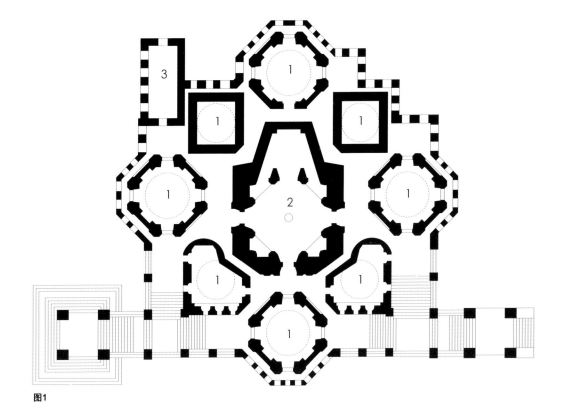

图1

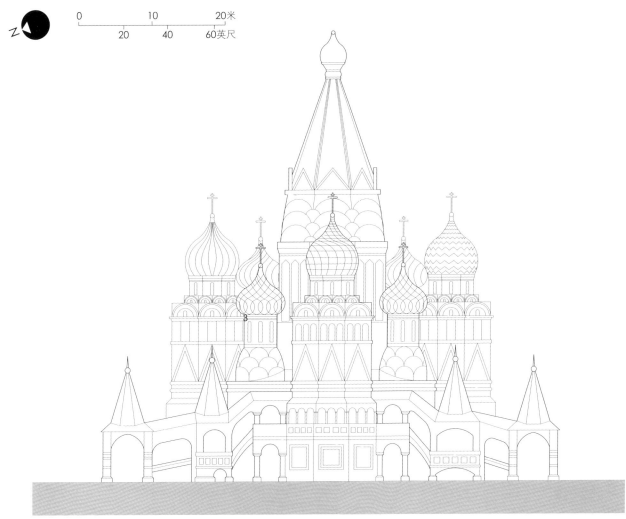

图2

圣卡罗教堂

弗朗西斯科·波洛米尼（1599—1667年）

意大利，罗马；1634—1637年

奎里纳尔山是罗马七丘之一，如今已被市中心的条条街道覆盖。在离总统府一个街区之外的某个角落，圣卡罗教堂静静地矗立着，几乎消失在通往皮亚门的长街上。

教堂建筑分为几部分，所处空间狭小。在主建筑之后有为僧侣们准备的住处，上去的楼梯很窄。向外可以看到远处的庭院。除宗教节日之外，面向大街的前门是不开的，平时都要穿过那隐蔽的庭院，从列柱回廊去往教堂，教堂是穹顶构造，其高度远比宽度大得多。

教堂的底部建筑蜿蜒扭曲。建筑的古典语言在此完全展现，建筑形状并未采用布鲁内莱斯基作品常见的正方形或圆形，而是有一些更加复杂与多变的东西。

从建筑平面图可以明显地看出一些由于墙体外凸而形成的凹状结构。外墙因而蜿蜒蛇行，墙内的建筑也只好扭曲倾斜来顺应这条曲线。相较

于那些建立在早期古典建筑知识之上的设想，这种建筑布局绝对是一种颠覆。

教堂内部的光照取自自然光。顶部有灯笼式天窗，但大部分光线是由穹顶基部的窗子照入，窗子由挑檐遮蔽，站在教堂里是无论如何也看不见的。光线进入之后会被天花板反射，其结果是天花板成为最亮的区域——光彩耀人的天花板。

穹顶不是圆形，而是椭圆形，由穹隅支撑，即三角穹圆顶，它通常用于底部正方形结构向顶部圆形结构的过渡（例如圣索菲亚大教堂）。教堂给人感觉依稀像浮在空中的矩形，同时，围墙和列柱在正面形成蜿蜒的曲线。

从上方看，建筑融合成复杂但和谐的图案——八角形、六角形、十字形巧妙地组合在一起，既减小了面积，又突显了穹顶。这种布局既是投影几何学的完美展现，也是哥特式拱顶建筑艺术发展的最高峰，就连拱顶的弯梁

都像要延伸下来一样，尽管教堂拱顶没有使用任何典型的哥特式元素。即便与伊斯兰建筑相比，它的完美几何图形也是不可思议的，更重要的是，在芸芸众生忙碌不止时，它唤起了人们脑海中残存的理想。

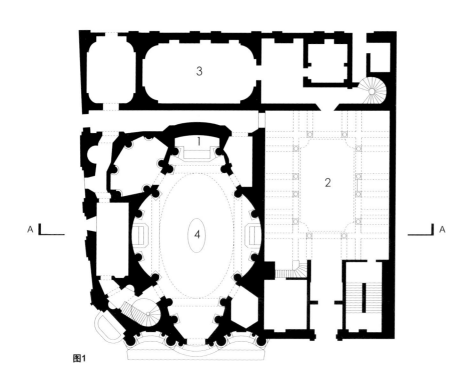

图1

图1：平面图

1. 圣坛
2. 十字通道
3. 僧侣住所
4. 教堂主体

图2：图1中A-A区域的剖面图

图3：西北侧部分立面图

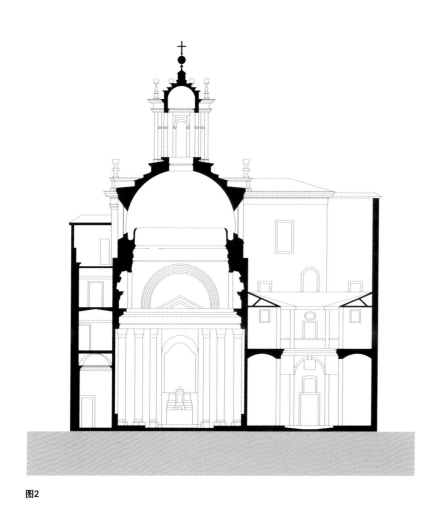

图2

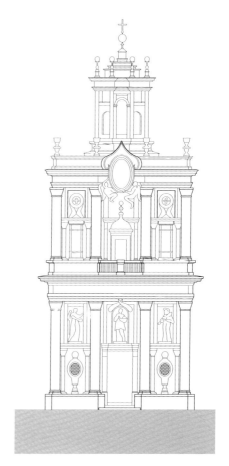

图3

维森海里根教堂

巴尔萨泽·诺伊曼（1687—1753年）

德国，巴伐利亚，班贝克；1743—1777年

维森海里根教堂（十四圣徒朝圣教堂）是18世纪巴伐利亚教堂的典型代表，以其神圣的声誉吸引着众多朝圣者，因为从小小的头痛到足以致死的黑死病，在这里都可以得到医治。

穿过田野望去，这座教堂是方圆数百里内最大的建筑，属于极度奢华的洛可可式建筑，让人想起当代的建筑，同时也与乡间田野的独特魅力融为一体。反宗教改革属于天主教运动的一部分，在这场改革中，礼拜仪式的特点就是对抗新教。

这种精致的形式代表着巴洛克风格的结束，这种风格始于圣卡罗教堂（第154—155页）。洛可可风格的特点是比巴洛克风格的装饰更加复杂，感觉更清新，色彩更丰富。这两种建筑风格都遵循古典建筑的规则，相比之下，洛可可式建筑更具有古典意味，结构更复杂。

维森海里根教堂的外观相对传统，大教堂塔楼的轮廓和外观具有典型的哥特式特点（尖塔带有各自区域的特点）。内部结构具有开创性。中央大殿和侧通道仍然保留了长方形廊柱；东部建有小教堂，但是空间被一分为二了。这些廊柱呈弯曲状，石膏材质的天花板呈半球形。天花板上面的图画具有冲击性的视觉效果，经常让人们忘却自己身在何处——望着上面的天空和云彩，会让人产生幻觉。

建筑的结构很复杂：巨大的木桁架占据大部分空间。每个廊柱的拱在平面上也是弯曲的，并且向后倾覆，所以必须使用某种平衡方式以保持稳定。建筑师巴尔萨泽·诺伊曼曾经当过军事工程师，所以能做到这一点也不足为奇。建筑中没有明显的扶壁，但穹顶也不是悬在空中的——这就是诺伊曼的大胆独创性。

内部结构仍然体现哥特式教堂的特点，但是通过不同的方式表达出来的。建筑具有戏剧性。图片、雕像与建筑相结合，创建了一种浓重的情感氛围。照明措施也很隐秘。仿云石柱子上刻满了各种图案，使其看起来就像是彩色的大理石。

主祭坛附近的基座上有14个圣人的雕像，其中几个雕像向下注视着，聚精会神地坐在高高的飞檐上，似乎同走进这里的朝圣者一样，等待着神的帮助。

经典建筑 平立剖

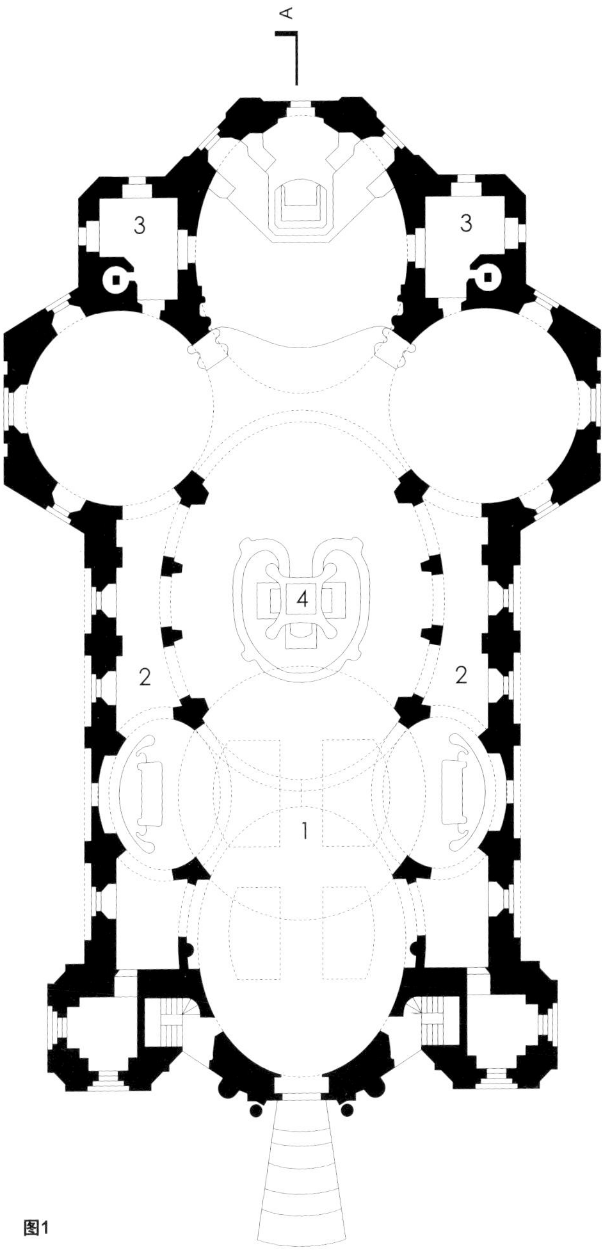
A
3
3
4
2
2
1
A

图1

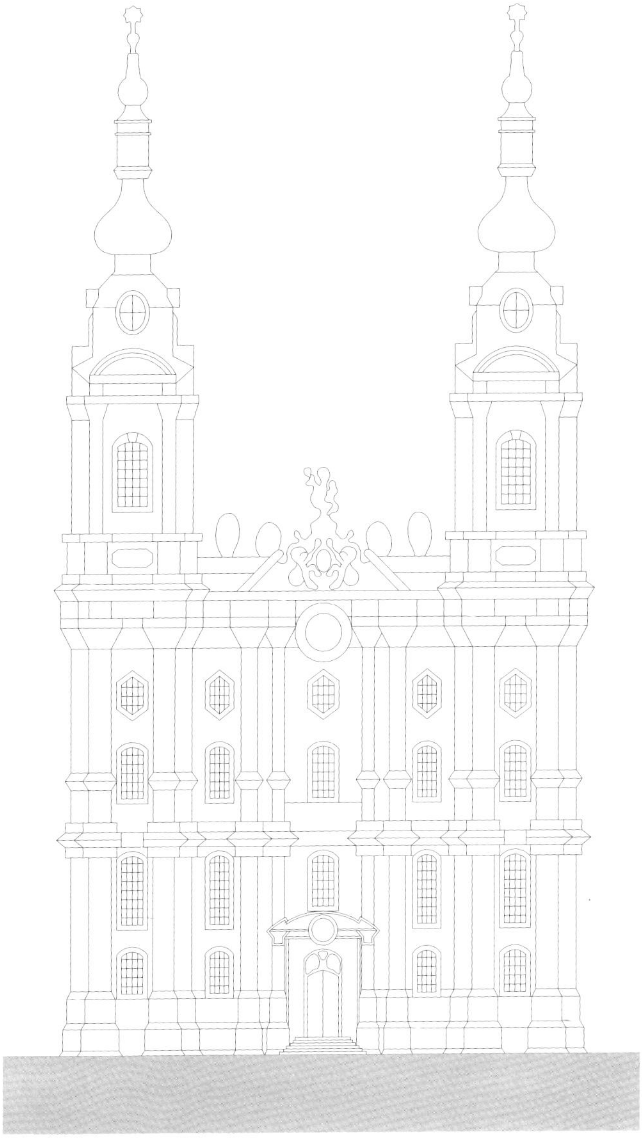

图2

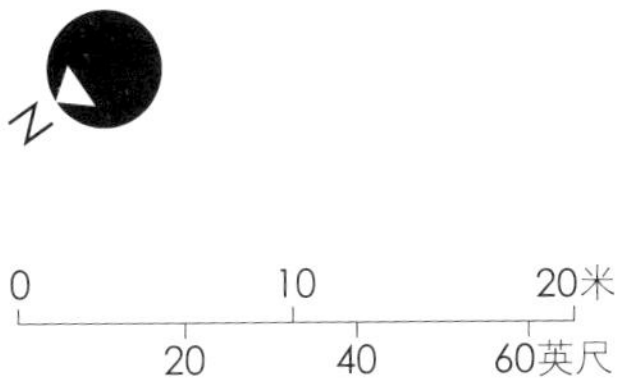
N
0
10
20米
20
40
60英尺

图1：平面图

1. 中殿
2. 侧廊
3. 礼拜堂
4. 圆形圣坛

图2：西侧立面图

图3：图1中A-A区域的剖面图

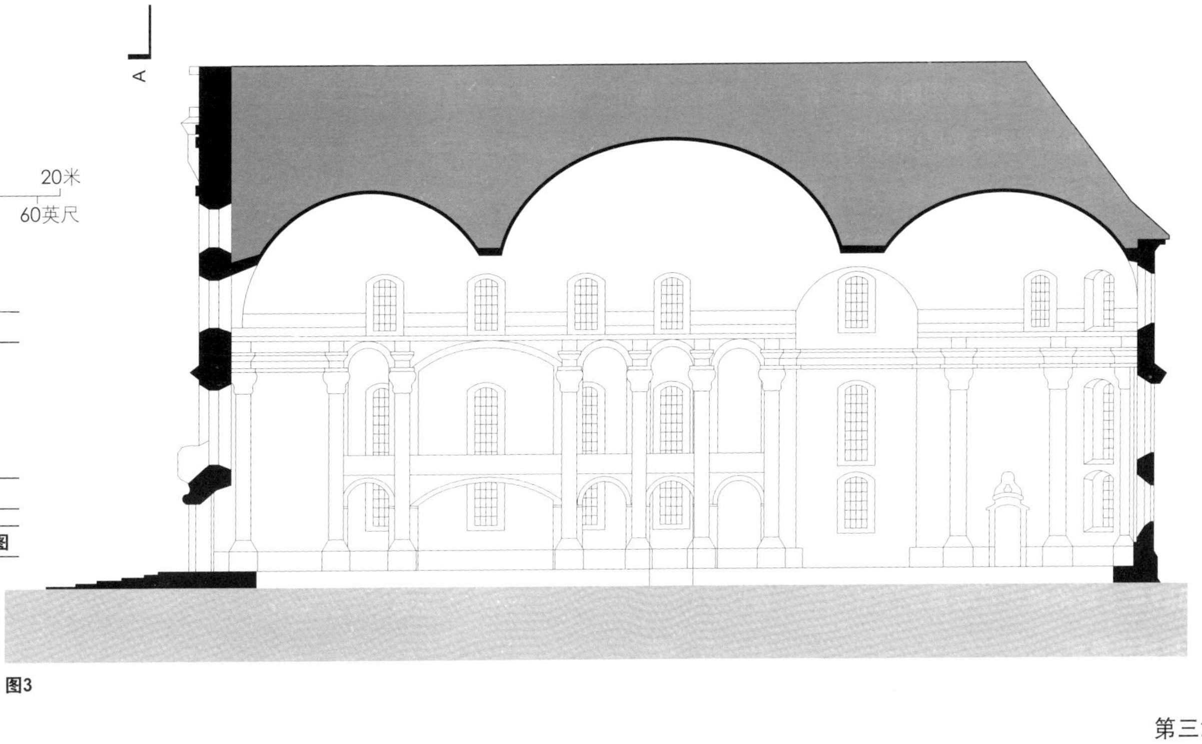

图3

圣家堂

安东尼·高迪（1852—1926年）

西班牙，加泰罗尼亚，巴塞罗那；始于1882年

加泰罗尼亚建筑师安东尼·高迪曾经在巴塞罗那工作。在巴塞罗那，通过参考自然生物的结构原理，分析它们的形态，他试图进行建筑改革。欧洲同一时期的建筑师们也曾试图进行改革（例如，布鲁塞尔的维克多·霍塔），这场革命被称为"新艺术运动"。几乎在同一时期，他们分别试图摆脱历史性的建筑风格，而这种风格曾在19世纪的欧洲风靡一时。尽管他们的建筑风格各异，但是这些风格用一种风格就足以概括了。在世界范围内，高迪设计的建筑经常被称作是"新艺术运动"的典型代表，但在巴塞罗那真正具有"革命色彩"的是现代主义特色建筑。

巴塞罗那的中世纪大教堂位于哥特式建筑区，是前工业化城市的典型建筑，它的前面有一片开放区域，周围是狭窄、蜿蜒的街道。相反，圣家堂（神圣家族大教堂）位于伊尔德方斯·塞尔达（1815—1876年）设计的格网式街道中，为1859年之后的城市扩张奠定了基础。它变成了一种城市景观。

一位名为约瑟夫·玛利亚·波克贝拉的书商成立了一个宗教基金会，并以他的教名命名为圣约瑟夫基金会，他在神圣家族中的位置只是临时的，事实上只能算作是上帝之子的继父。波克贝拉开始筹集资金建教堂。起初，他找到巴塞罗那的建筑师弗朗西斯科·德波拉·德尔维拉（1828—1901年）为他设计教堂，高迪早期曾为他工作过。德尔维拉的设计风格一开始就属于保守的哥特式，但在他设计的地下密室还没建成之前，他就放弃这个工程了。

高迪对带有很多尖拱和尖塔的传统哥特式建筑进行了改良，但实际上这可以说是巨大的改变。从建筑的剖面图中就可以看得一清二楚，它可以向我们展示这些圆柱如何互相支撑，而不需要外力的支持，以及它们是如何形成树状网络"骨状关节"的。

高迪设计出独特的建筑结构，他将链子倒挂过来，因为他觉得这些链子严重增加了建筑物的负荷。链条安放在能够直接分担建筑重量的位置，这样的设计给了高迪灵感，他认为圆柱和拱顶也可以采取这样的设计。这样的结构理性主义使得建筑形式较为严谨，也就意味着这种建筑并不是异想天开，不过，现在上面的雕刻的质量都很一般。

由于流动资金有限，圣家堂工程进度十分缓慢，在20世纪30年代西班牙内战期间，工程曾一度停止，直到第二次世界大战后，才又开始建造，但是当时由于石头的数量急剧减少，人们已经开始使用数字技术而不是铁链、绳索和沙石。

从外面看，整个建筑的主要部分就是由很多塔构成的巨大塔尖。原本最终会有18个塔，象征着12名传教士和4名福音传道者，还有耶稣基督和圣母玛利亚（Tfieotokos），但奇怪的是，约瑟夫作为这座建筑的创始人并不包含其中。

经典建筑 平立剖

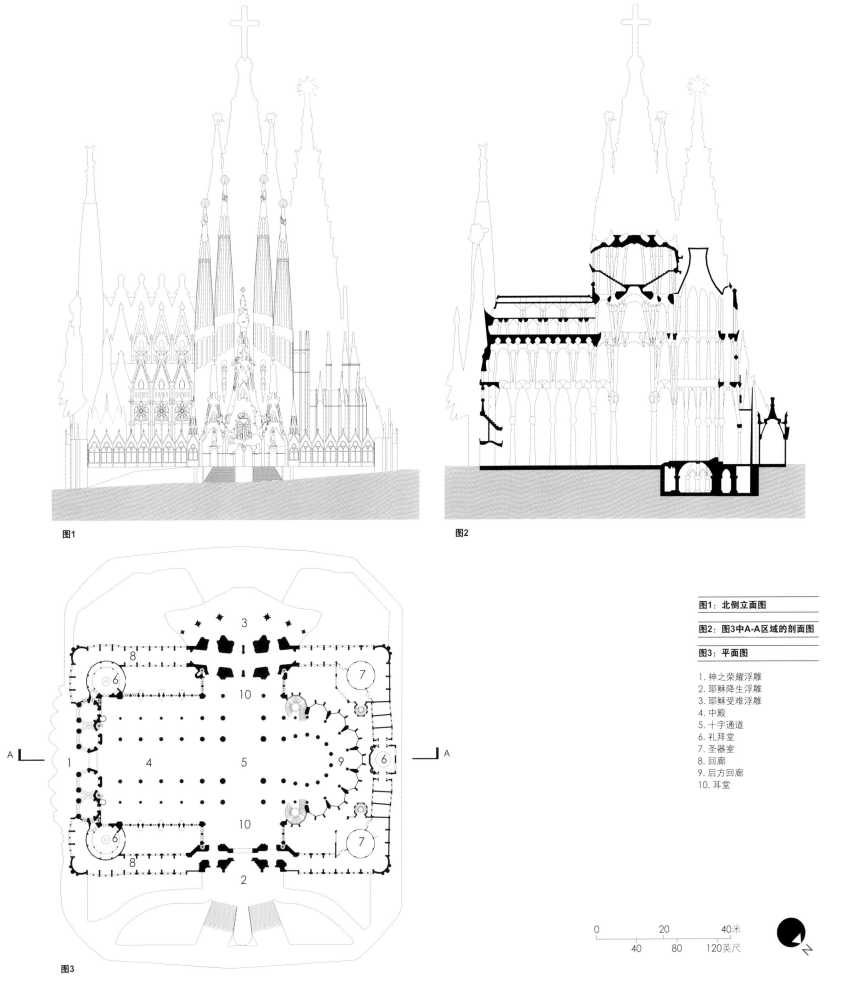

图1

图2

图3

图1：北侧立面图

图2：图3中A-A区域的剖面图

图3：平面图

1. 神之荣耀浮雕
2. 耶稣降生浮雕
3. 耶稣受难浮雕
4. 中殿
5. 十字通道
6. 礼拜堂
7. 圣器室
8. 回廊
9. 后方回廊
10. 耳堂

0　　　20　　　40米
40　　80　　120英尺

威斯敏斯特大教堂

约翰·弗朗西斯·宾利（1839—1902年）

英国，伦敦；1895—1903年

16世纪，由于宗教和政治动荡，英国教会统领着英国中世纪的所有教堂，女王、坎特伯雷大主教和约克大主教是权力的核心。罗马天主教徒被剥夺公民权，并禁止公职，直到1829年，他们的法律地位才得到恢复。1850年，教皇庇护九世下令英国天主教的主教联合起来，尝试着在伦敦修建大教堂。他们收购了一块土地，拆毁了这块土地上的旧监狱，但建设资金直到19世纪90年代才到位。

英国最杰出的罗马天主教建筑师是奥古斯塔斯·普金（1812—1852年），威斯敏斯特宫（第256—257页）及其他各种教堂已经充分体现了他主张"尖塔或基督教建筑艺术"的热情。他的思想被人们广泛借鉴，19世纪英国的教堂建筑风格以哥特式复兴主义为主。哥特是教堂建筑中最普遍的风格，圣家堂（第158—159页）就是这样，直到高迪接手之后才改变了建筑风格。

约翰·宾利选择拜占庭风格是参考了罗马的教会建筑风格。他亲自参观了在威尼斯的圣马可大教堂，如果不是霍乱他还要去伊斯坦布尔参观

圣索菲亚大教堂（第24—25页），但是这场霍乱却使他的出游显得有点草率。

像威尼斯和一些年代古老的罗马教堂那样，大教堂的一些部分以黄金为背景，拜占庭风格的镶嵌用作装饰。但教堂不是大众出资，而是少数群体投资，所以资金不足以把每面墙壁装饰得富丽堂皇。主殿和走廊上边的拱顶光秃秃的，看起来像古罗马广场上宏伟的君士坦丁的长方形廊柱大厅里的废墟。

建筑不仅体现出与基督教文化遗产的关联，而且更明确的是与古罗马的关系。也正是这种关联使得罗马天主教社区的特点更加鲜明。同时，这也让人们产生疑问，英国这些天主教到底是不是新教主流？

从现代的观点来看，没有装饰的拱顶看起来个性反而更突出。无论内部还是外部，我们都可以看到真材实料，甚至能够看清砖石相接的条纹带，这虽然有装饰作用，但却是构建材料本身勾勒出来的。这座建筑没有大理石或镶嵌之类的装饰性修整。反之，若是罗马人建造如此重要的建

筑，这些可都是不可或缺的。

尽管这座教堂有着纪念碑般的地位，但是它在伦敦城市肌理中却缺乏"存在感"，未能体现出自身具有的价值。如果从后罗马时代起大教堂就是统治机构的话，那么环绕在它周围的街道，会和建筑紧密配合，使其看起来更加突出。大教堂本来要保住它在市中心的位置的，而不是勉强接受这个现状，搁浅在维多利亚火车站附近的一潭死水中。圣保罗大教堂位于伦敦金融城拉德门山上，山下还有一条主路通向教堂，如果威斯敏斯特大教堂在市中心的话，它的地位就和圣保罗大教堂旗鼓相当了。

由于这个原因，威斯敏斯特大教堂不如西敏寺（Westminster Abbey，与威斯敏斯特大教堂相邻，但为两座不同建筑）的地位显赫，威斯敏斯特寺比大教堂的面积要小，但是它却有着更悠久的历史——一段与国家命运和皇家赞助有关的历史。尽管大教堂是一个重要群体愿望的代表，但是它的地理位置也提醒大家，那只是一个重要的少数群体而已。

图1：东南侧正面立面图

图2：图3中A-A区域的剖面图

图3：平面图

1.入口
2.中殿
3.至圣所

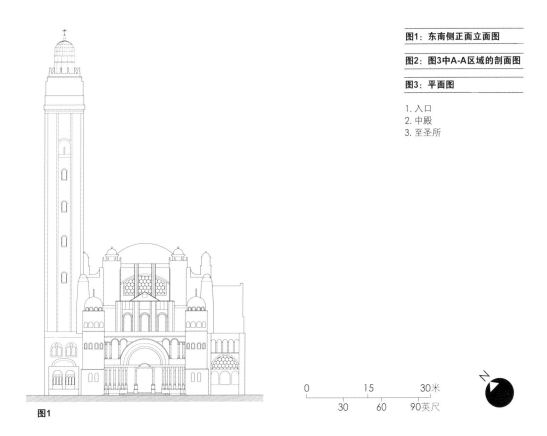

图1

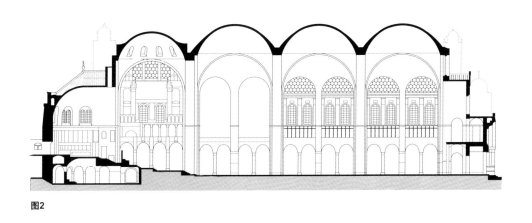

图2

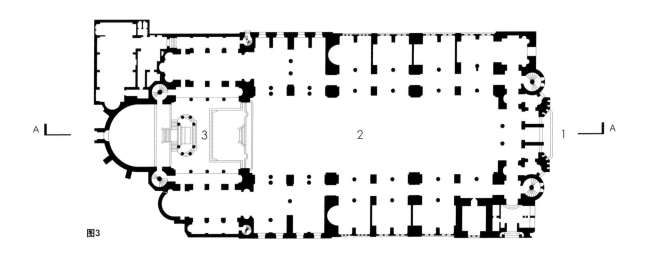

图3

第三章　宗教场所

杰内大清真寺

马里，杰内；1907年

位于撒哈拉沙漠南部的尼日尔河是非洲最重要的河流之一，巴尼河是其重要的支流。这里的地面相当平坦，一年的大部分时间里这里都贫瘠、干旱。每年7至11月间，大量的洪水流经这个大平原，才使土壤变得肥沃。正是在这里，尼日尔河内陆三角洲城市——杰内繁衍生息、不断发展。杰内与延巴克图紧密相连，13—17世纪初期，延巴克图一直是商路上的一个远途补给站，这条商路主要穿越撒哈拉沙漠进行盐、黄金、象牙和奴隶的交易。随后，一直完全依赖于外界的延巴克图衰落了，变成了一个普通的偏远城市。

杰内的经济兴旺繁荣。但是，河流的水量在不断减少，不能再像以前一样为当地的人们提供足够的水。现在，当地人在努力建造大坝，能够合理控制洪水期的水量，从而更有效地灌溉。洪水来临的数月间，杰内变成了一座小岛，大清真寺内的城市建筑物覆盖了很多泥土，这些肥沃的泥土让这片城市恢复了生机。

13世纪起，杰内成为马里帝国的一个城市，城内一直有一座大清真寺。15—16世纪，桑海帝国兴起，大清真寺归其管控。17世纪，由摩洛哥掌管，随后管理者发生过多次改变，直到1893年，大清真寺才由法国掌控。

1892年，第一位欧洲人卡耶到达杰内。他发现这个大清真寺仍在使用，实在令人感叹，但他却止步未进。他描述说，寺内充满异味，对于祈祷者来说，选择院子更好一点。19世纪30年代，阿赫马杜·洛博发起了伊斯兰教宗教改革，摧毁了大清真寺，重新修建了一个清真寺。19世纪90年代，法国人在清真寺遗址的基础上进行了重修，这些都源于卡耶的叙述和当地人的记载。

先用泥土做出建筑物的模型，像高墙和塔楼，只要墙壁达到一定厚度，都能先做出模型。树干作为加固物来稳固建筑物——树干突出的末端使得该地区一些大纪念物"尖尖"的结构独具特色。这里的住宅使用相似的建筑方法，但是自从有了泥土，一切发生了改变。不过，每位房主还是会每隔一年给屋顶加固一层新的泥土层，每

年清真寺的整修就是很好的例证。当地人意识到他们手中有一座最棒的纪念馆，发生洪水时，他们准备好手中的泥土，通力合作来为这个建筑物铺上一层新装。

即使如此，该建筑物依旧不坚固，靠着社会集体的努力才得以存留下来。经历了几次强降雨后，大清真寺有些地方已经倒塌，但建筑物内部坚固、干燥。然而外部几乎没什么装饰，可以很直观地看到构造方法和很多不断修复的人为痕迹。

1：平面图

1. 祷告堂
2. 露天祷告厅/庭院
3. 面向麦加的祷告墙
4. 大清真寺正门

2 东侧立面图

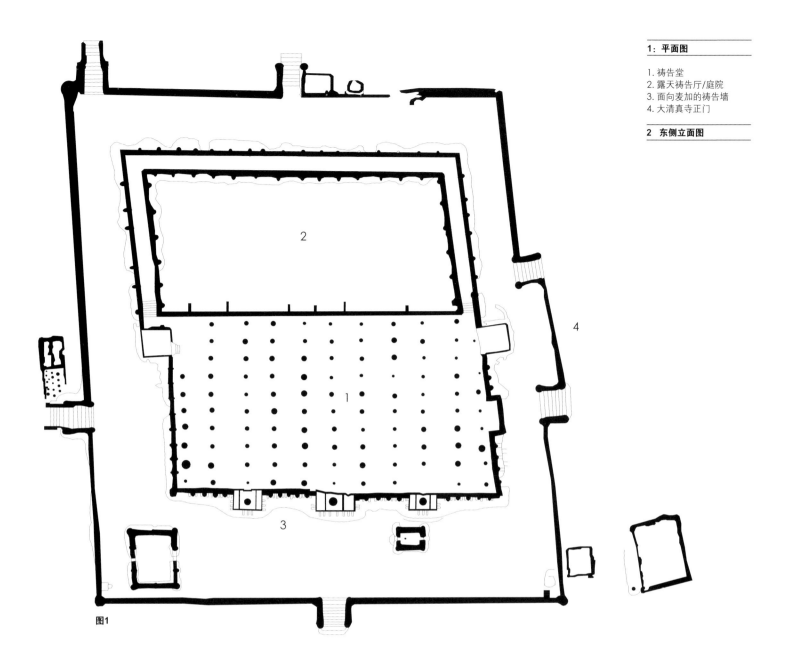

图1

```
0        10        20  25米
|_____|_____|___|
0        40        80英尺
```

图2

第三章　宗教场所

水晶大教堂

约翰逊／伯奇建筑设计事务所

美国，加利福尼亚州，加登格罗夫市；1968—1980年

美国加州南部一直是电影工业发展的沃土，因为这一地区拥有充足、稳定的光照，而这正是早期库存电影顺利制作的重要因素。如今，有一部数码摄像机就可以拍摄电影，而且远没有那么多苛刻的要求。20世纪70年代，电视摄像机仍然需要极佳的采光，这也启迪了水晶大教堂的建筑师，他将教堂设想成这样的一个摄像机，采光便成为建筑的标准之一。这座教堂是由神父罗伯特·哈罗德·舒勒筹备建立的，他从1970年便开始在电视上布道；在此之前，舒勒博士便委任奥地利建筑师理查德·诺伊特拉（1892—1970年）于1961年建成一个"汽车教堂"，并在那里演讲、布道。

水晶大教堂的名称主要是受另一个名字与之相似的建筑启发，那就是1851年首届世界博览会的展示馆——水晶宫。（严格来说，那时的水晶宫不是一座教堂，也不是一座宫殿，而且还不是用水晶做成的。但是太强调这一点反而会让人抓不住重点，其实之所以起这样的名字，是想让人们能够联想到水晶，凸显建筑效果。）

这座教堂采用上好的钢构件做成构架，分担重量，这样就不需要内置大型的横梁或柱子来支撑整个建筑的重量。棱镜造型让人远远看去就能猜出它可能是由实体玻璃构成的建筑。这和布尔日大教堂（见第136—137页）中殿的设计理念相似，即设计一个充满光明的房屋。而在20世纪末，运用在加登格罗夫这座建筑上的技术更加成熟，使得这一理念得到了进一步的发展。这座教堂是建筑史上的伟大成就，其建筑风格令人叹为观止。但是因为很少被采用，这一建造方式很容易被人忽略，几乎快要消失了。

教堂内的主体空间可以容纳2800人，所有座位都调整至对准讲台的方向。讲台上除了牧师还有唱诗班，唱诗班位列两排大型管风琴的正前方。人们可以亲自到场参与教堂内的宗教仪式，但有更多的人是通过电视直播节目——《权能时间》来观看这些仪式的。这一节目由165家电视台同时转播，观众已超过200万人。正因为如此，这一节目在电视节目列表中的具体位置要比教堂的

具体位置更受关注，教堂设在哪儿就不那么重要了。所以，即使这座教堂远在洛杉矶的郊区（毗邻迪士尼乐园），也丝毫不影响它的地位。

在1978年，这时水晶大教堂还在建造中，它的建筑师之一菲力普·约翰逊便登上了《时代周刊》的封面。照片中他双手捧着另一个大型建筑曼哈顿摩天大厦的模型，这一模型有多处经典的细节设计，最突出的是模型中直指天空的三角墙部分坏了一块。这张照片轰动一时，他也因此成为那个时期最富盛名的建筑师。20世纪30年代，他将建筑大师密斯·凡·德·罗的现代主义理念引入美国建筑界，并积极著书推崇这一理念，这也是他的成就之一。但是很多人认为，约翰逊后来的建筑更趋向于古典风格，似乎是对现代主义某种形式上的背叛。但是，约翰逊并没有摒弃自己的原则。他当时研究并学习的是不同风格的建筑：古建筑、密斯的建筑，或者是水晶宫。对他来说，改变的不是建筑方式，而是指导思想。

经典建筑 平立剖

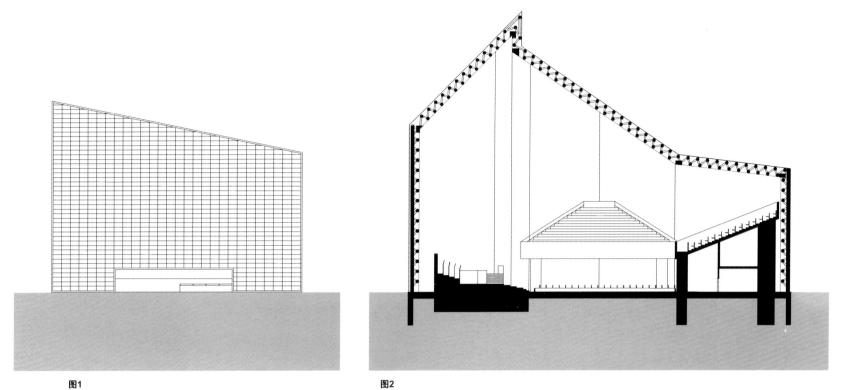

图1   图2

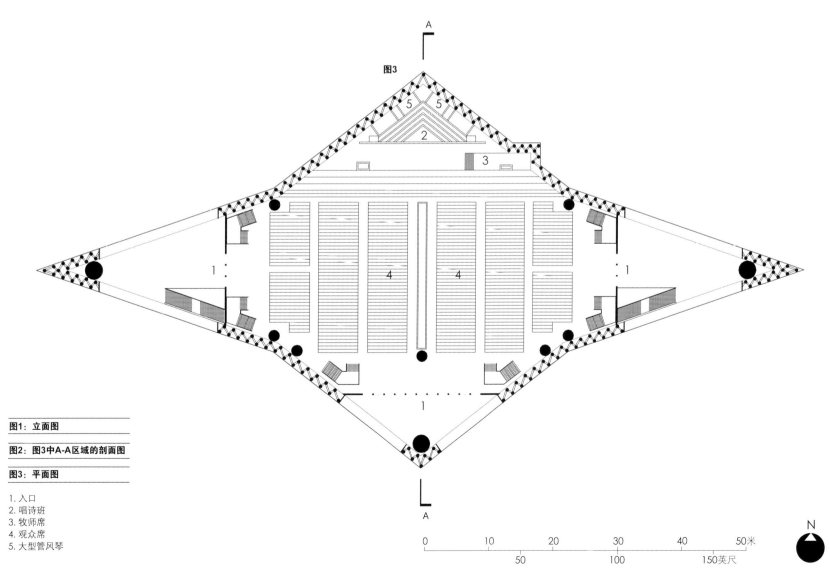

A

图3

图1：立面图

图2：图3中A-A区域的剖面图

图3：平面图

1. 入口
2. 唱诗班
3. 牧师席
4. 观众席
5. 大型管风琴

A

0   10   20   30   40   50米
      50   100   150英尺

N

第四章
桥梁与防御建筑

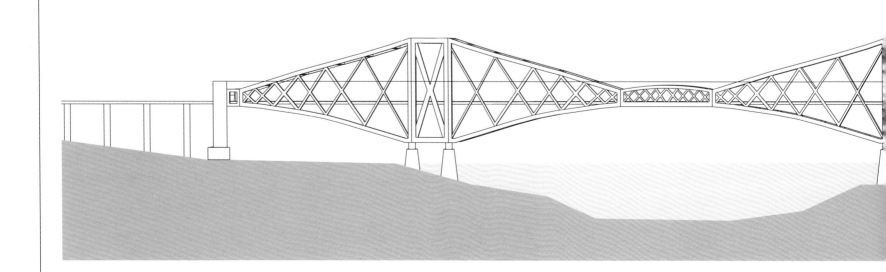

一般而言，桥梁和防御工事都是实用的结构，但它们也可以以某种方式扮演象征性的角色。防御工事是作为保护、控制的障碍物。桥梁能跨越作为防御的河流或沟堑连接两岸。当然，在战争时期，它们既具有军事意义，又具有更为熟悉的文化作用，即使并未达到他们当初的使用目的。

例如，卡尔卡松城堡和新布里萨克要塞的防御墙，几代人以来都没有受到攻击，但他们继续给居民一种明确的城镇界线和认同感。尤其是卡尔卡松城堡，激发了游客的遐想。

迦太基港口在那个时代是杀伤力极大的——是对隐蔽、伪装在邻近港口的商船中的敌船发动突然袭击的基地。姬路城和雅典卫城均是输出进攻部队的要塞，雅典卫城凸起的高地后来被改造成一个宗教圣所，但土耳其人将其用于军事，他们把帕特农神庙当作火药仓库。寺庙大致保持不变，直到1687年，被威尼斯炮弹直接命中，整个神殿的炸药全爆炸了。

中国的万里长城和罗马边境的哈德良长城，建造时都是用来保障本国公民免受外部攻击。修建柏林墙的目的是为了抵御西方渗透，但实际上阻隔了两边的居民。

所有这些墙体都是军事建筑，但它们的文化作用却更持久。它们确立了区分文明与野蛮、安全和危险的思维，这种危险结合了对物理攻击的恐惧和道德恐慌的感觉。

在罗马的思维里，桥梁象征性的角色体现在大祭司的头衔中，其字面意思是造桥者，他被认为是规范国家宗教的人。皇帝设定了大祭司长（首席桥梁建设者）的头衔，后来被教皇沿用。如果尼姆城曾受到围攻，其渡槽加尔水道桥，肯定会被敌人破坏，以限制城市的供水。实际上，莫斯塔尔古桥在1993年的内战时期被损毁。

现代宏伟的桥梁可以让运输系统在阻碍快速交通的地形之上跨越不可能的距离。由精巧的缆绳支撑的悬索桥可以让道路看起来毫不费力地横跨大洲和宽广的河口。

本章用古老且史诗般的例子作为高速运输桥梁的代表——苏格兰的福斯铁路桥。其钢管部分看起来似乎并没有承受很多重量，但它实际上承载了从爱丁堡开往英国北部的列车。

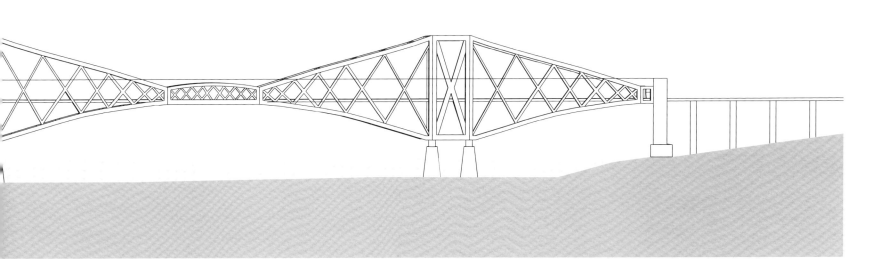

雅典卫城

希腊，雅典；始于约公元前1500年

卫城，又称"高丘上的城邦"，实际上指的是"一个城市地势较高的部分"。希腊境内有成千上百座卫城，但最有名的还要数雅典，这里坐落着公元前5世纪建造的众多雄伟、壮观的纪念性建筑。而在现代，这些纪念性建筑远比其他东西更能代表古希腊源远流长的历史文化。它们备受推崇，自18世纪开始许多西方国家就争相效仿建造类似建筑。当时，雅典还只是奥斯曼帝国一个小小的省级城市，但已经有来自欧洲西北部国家的旅行者们开始测量并记录这些卫城的数据。

而当时建造这些纪念性建筑——如帕特农神庙（见第16—17页）、伊瑞克提翁神殿以及普罗彼拉伊阿楼门的古王国曾经盛极300多年，创造了一个独特的时代，后人称之为希腊文明黑暗时期，因为很少有东西能够在那个年代保留下来。但在现在看来，那个时代也没有那么黑暗，说不定哪天就会有人发现当时到底发生了什么事。

但有一点可以确定的是，更早以前，在这片土地上曾经有一个古老的王国建造了这些纪念性建筑和塑像，并刻上铭文。但这个王国很可能因为外敌入侵于公元前1250年左右灭亡。这一时期也被称为迈锡尼文明时期，这个名字源于迈锡尼城，属于希腊青铜时代的一部分。迈锡尼古城是那个时代的第一个定居点，而后慢慢被世人所知。从青铜时代末期到古典文明初期，古希腊文化在历经了时代变迁、权力变动后却依然保存下来，无不令人称奇。古希腊盲人诗人荷马在公元前8世纪左右写过一些有关特洛伊战争和奥德修斯的叙事诗，距今已经很久远了。世人认为这些诗是希腊青铜时代一些事件的真实写照，这些事件在其被创作出来之前就已经被人们口口相传。青铜时代各王国的国王、王子带领军队在特洛伊城下兵刃相见，也造就了古典时代许多史诗级的英雄。

建筑业也经历了类似的过程。古雅典卫城是古代希腊战争时市民的避难之处，坐落于一片广阔盆地中间的一个高丘上，周围四面环山，地势险峻，易守难攻。而后在古典时期，它成为一座神殿：天神的居所。但这还远不足以被称为奇观。古典时期早期，神殿也成为迈锡尼人的定居地。

古雅典的城墙也见证了不同历史时期的时代变迁。卫城随着神殿的扩建而越来越大，但人们居住的地方是在神殿的峭壁和围墙之外，在卫城最外围还有护城墙。公元前5世纪左右，著名领袖伯里克利掌管帕特农及周围地区，他扩建了雅典城的长墙建立防御区域以更好地保护雅典人民，并将城市与10千米（6.2英里）外的比雷埃夫斯港口联系起来。

如果以现代人的眼光来看，护城墙里面的市区看起来相当破旧。这些位于雅典阿哥拉（见第306—307页）附近和卫城上的纪念性建筑被保存下来，成为公共区域，甚至连富有家庭都故意把房屋外层装修得很低调。卫城里有众多空地，以便战时周围群众避难。在伯里克利统治时期，斯巴达围攻了古雅典。结果城内涌进了太多市民，而后瘟疫爆发，伯里克利的儿子们以及他本人也相继因瘟疫病逝。所以，卫城的护城墙是一把双刃剑，一方面它防御了外敌进攻，另一方面城内的人却也可能受困于此。

图1：总地图

1. 比雷埃夫斯
2. 长墙
3. 卫城

图2：总平面图

1. 帕特农神庙
2. 古庙遗址
3. 伊瑞克提翁神殿
4. 普罗彼拉伊阿楼门

图3：图2中A-A区域的剖面图

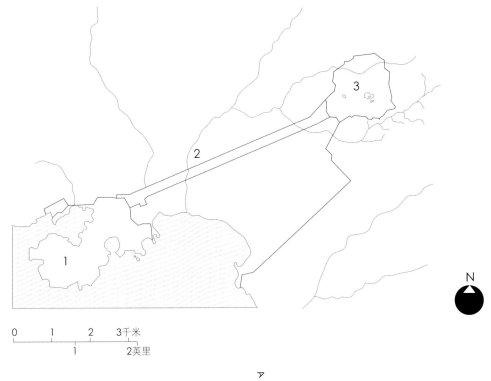

图1

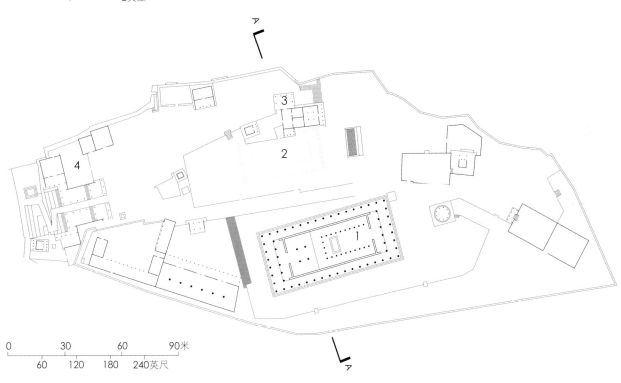

图2

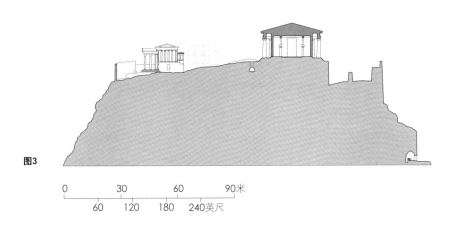

图3

突尼斯军事基地——迦太基港口

突尼斯，迦太基

历史上，迦太基曾经是古罗马的敌人。罗马人把生活在迦太基的腓尼基人后裔称为"布匿"（Punic）。罗马与迦太基之间的三次布匿战争让双方敌意日益加深。

迦太基位于非洲北部的海岸，北邻狭窄的突尼斯海峡，隔地中海，与意大利的西西里岛相望。南部是广阔的撒哈拉大沙漠，所以如果迦太基人要想征服罗马，就必须首先占领西西里岛。

第一次布匿战争（公元前264—公元前261年）期间，迦太基海军很强大，但是罗马人深知克敌之道。而后迦太基人由将军汉尼拔指挥发动了第二次布匿战争，但最后还是战败。罗马于公元前146年要求迦太基人把迦太基城夷为平地，在其最神圣的地方建造了一个罗马神庙，并用碎石填满其海军港口，使港口无法运营。

这也导致专家很难复原古罗马帝国前迦太基城的原始模样。但古罗马诗人维吉尔在其著名的史诗《埃涅阿斯纪》中认为想要完全摧毁迦太基是不可能的。该诗讲述的是特洛伊人埃涅阿斯在其国家被希腊掌控后，带着家中神像离开特洛伊漂泊到意大利的故事，这首诗可与古罗马诗人荷马的《奥德赛》相媲美。在维吉尔生活的时代，罗马维斯塔神庙中发现有来自特洛伊的代用币，向人们展示了罗马独特的历史感，也把最有名的古城之一特洛伊与古罗马联系起来。另外一个伟大的古城就是迦太基，在这里埃涅阿斯爱上了这个城市的女王狄多，史书对此人并无记载。在诗中，维吉尔也有意无意地暗示两人有暧昧关系，这段时间内，埃涅阿斯差点忘记了自己重振城邦的使命，但最后他还是为了完成建立罗马的任务，离开了狄多，这让狄多很伤心。

尽管如此，迦太基还是在割让土地给罗马之前吞并了西班牙。而对于罗马来说，迦太基也不是块好啃的骨头。把犯人钉死在十字架上这种酷刑可是罗马人从迦太基人那儿学来的。

迦太基最强大的是它的海军力量，驻扎在而后改造过的迦太基港。这里是一个湖口，中间是一个环岛，通过一个狭窄的堤道可以到达岛上。布匿战船可以停泊在岛上周围干坞的石砌船台上以随时应战。短时内222艘战舰可以在此起锚出海。迦太基的海军基地是隐蔽的，只能通过一个大得多的商业港山海道到达，这样敌人就很难发现基地位置来发动攻击。

罗马时代的古城也早已物是人非了，但古老的圣山被保留了下来，俯视着整个海湾。这里已经丝毫没有罗马神庙的遗址了，但是不起眼的巴洛克风格的圣路易斯天主教堂却保留了下来。1884年，突尼斯成为法属保护国。

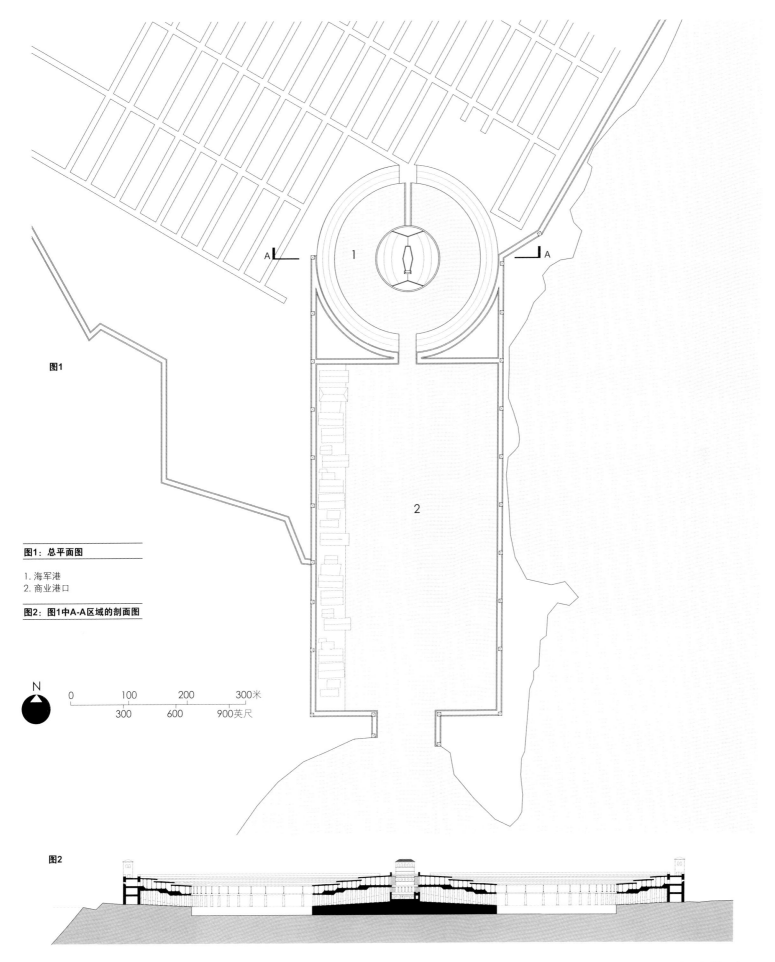

图1

图1：总平面图

1. 海军港
2. 商业港口

图2：图1中A-A区域的剖面图

N

0	100	200	300米
300		600	900英尺

图2

0	10	20 30米
	30	60 90英尺

第四章 桥梁与防御建筑

加尔水道桥

法国，尼姆；约公元前20年

在古代，尼姆城贫穷落后，而后古罗马吞并尼姆，尼姆逐渐发展成为繁荣的城镇。在机动交通设备出现及大量运营生产之前，生活在偏远农村的人们为了生计而不得不想尽办法。但对于城市居民来说，他们可以发展自己的产业——制造鞋子，从事细木工抑或制作精美陶瓷等。因为城市周边有许多人需要这些东西，所以慢慢地城市商业也就繁荣了。城市越大，其贸易的分类就越细化。贸易分类越细化，生产效率就越高，生产技术也越好，产品也就越精美。而如果一个国家有健全的城市网，这个国家就有独特的优势。

纵观古罗马帝国，我们会发现四通八达的道路网连接了不同的城市，把省会与中央联系起来。古罗马也因此稳步成为世界上消费奢侈品最多的国家。尽管省会城市的决策权并不多，但是生活在像尼姆这样的区域行政中心的人们依然过着色彩斑斓的城市生活，生活质量也比乡下高很多。

现在的加尔水道桥就是尼姆的基础设施之

一。尼姆城居民生活所需的谷物、矿产以及水都来源于周边的农村。而加尔水道桥实际上是罗马人为给尼姆城提供生活用水而建的一座横跨陡峭加尔河峡谷的输水道（水道桥下方还有另外一条河）。

其实建设这座拱桥的真正目的在于用最上方的渡槽引水，其余部分都是为了保证引水渡槽的坚固稳定，渡槽上方用巨大石板封盖。桥梁建造的位置也是经过精密计算过的。水道原长约50千米（30英里），入水口与出水口落差仅有约17米（56英尺），所以乍一看这条引水道呈水平状，但还是略有倾斜的。自然情况下，水只会往低处流，所以如果工程不够精确，水就可能高低起伏，那么水就不能自然流通。事实上，水一直自由流通了近800年，而由于人们长时间不修葺水道，最终水道淤泥充塞而不能再用。

尽管现在这座桥梁已经成为古罗马艺术中一件不朽的瑰宝，但建造之初却单纯是为了引水。桥身由石砌而成，未用一星半点的沙浆来固定，

有的石块则突出在外。为了建造拱门，石块有序堆砌，并用预制的木脚手架加以固定。一个拱门完全建成并能够支撑桥身重量后，木脚手架就会被移走用于建造下一个拱门。因为要承受巨大的石块重量，所以这些木脚手架都特别大。而石块表面都会有不规则凸起，以方便固定木脚手架，脚手架自下而上也会越来越小，所以如果当时建造加尔水道桥是为了供观光之用的话，就肯定会把这些凸起凿掉。但事实上，这些凸起被保留了下来。加尔水道桥现在已经成为法国最受欢迎的历史遗迹之一，但建造之初却只是尼姆城不起眼的一个基础设施。远远看去，水道绵延曲折，渐渐消失在乡村尽头。

图1

图1：总平面图

图2：西南侧立面图

图3：典型剖面图

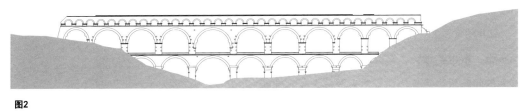

图2

图3

第四章　桥梁与防御建筑

罗马帝国边界

雷蒂安界墙；始于约73年 | 哈德良长城；始于约122年 | 安东尼长城；142—154年

罗马帝国指的是罗马统治下的所有土地，其幅员辽阔，称霸地中海地区，领土横跨亚洲、欧洲、非洲三个大洲，甚至远至大不列颠岛。

罗马帝国在与未被征服的日耳曼部落接壤的地方建造了边界堡垒，也称为界墙。在某些地方有天然的分界线，就不用建造界墙——山脉或者河流可以自然而然地把两边的人口分开。例如，雷蒂安界墙就是沿着多瑙河河岸建造的。

生活在帝国边境的人们不得不忍受一系列不利条件（如缴税），并且有外国士兵监督他们遵守外国法律。但是也有一些好处，例如罗马帝国可以帮助他们抵抗敌对部落的入侵，并且罗马帝国的任免体制有利于一些胸怀抱负的人施展才能，尤其当这些胸怀抱负的人做好了四处征战准备的时候。罗马法律不仅对罗马人民有约束力，也对所有罗马帝国的子民有约束力。

在一些地方必须界定边界，以防止非法贩运物品。一个管理有方的农场能够生产出珍贵的农作物以及家畜，罗马帝国规定这些东西只能在当地和罗马帝国内部流通，禁止贩卖给阿拉伯半岛、日耳曼部落和苏格兰的军阀们。罗马帝国边界线总长约5000千米（3100英里）。部分边界线建造有防御工事，并且部分防御工事被保存了下来——这些工事一般都有一段界墙和一个重建过的防御堡垒。保存最完好的界墙有三部分：一段是位于北非的黎波里塔尼亚界墙；一段是位于现在瑞士和德国境内的上日耳曼-雷蒂安界墙，总长约500千米（310英里），包括120座堡垒和900座瞭望塔；还有一段是位于英国境内的不列颠界墙——也叫作哈德良长城（如上图所示）——横贯不列颠岛的颈部，全长约120千米（74.4英里），其瞭望塔与堡垒之间的间距与建筑样式与德国境内的界墙一样。

边境随着领土的扩张而移动，但罗马帝国"成也扩张，败也扩张"，有时征服这些新领土所带来的问题超过了其价值。后来罗马人向北推进，并新建安东尼长城，替代了原有的哈德良长城——安东尼长城长约63千米（39英里），主要由草泥建造的高地构成，所以历史价值和保存完好度都不及哈德良长城，但在当时防御效果很好。安东尼长城建成20年后就被弃用了，哈德良长城重新成为罗马帝国西北部的边境。

界墙建造之初是为了抵御外敌入侵，但界墙两边的人可以通过要塞关口进行交易。部署在边界的军队士兵来自帝国各地，生活在界墙附近。

一般情况下，罗马军队不会轻易进入未征服的区域，除非罗马准备扩张领土。因为在罗马人眼里，未征服地区的人们都是野蛮人——这种认识更多来自于以讹传讹，而不是基于直接接触。在罗马人看来，界墙也是罗马文明鼎盛时期的最好代表。

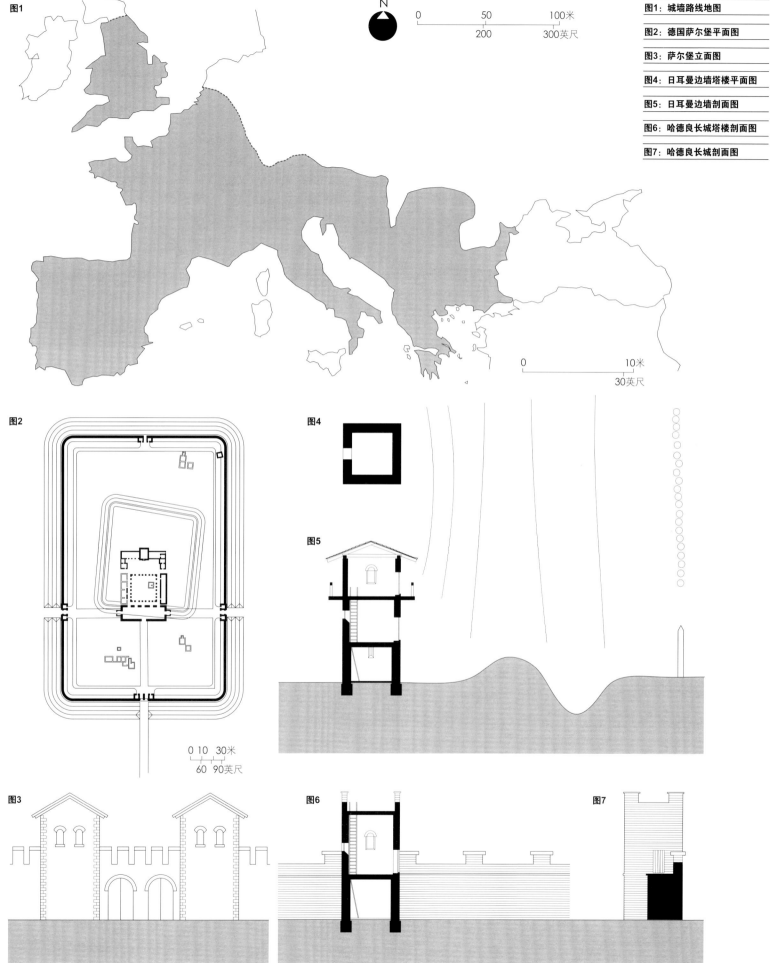

图1：城墙路线地图

图2：德国萨尔堡平面图

图3：萨尔堡立面图

图4：日耳曼边墙塔楼平面图

图5：日耳曼边墙剖面图

图6：哈德良长城塔楼剖面图

图7：哈德良长城剖面图

图1

图2

图3

图4

图5

图6

图7

0   50   100米

200   300英尺

0   10米

30英尺

0 10   30米

60   90英尺

第四章　桥梁与防御建筑

姬路城

日本，本州岛，关西，姬路；建于1333年

姬路城是日本著名的城堡建筑之一，坐落于姬山之巅，其历史悠久，建筑结构复杂，并且保存完好。17世纪初本多忠政（1575—1631年）成为姬路城的城主，他仅对幕府将军负责。他在位期间，姬路城被大规模修复和扩建，部分早期工程被拆除而成了现有的结构。建于这一时期的大部分城堡都在19世纪被毁，所以保存较好的姬路城就显得更为珍贵。在日本现存的武士城堡中，姬路城保存最为完好，规模也最大，城堡内还有数十座小楼阁。

姬路城的建成耗费了约2500万人力，在这方面姬路城是独一无二的。姬路城位于东京西650千米（约404英里），城主的管辖范围甚广，辖区内谷物产量能解决15万人的温饱问题，并且姬路城从未被攻陷过。之后，随着日本封建制度的消亡，姬路城不再是军事防御要塞。姬路城最大的困难就成了高昂的维护费用。

姬路城最高的地方是主楼，共7层，屋顶呈斜面，整体看有点像塔。主楼朝外的这一面几乎没有开孔，但在朝内的一面有开口，以供进出和通风之用，俯瞰需要保护的内院。地基主要是由砖石砌成，但上层墙体部分是木制的，外部墙壁为了防火而涂上了一层厚厚的白色灰浆。

最上层设有祭坛。必要时，城堡内还有一个专门的院子供武士剖腹自杀之用。姬路城主楼城墙通体雪白，并且由于坐落在山顶，从山下仰望，蜿蜒的屋檐造型犹如展翅欲飞的白鹭，所以人们有时候也称之为"白鹭城"。

主楼周围有20米（65英尺）宽的护城河，并且还有坚固的护城墙，所以主楼固若金汤，最难攻陷。姬路城共有3条护城河，城墙和瞭望塔上有小孔，以便向入侵者射箭、打枪、投石或者泼开水。

城堡防御工事内的道路千回百转，好似迷魂阵，极易使入侵者迷失其中。这种防御设计在其他地方也有，但都没有姬路城设计得精妙。城堡外围地界向外延伸近方圆1千米。现在，城堡向外延伸的部分被作为公园和景观绿化，所以看起来和防御工事无关。但是通向城堡大门和内庭的道路依旧如迷宫一般，游客一不小心就会迷失其中。

图1：总平面图

1. 城堡要塞
2. 护城河
3. 防御工事

图2：立面图

图3：图1中A-A区域的剖面图

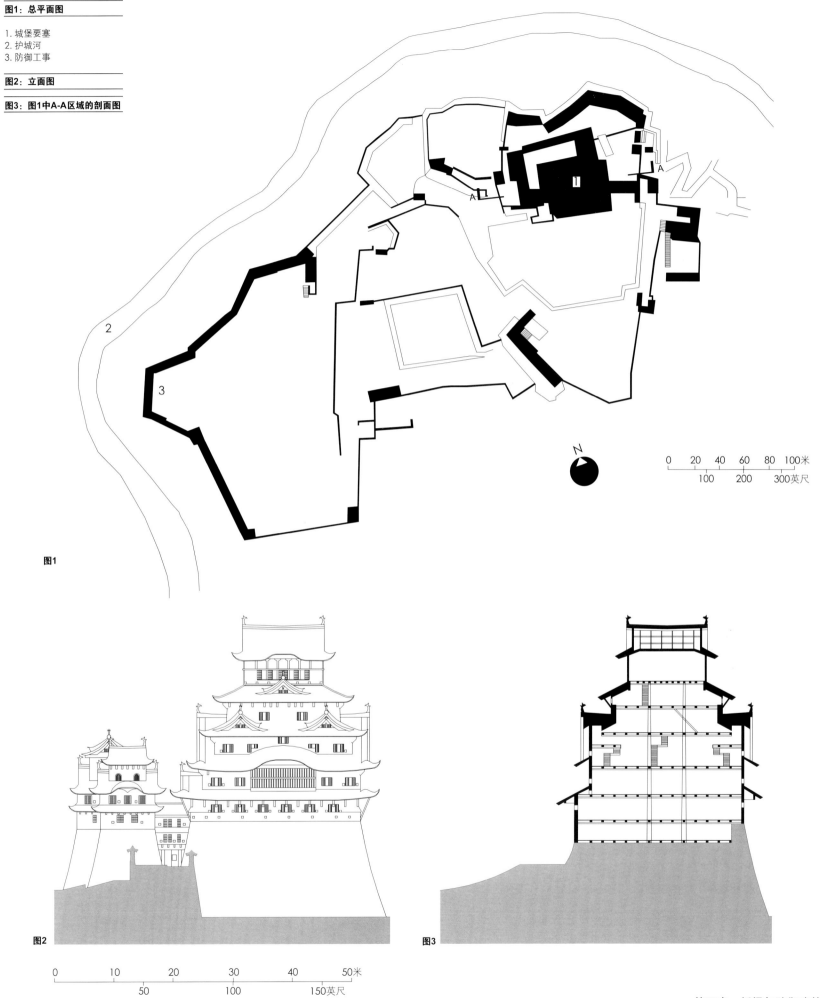

图1

N

0　20　40　60　80　100米

100　　200　　300英尺

图2

0　　　10　　　20　　　30　　　40　　　50米

50　　　　100　　　150英尺

图3

中国万里长城

中国：始于1449年

1206年，蒙古游牧部落联盟大汗铁木真（1162—1227年）建立蒙古帝国，尊号成吉思汗。而后蒙古帝国占领北京，建立起辽阔的疆土，西可达今天的东欧，南可达印度北部，北可远达无人居住的西伯利亚。而后，成吉思汗的孙子忽必烈（1215—1294年）即位，并定国号为"元"，建立元朝。

一般来说，建筑历史学家很容易忽略蒙古帝国留下的文明成果。因为游牧，蒙古人很少建造纪念性建筑，但是他们实力强大，所向披靡。蒙古人发明了马镫，并且拥有高超的骑马技术，更重要的是相邻定居的部落都害怕这些野性的蒙古人。如果蒙古人在征伐一个城镇的时候遭到了抵抗，他们就会在占领城镇后屠城，以儆效尤。事实也正如此，蒙古人的骁勇善战和冷血残酷是出了名的。最明智的办法就是迎接他们入城，让他们想拿什么就拿什么，他们在洗劫一空后就会直接离开。至少，这样不至于被屠城，城镇也还可以慢慢恢复。

长城是古代中国为抵御不同时期的塞北游牧部落联盟侵袭而修筑的规模浩大的军事工程的统称。现存的长城遗迹主要是指明长城（1368—1644年）。早期的长城主要是由夯土建成，不足以抵御北方部落的侵袭，所以重建长城的时候，就开始使用砖石砌成，长城也比之前坚固了很多。

元朝很多皇帝无心朝政，所以元朝建立时，国家正处于内乱之中，并且不时受到他族侵袭，当朝也没能解决这些内忧外患。而明朝逐渐稳定，封建等级制度森严，历代君王也专心朝政，治国有方。他们把长城当作抵御蒙古部落入侵的一道屏障。

1449年后，长城经过大规模修建，人工墙体达6000千米（3720英里），如果算上可以当作壁垒的自然屏障，那么长城就横跨了8000余千米（5000英里）。这绝对是一项壮举，也由此可见历代君王对蒙古部落的提防之心。建造长城耗费了上百万人力，如此浩大的工程在世界上是绝

无仅有的。直到17世纪，长城依然定期修缮，以抵御塞北部落的入侵。长城也是中华民族团结一致、齐心协力的最好象征。

之前，有人称在月球上能看到长城，宇航员们否认了这一说法，但这丝毫不影响长城作为一个伟大奇迹而被后世传颂。这种说法最先是由威廉·斯蒂克利（1687—1785年）提出的。事实上，他自己也不知道这种说法是否属实，他是一个幻想主义者，并在鲜有证据的前提下提出存在英国德鲁伊教的说法。

长城的建造目的很简单，就是为了保卫长城以南人民的安居乐业。对于每一位致力于建造长城的劳动人民来说，这跟建造其他东西没什么两样。但是长城规模宏大，沿途需要能工巧匠来克服不同的自然环境，远远看去就像是城墙在崇山峻岭间蜿蜒盘行，生动而又逼真，让人不禁浮想联翩，叹为观止。

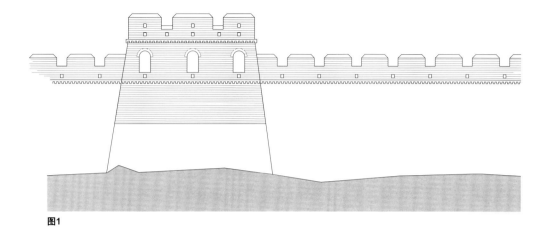

图1

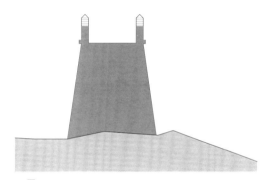

图2

图1：堡垒立面图

图2：城墙剖面图

图3：堡垒平面图

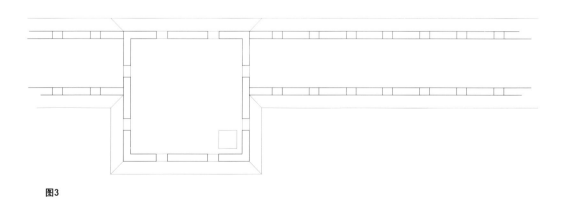

图3

0   10米
30英尺

第四章　桥梁与防御建筑

莫斯塔尔古桥

米马尔·哈鲁汀

波斯尼亚与黑塞哥维那；1557—1566年

巴尔干半岛得名于巴尔干山脉，是欧洲三大半岛中最东面的一个，另外两个是西班牙、葡萄牙所在的伊比利亚半岛和意大利所在的亚平宁半岛。历史上，巴尔干半岛曾先后被几个帝国统治。首先是由斯拉夫人统治，后来被罗马帝国的移民统治，定都维也纳；而后在拜占庭帝国的统治下，定都君士坦丁堡；再后来就是在奥斯曼帝国的统治下，定都伊斯坦布尔（由君士坦丁堡改名而来）。

在这里，种种历史原因和信仰差异造成了各民族之间有不同的宗教信仰：他们或信仰天主教、东正教，或信仰伊斯兰教。随着各帝国的先后灭亡，国家之间的边界也一变再变，不同的信仰开始有其忠实的信徒，而人们也不断迁移到那些他们认为安全的地方避难。

莫斯塔尔古桥建于16世纪中期奥斯曼帝国统治时期，当时的奥斯曼帝国正处于鼎盛时期，领土横跨亚、欧、非三个大洲。该桥的建造者为米马尔·哈鲁汀，他是石灰石建筑方面的专家，最初他只

是苏莱曼清真寺（见第150—151页）建造者锡南的助理，而后被升任为皇家工程师，并负责建造莫斯塔尔桥。锡南最重要的成就之一就是能够把不同的建筑设计融为一体，并成功保证建筑风格相容、坚固结实，得到了全国的一致认可。在建造过程中，锡南和他的同僚们既因地制宜，又融合了不同的建筑风格，建造效率也大大提高。这种独特的建筑思想也被后世所传承。位于这座桥100米处还有一个卡拉古斯穆罕默德清真寺，据说也是哈鲁汀建造的，但现在也有人认为是锡南建造的。

莫斯塔尔（mostar，即"桥梁守护者"）也因此桥而出名。古桥建造之前这里是一座建于15世纪的木桥，还有一个城堡，那时莫斯塔尔的名字还是Pons（拉丁语，意为"桥"）。1468年，奥斯曼帝国控制了这一地区，改名为Kopriihisar（意思是"桥堡"）。后来这里成为黑塞哥维纳的行政中心，河的一边是商业活动区，另外一边则为居民区。

1557年，苏莱曼一世下令重新用石头建造该桥。该桥的战略位置极其重要，是内陆煤矿运往亚

得利亚海岸的唯一通道，所以桥两端各有一个石砌桥头堡以保护该桥。但事实上，该桥在工程主要的意义在于河道上方只有一个拱支撑桥梁重量，并且拥有优美的拱形曲线。河道两侧是坚固的崖壁，足以承受桥梁拱向两侧崖壁巨大的挤压力。所以如果当时拱桥建得再低一些，桥面上还能再修一条平路，但是设计师们还是很谨慎，选择把拱桥建得高一点，桥面上建造了台阶并且坡度较大。

奥斯曼帝国在第一次世界大战期间解体，1918年南斯拉夫统治该地区，但一直动乱不断。20世纪末，随着旅游业的发展，莫斯塔尔古桥以其如画的风景吸引着各地游客。但是该地历史错综复杂，所以在波斯尼亚战争中，莫斯塔尔古桥成为一个旅游景点饱受各方争议。也正是在波斯尼亚战争期间，1993年古桥被炸毁。随后，古桥重建，并于2005年被联合国教科文组织列入世界文化遗产。一方面是因为其有重大历史意义；另一方面古桥也是该地区多民族和文化和平与团结的一个象征，这才是最重要的。

图1：总平面图

图2：立面图

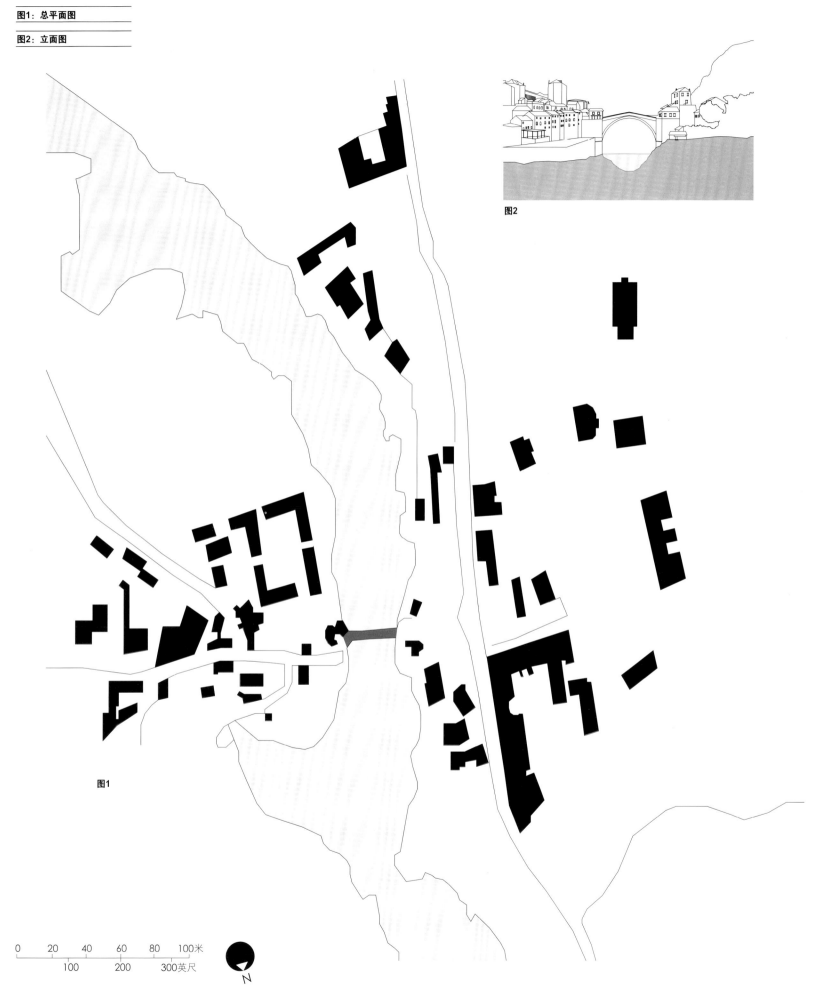

图2

图1

0　20　40　60　80　100米
　　100　　200　　300英尺

N

第四章　桥梁与防御建筑

新布里萨克要塞

塞巴斯蒂安·勒普雷斯特雷·德·沃邦（1633—1707年）

法国，阿尔萨斯；1698—1712年

沃邦是法国国王路易十四时期的皇家军事工程师，负责在法国边境的筑垒工程以抵御外敌入侵。他的大本营是勃艮第地区巴佐什的一座城堡，地处中心城区，在这里可以看到远处的马德兰大教堂（见第130—131页），在这里他的每一项指令被传输到边境的各个地方。他死后葬于巴佐什的一个小教堂里，但是后来拿破仑很欣赏他，就迁走了他的墓穴。拿破仑死后葬于巴黎的荣军院（见第298—299页），沃邦的心脏被装在铅制骨灰盒里，重新埋葬在拿破仑的墓边。

沃邦建造的很多要塞都是基于中世纪建造的堡垒因时因地改造而成，但是新布里萨克要塞却与众不同，因为建造之前这里一马平川。所以新布里萨克要塞也最接近于沃邦理想中的城镇要塞模型——以封闭式的常规几何图形设防。

新布里萨克要塞（法语：Neuf-Brisach；德语：NeuBreisach）距莱茵河仅4千米（2.5英里），地处法国与德国的交界处，在要塞建造前后法德先后统治过该地区。河的另一边是老布里萨克镇，镇外小岛上建有要塞还可以供人们居住，新布里萨克要塞建成后就取代了旧镇。1697年，法国被迫签订《里斯维克和约》，将这两个地方割让给普鲁士人，而要塞也被普鲁士人彻底破坏。

沃邦当时就意识到临河的旧镇极易被攻陷，所以他就在离旧镇不远处建立新镇——以超越普鲁士加农炮的攻击范围。但依然需要建立一个新要塞保护莱茵河上的一座桥梁——它是巴塞尔与斯特拉斯堡之间的唯一通道。

新布里萨克要塞内是正方形的网格街道布局，中心是一个巨大的公共空间，外围则有一系列城墙和堡垒以防御加农炮和大炮的攻击。中心居民区面积较小，而外围的防御工事占地面积则要大得多。

城墙整体设计是八边形，这样不管敌人从什么方向接近城墙，都在要塞上枪炮的攻击范围之内。当然，为阻止敌人入侵，外围还设置了一系列屏障。外围的堡垒可以防止火炮，但同时也是一道不可逾越的鸿障，因为堡垒之间仅有一条很窄的通道，敌人要想进入只能一字排开，这就很容易有效打击敌人。此外，城墙上还建有营房。中央广场上坐落着纪念圣路易斯的大教堂，教堂建成于1831年。

要塞建造成本巨大，但因其重要的战略意义，国王专门颁布了法令支持建此要塞。同时，新布里萨克还是这条重要道路上人们居住的一个小城镇，而不仅仅只是一个军事据点。当时沃邦还担心新要塞离法国的科尔玛和德国的老布里萨克镇太近，可能会过于繁荣，所以他认为有必要维持要塞居民数在4000人以下（事实上，居民数一直稳定在1500人左右）。而新布里萨克作为沃邦建造的最后一个要塞，在军事防御上是极其成功的，它在1870年普法战争之前从未被攻陷过。

图1：总平面图

1. 教堂
2. 军械库
3. 市政厅

图2：图1中A-A区域的剖面图

图3：城门立面图

图1

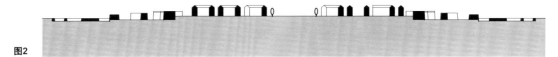

图2

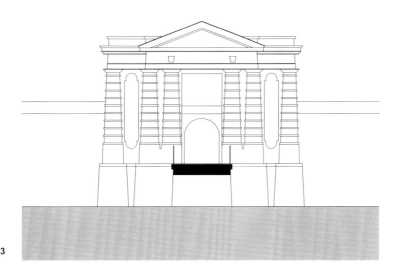

图3

卡尔卡松城堡

尤金·奥莱特·勒·迪克（1814—1879年）

法国，朗格多克–鲁西永大区，奥德省；自1853年开始重建

与法国众多中世纪的城堡一样，19世纪中期以前，卡尔卡松城堡一直是军事要塞，此后城堡被列为历史遗址，并以其独特的历史价值被保存下来。

很难相信卡尔卡松城堡的军事防御价值能延续这么长时间，但是负责历史遗址认定的法国人称，至少一代人以前城堡还有军事防御价值，那个时候肯定还不能算是历史遗址——至少，把它列为历史遗址没有任何实际意义。后来人们意识到保护这类历史遗址迫在眉睫，尤其需要城堡负责人的帮助，因为他们不仅关心城堡的建造美感和历史意义，他们更关心城堡建筑的实用性。

1837年，法国大臣普罗斯佩·梅里美受命考察法国各地的历史文物。人们知道梅里美大部分是因为他的小说《卡门》，但事实上他的影响力要远大得多：他奔波于各地，并声称商业发展使得历史文物极易遭到破坏，以期唤醒人们保护古代及中世纪文物的意识。他还说服了很多建筑师、考古学家和政治家一起加入他的工作，正是由于19世纪时他们的努力，很多法国的历史文物才得以保存下来。

尤金·奥莱特·勒·迪克就是当时梅里美手下最自负的修复建筑师之一。他把自己的建筑原理和历史研究的结果写成书出版。毫无疑问，奥莱特·勒·迪克才华横溢，就连梅里美也很欣赏他，并让他负责马德兰大教堂（第130—131页）的修复工作，当时他才25岁。他也参与过其他历史遗址的修复工作，如巴黎圣母院和圣礼拜堂。一片废墟的卡尔卡松城堡经他之手后，完美地再现了中世纪要塞的模样，以至于人们开始讨论重建后的城堡属于中世纪建筑还是19世纪建筑。

这也是奥莱特·勒·迪克的旷世成就，因为他不但凭直觉把握了中世纪工程师们的想法，而且更神奇的是，他还成功说服了其他人去相信这次修复完美再现了历史原貌。更难以置信的是，为了保证城堡修复后成为历史遗址，军队已经签字转让了要塞的所有权，但修复成本却还是由军队支付。城堡的复原程度也相当高。城堡屋顶被修复成圆锥形的塔楼，以便在遭受攻击时投射物体攻击敌人；护城墙被重新加固清理，城镇周边的区域保留了原有的样貌，远离了未来的开发活动，因为之前这片开阔的区域供军队使用，保留原样以便后人了解护城墙的作用。

而今的卡尔卡松城堡已经成为中世纪建筑的杰出代表。由于地处法国南部，很多人都来这里度假，慢慢地城堡也吸引了很多游客，成为当地一道亮丽的风景。尽管城内有些塔楼是罗马风格的，但是要塞却控制着地中海和大西洋之间、比利牛斯山脉北部的唯一一个山谷。卡尔卡松城堡战略意义巨大，它被视为战略据点长达2000年之久。

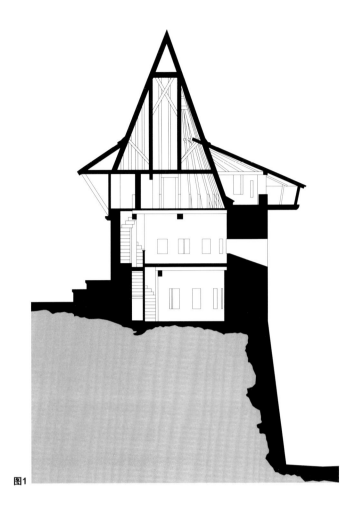

图1

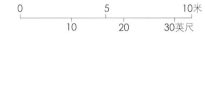

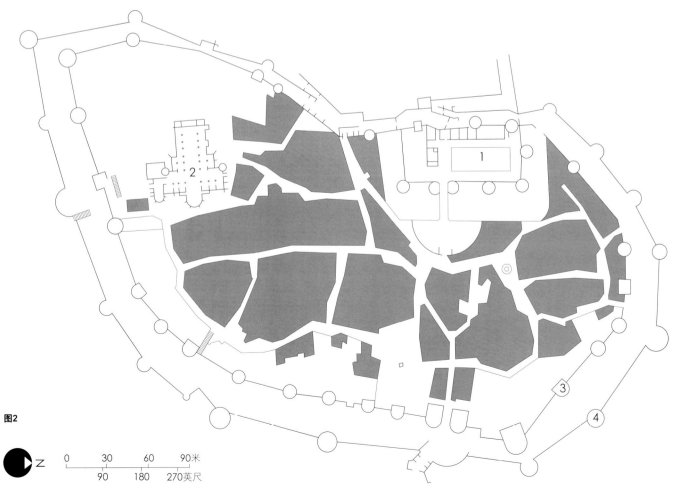

图2

福斯桥

约翰·富劳尔（1817—1898年）及本杰明·贝克（1840—1907年）

英国，爱丁堡；1883—1890年

　　由爱丁堡发往苏格兰北部的列车都会经过横跨在福斯湾上的一座显眼的大桥，而后沿着海岸线行驶到达邓迪、亚伯丁或因弗内斯。它就是福斯大桥，也是英国历史上第一座钢桥，主结构采用中空的钢管，主跨间的跨径为521.3米（1710英尺），铁路高出水位46米（151英尺）。

　　19世纪是桥梁建筑的发展高峰期，一系列壮观的桥梁也在这一时期落成，如建于1819—1826年的泰尔福德梅奈桥（一座铁制悬索桥）。而后纽约建造了第一座悬索桥——布鲁克林大桥（1869—1883年），古斯塔夫·埃菲尔也设计出著名的锻铁桥梁——加拉比高架桥（1880—1884年），该桥横跨陡峭的河谷，钢索密布、状如蛛网，采用众多开放式的格子拱，通过精密计算组装而成。

　　福斯桥最初的设计者是托马斯·布奇，但是在桥梁完工前一年也就是1879年，另一座也是托马斯·布奇设计的泰河大桥（地处泰河河口，通往邓迪）突然坍塌了，造成重大伤亡。当时，侧风效果并未被认知，事故发生的间接原因尚不可知，唯一确定的是泰河大桥坍塌前夜曾刮过飓风。桥梁坍塌时正巧有一列列车通过，75名乘客因此丧生，这一事件引发全国轰动，公众开始质疑托马斯·布奇的设计能力。

　　当时，福斯大桥已经按照布奇设计的悬索桥方案开始施工，但事故发生后，工程就终止了，布奇的一世英名也毁于一旦。所以，不仅需要重新设计桥梁，还需要重建公众对桥梁的信心。

　　后来福斯铁路桥的设计工作由约翰·富劳尔及本杰明·贝克共同负责。他们修改了设计方案，重建桥梁，它就是世人现在看到的福斯大桥，正如照片所示，这一经典设计后来也广为流传。桥梁的设计方案可以简化成这样一个二力杆模型：模型两端各有一个椅子着地，两个椅子支撑着中间一块水平悬空的木板，椅子两侧各有一个木制的支柱，然后两人坐于椅子上，胳膊伸开将手放于支柱上；而第三个人就坐在中间的这块木板上。这种方案之所以可行，是因为仅靠这个模型两端椅子就能通过绳子产生相互作用力，从而承受中间这个人的重量，实现模型的平衡。

　　所以福斯桥并没有采用拱形设计，而是采用了一套悬臂桥系统。上臂承受拉力，而下臂承受压力，共同承重。

　　福斯桥的建造耗费了巨大的人力物力，甚至牺牲了几十人的性命（官方声称死亡57人，而据后人考证当时死亡98人）。而福斯大桥的维护也是一项大工程。古希腊就有一则关于西绪福斯的故事，传说他被众神惩罚，要求他把一块大圆石推上山，结果每次他把石头推到山顶以后，石头就又滚下山，他不得不一次又一次地再推上去，没有尽头。而同样的故事也发生在福斯大桥上。为了防止桥体生锈，就需要给桥体不断刷油漆。由于工程巨大，每次刷一遍都需要很长时间，结果前面的已经褪色，就又得开始重新刷了。这种说法并没有得到确切的证实，但随着油漆技术的提高，这已经成为传说了。但是"paint the Forth Bridge"（给福斯大桥刷漆）已经成为英国的俗语，用于指一些虽然有意义却无穷无尽的工作。

图1：总平面图

图2：典型剖面图

图3：立面图

N

0   0.5   1.0公里

1800   3600英尺

罗塞斯

因弗基辛

北昆斯费里

因弗基辛湾

圣玛格丽茨赫浦

昆斯弗里

达尔蒙尼

图1

图2

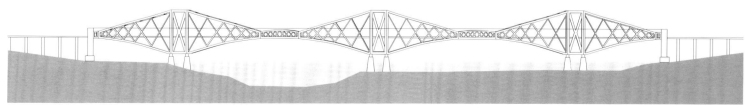

图3

柏林墙

德国，柏林；1961年

单看柏林墙并没有什么独特之处，但它却是之前东德与西德分裂的象征。尽管从建筑设计方面来说柏林墙不值一提，但是它却是二战后政治局势紧张的最好证明。

柏林是古时普鲁士王国的首都，1871—1918年期间也是德意志帝国的首都，当时德意志帝国统一了大部分讲德语的国家，也因此留下了一系列宏伟的建筑。1918年后德国首都迁至魏玛，1933年希特勒掌权后首都又重新回归柏林。二战中，希特勒扩张计划失败，柏林失守，德国也随即投降。但当时的德国已经被盟军（美国、苏联、英国和法国）分别占领。柏林所在的德国东部归斯大林领导下的苏联管辖，但因为柏林城意义重大，所以柏林也被一分为四，四国各管辖一部分。

而后美、英、法将占领区合并，设立联合中央政府，实行资本主义制度，但苏联占领区实行社会主义制度。所以德国就一分为二，成为德意志联邦共和国（即西德，首都波恩）和德意志民主共和国（即东德，首都柏林），但是西柏林归西德管辖，仅有一条铁路从西柏林通往西德，西柏林成为东德境内的一块飞地。

东德与西德之间的分裂已经一目了然，但双方对抗的最前沿还要数柏林，在这里苏联和美国为了自己的利益展开激烈争夺。当时很多东德人因为羡慕西德的生活而叛逃。为了防止民众继续叛逃，或者是为了避免东柏林人被迷惑，东德政府修建了柏林墙。

1961年8月13日（星期日）凌晨，东德一夜之间修成柏林墙，起初只是用繁乱的铁蒺藜封锁东、西柏林之间的通道，真正的水泥墙是在一星期后建成的。柏林墙向东有一片开阔的区域，在岗楼上就可以看到，并且在东德火力攻击的范围内。柏林墙的西面可以任意靠近，墙上有各种涂鸦。东德声称建造柏林墙是为了防止东德人遭受资本主义侵蚀，防止东德人投向西德。

直到1989年东欧剧变，柏林墙才被拆除。

刚开始只是在柏林墙上打开一个缺口，后来干脆直接拆除了，只有一部分作为历史遗迹被保存下来。1990年两德正式重归统一。回顾历史，柏林墙的建立是德国历史上难以抹去的一道伤疤。很难想象一个城市被这样隔开，禁止人们进入国家的文化机构，如美术馆、图书馆和博物馆。同时，这道墙也造成骨肉分离、隔墙相望。墙另外的一侧一些遗迹现今已经成为人文景观了。柏林墙被保留下来的那部分遗迹也向游客充分地说明半个世纪以前德国的分裂、柏林的分裂是真实存在的，而不是一个城市神话。

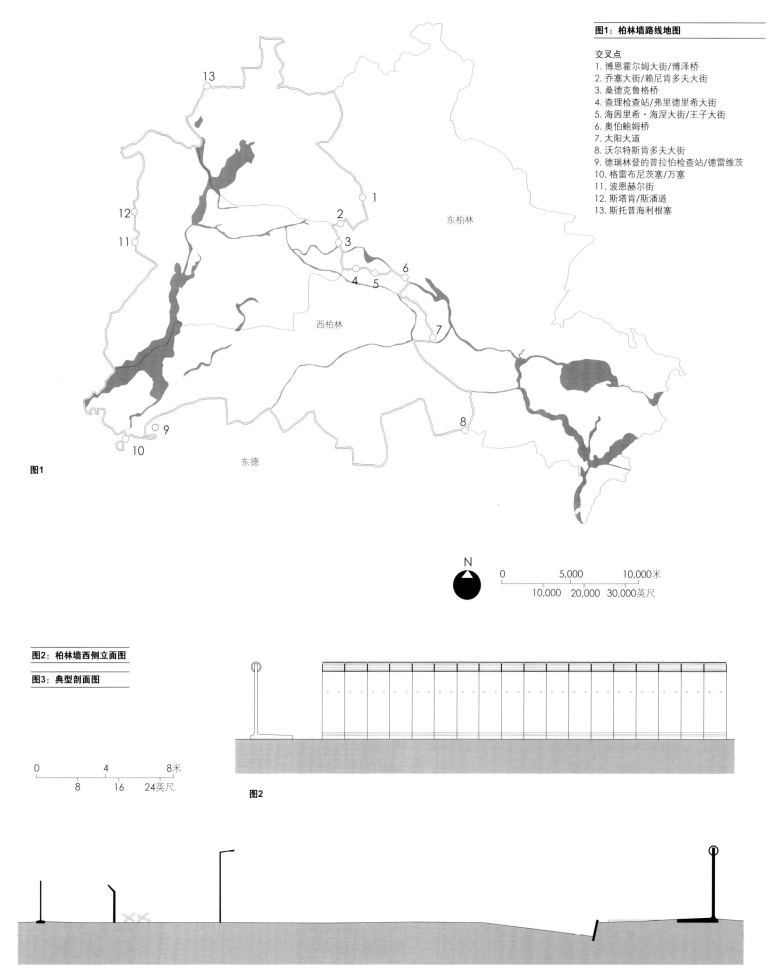

交叉点
1. 博恩霍尔姆大街/博泽桥
2. 乔塞大街/赖尼肯多夫大街
3. 桑德克鲁格桥
4. 查理检查站/弗里德里希大街
5. 海因里希·海涅大街/王子大街
6. 奥伯鲍姆桥
7. 太阳大道
8. 沃尔特斯肯多夫大街
9. 德瑞林登的普拉伯检查站/德雷维茨
10. 格雷布尼茨塞/万塞
11. 波恩赫尔街
12. 斯塔肯/斯潘道
13. 斯托普海利根塞

东柏林

西柏林

东德

图1

N

0   5,000   10,000米
10,000 20,000 30,000英尺

图2：柏林墙西侧立面图

图3：典型剖面图

0   4   8米
   8   16   24英尺

图2

图3

第四章　桥梁与防御建筑

第五章
生产、贸易和文教建筑

在任何文明中大多数有实际用途的建筑物除了实用性外就没有其他作用了。它们是城市和乡村的一部分。它们建造得尽可能简单，直到它们坍塌或被遗弃，然后回归大地或被重建。像这种建筑，适应性比建筑物的结构更重要。

商业发展往往带来城镇的扩展。在法国和德国的边界新布里萨克要塞上，建立一个防御的前哨是首要的任务，但军事工程师敏锐地看到这个地方可以通过贸易来保持正常的运转。利用可以随商人移动的临时市场摊位来进行贸易是非常有效的，这些设施可以在大部分的时间里都不出现，它们被移除了也不会留下任何痕迹。这相当于现代用一辆面包车贩卖食品。但它限制了可以出售的商品的种类，而且搭建和拆除摊位很费力——

所以，如果收入足以维持支出，那么人们还是倾向于盖固定建筑。在大城市，这种建筑还可以成为公共区域的重要组成部分。

非斯的麦地那是一个规模中等但高度发达的市场，米兰的埃玛努埃尔二世长廊本质上也为同样的活动提供了场地，但它同时具有纪念意义。

写字楼也有着类似的发展。写字楼里进行的活动也曾在家里或市场上进行，只是他们搬进了特殊的建筑物。在1560年，西奥尔西奥·瓦萨里设计了佛罗伦萨官员的办公室——现在的乌菲齐画廊。他当时为科西莫·美第奇效力，其家族业务在美第奇宫进行，这里既可以工作也可以居住。虽然办事处可能是最平凡无奇的建筑物，但是也可以有商业价值，抢眼的建筑可以对那里的公司

起到宣传作用。日本富士电视台总部大楼、美国西格莱姆大厦和马来西亚石油双塔都以各自不同的方式表明，较高的知名度也可以变成一种商业资产。

与教育和运输有关的建筑物往往是实用的，但这些建筑物可能因各种原因而变得壮观。19世纪火车站大肆修建，纷纷利用具有历史纪念意义的建筑物来给城市间的旅行增添魅力。

本章中包含的图书馆都不仅仅是一个书籍的贮藏地。它们宣扬自己的藏书，并宣扬书籍和阅读的文化价值。同样，美国弗吉尼亚大学草坪建筑群宣告了这个州，甚至是整个国家具有智性和教养的普世文化价值，而那时的人们绝不会认为这是理所当然的。

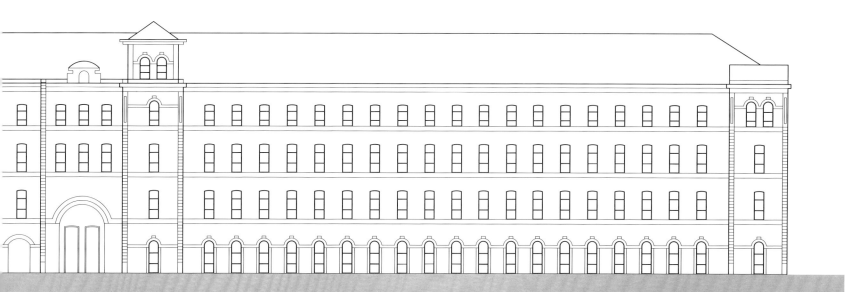

阿特洛司柱廊

希腊，雅典；约公元前140年

柱廊是一种带顶的门廊，属独立建筑。虽然柱廊的历史最早可以追溯到古希腊，但是来历却不得而知，我们熟知的都是那些至今仍然壮观宏伟的建筑，而早期的建筑都已经消失得无影无踪了。典型的柱廊是一个长而狭窄的门廊，一边以实体墙支撑，一边则是一个开放的门廊。若门廊与房屋相连，则被称为凉廊，或者外廊。柱廊属于公共建筑，而非住宅用房。

阿特洛司柱廊是此类建筑的典型代表，它屹立在雅典市中心，界定了雅典阿哥拉（见第306—307页）的边界。20世纪50年代，阿特洛司柱廊开始重建，人们小心翼翼地将古代遗迹拼凑在一起。

原来的柱廊是帕加马（现位于土耳其，曾是一个独立的城市国家，官方语言为希腊语）国王阿特洛司送给雅典的礼物。阿特洛司曾在雅典接受教育，他送给雅典的这个礼物也使他在雅典文化中占有一席之地。同样，20世纪洛克菲勒斥巨资重建了阿特洛司柱廊，此举令他

声名大振。柱廊的结构要尽量显得华丽。经过精心的修建，柱廊被分为两层，每层的尽头都有一排房间。在原来的设计中，这些房间也许是店铺。但在柱廊重建后，这些房间被改造为博物馆。在炎热的夏季，这些阴暗的地方很舒适，是避暑佳地。

柱廊可以成为人们的避难所，那些房间就变成了公共餐厅。在这个公共餐厅里，难民们左肘杵在墙边的垃圾上，空出右手吃饭。本来这些房间是可以容纳很多人的，但是人们只有头挨着脚，并且有些人的脚必须缩在墙角，这样房间才能安置所有人。但如果人们的头和肩膀蜷在墙角的话，肯定是达不到目标容纳量的。奴隶们负责把食物分给避难的人。这种房间的入口通常都不在中间。事实上，即使柱廊的壁脚板上什么都没有，人们也能从偏离中心的门口判断出这里就是人们吃饭的餐厅。

德尔菲的雅典柱廊曾是用来陈列战利品的。但最著名的还是斯多葛柱廊（彩色柱廊），位于

阿哥拉，曾是一所哲学院。直到阿哥拉遗址被发现，这座建筑才被公之于世。现在，一条铁轨将它与阿特洛司柱廊分开。斯多葛柱廊里面的思想家们向人们讲授逻辑理论和伦理道德。他们坚信人们应该掌控自己的情感而不应该被情感左右。他们的态度带有"斯多葛式的特点"。

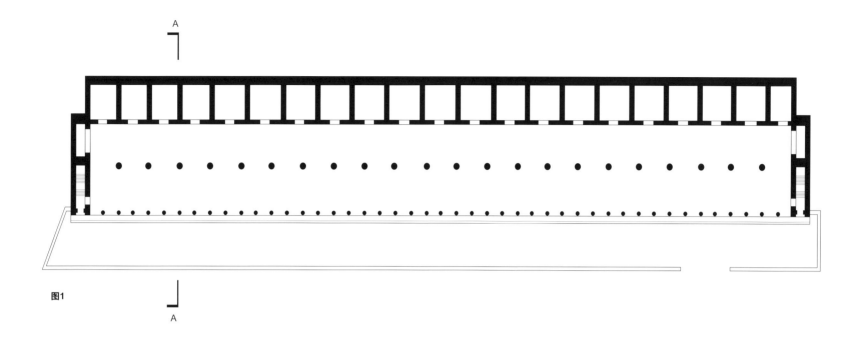

图1

图1：平面图

图2：图1中A-A区域的剖面图

图3：西侧立面图

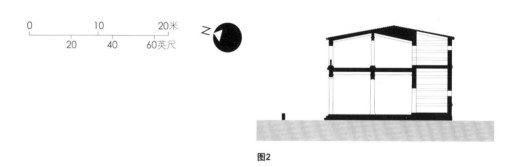

图2

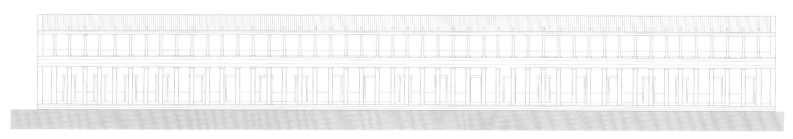

图3

图拉真市场

大马士革的阿波罗多罗斯

意大利，罗马；约100—110年

贸易对任何有城市韵味的遗址都是不可或缺的。当然，也不是非要有纪念性建筑物才能证明有贸易。许多繁荣的城市常有商贩用马车装载货物直接放在车子上卖，也有摆在托盘里卖的。

这种贸易活动不仅对城市有很重要的意义，对农村亦是。一些资金也是在农村周转，支撑农民耕种下一季作物，从海边岩石上刮下食盐以及完成下一次的捕捞。

有时商业活动非常繁荣却不留任何痕迹。这种情况下，考古学家却可以推断出这里曾经有商业活动，原因有两个：一是这里需要这种活动；二是这个城市有一块未建设的场地，看起来像曾经的市场。

如果一个城市的经济依赖于小生产者，他们带着货物来出售，那么，考虑到建设一个纪念性建筑物的成本，任何一个小生产者都负担不起该笔建设费用，即使大家联合起来仍然做不到。所以，在幸存的古代建筑中，很难找到商店这类建筑。如果只有非常坚实的公共纪念性建筑物才可以残存，那么商店很有可能就和房屋一起毁掉了。

图拉真市场却是个例外。该市场只是大型综合建筑群的一部分，综合建筑群还包括凯旋门、长方形廊柱大厅、罗马最大的广场、一个带有纪念柱的稍小的广场，还有一个神庙，庙里图拉真皇帝被像神一样供奉着。这个建筑群的规模和野心让人一目了然，后来的统治者也试图超过他，而后改信基督教的君士坦丁皇帝在4世纪就开始拆除这些纪念性建筑，甚至把图拉真建筑物里的雕塑用到自己的凯旋门上。

这个综合建筑群的出资者是被图拉真征服的达契亚王国（现在的罗马尼亚和匈牙利）。正是在达契亚战争中，图拉真遇见了他的建筑师，这个建筑师是一位四海为家的希腊人，他设计了一座用石墩支撑的木桥，让罗马军队渡过利多瑙河。这座桥后来成为图拉真纪念柱（见第292—293页）上的一个图案。

图拉真市场修建在挖掘出来的奎里纳勒山上，作为过渡标志的主要建筑，它的一边是庄严的广场，另一边是商业城市。建筑平面呈现出半圆形，包括半圆式露天有座谈话间，它建筑的另一边看起来不太规则，大概是要和街道融合，或许随16世纪后的建筑一并被改造了。

建筑群还包括一些精装修的空间，例如图书馆。但是市场繁荣的氛围一定和现在熙熙攘攘的大商场差不多。

图1：总平面图

1. 半圆式露天有座谈话间
2. 图拉真广场

图2：图1中A-A区域的剖面图

图3：西侧立面图

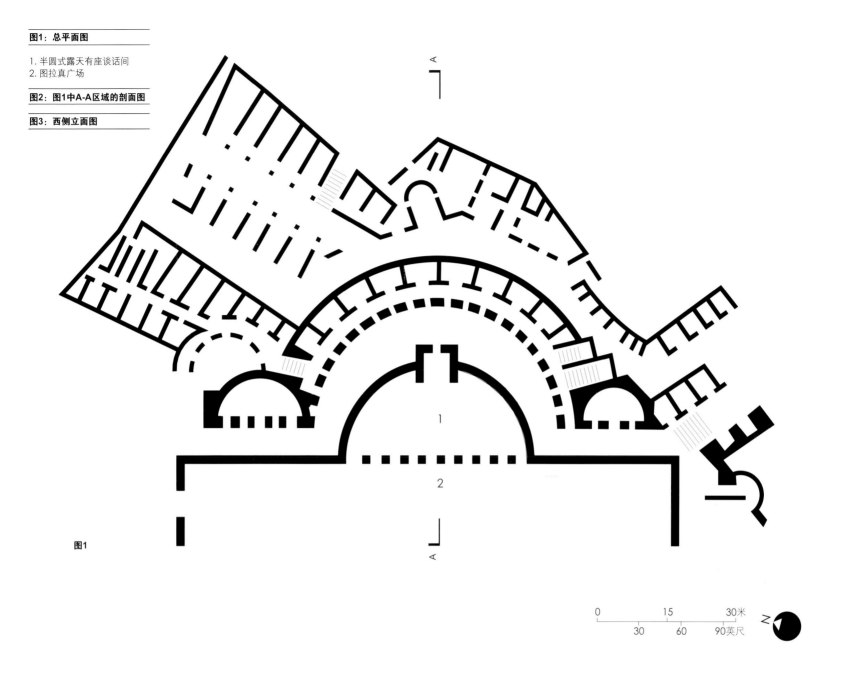

图1

图2

图3

非斯麦地那古城

摩洛哥，非斯；约1100年

1813年之前，非斯是摩洛哥的首都。后来法国政府认为非斯不太容易管理，就将摩洛哥的首都迁到了拉巴特。

这座老城的中心——麦地那保存着中世纪的风格，其狭窄交错的巷道曾颇让法国军队头疼。不仅仅是在非洲，在欧洲和亚洲的北部，许多城市都很相似——中等收入的人们比邻而居，经营着一些小生意，有一些人日渐发达，就买下邻居的房产，扩大自己的空间。

非斯不同寻常的地方就是将中世纪的城市肌理保留到了现代。非斯建于789年，虽然当时的建筑已经不复存在，但是据说自12世纪以来这座城就再没有发生过什么变化。这有些夸张了，但是这里的变化的确不大，也就是吸收了一些现代因素，比如，在传统框架结构上装上玻璃窗和通上电。

街道很窄，两边都是典型的两层或三层的建筑。所有商店的前门都是打开的，楼上的建筑都是由横墙支撑，便于货物展示，如果老板在场，就可以推销和照看货物。尤其是当商店罩着雨篷，而雨篷穿过屋顶伸到街上，那么街道就像室内过道，如伊斯兰国家的露天市场。

在商店的后面有楼梯通到楼上，有时候，楼梯互相连接着，会通到屋顶平台。在燥热的夏天，平台上温度太高会使人不适，却可以用来晾晒各种东西，比如草药、橄榄、亚麻。有时还会有人在上面睡觉。夏天，狭窄的街道的好处就是可以遮阳。在早上的时候，落下的雨将街道洗刷一新，也通过雨水蒸发起到降温的作用。

这座城市的结构来源于渐增式成长。由无意识的个人决定长期集聚形式，它与新布里萨克要塞（见第182—183页）的加固几何构造或者图拉真市场（见第194—195页）是不同的。

在适应环境的过程中，这里形成了更具动感的社区，没有正交网格式的结构。只有对当地地理十分熟悉的人才会了解这种结构，而陌生人就会觉得很困惑不解。外国人想要统治这座城市，怀疑当地居民试图以智取胜，可能就会想如果有人上了楼，他是会再出现还是会沿着另一条路离开。

然而这个汇集了密布的巷道和让人迷惑的交叉口的城市不仅仅是叛乱的发源地，还是非斯这座伟大城市的心脏，在摩洛哥，只有卡萨布兰卡市比它更大。非斯的卡鲁因大学建于859年，是世界上最古老的大学。这里纹理细致，免受军国主义般刻板的几何图形的束缚，因此与其说麦地那是纪念之地，不如说是活力之城。

图1：平面图

图2：典型街道立面图

图3：典型剖面图

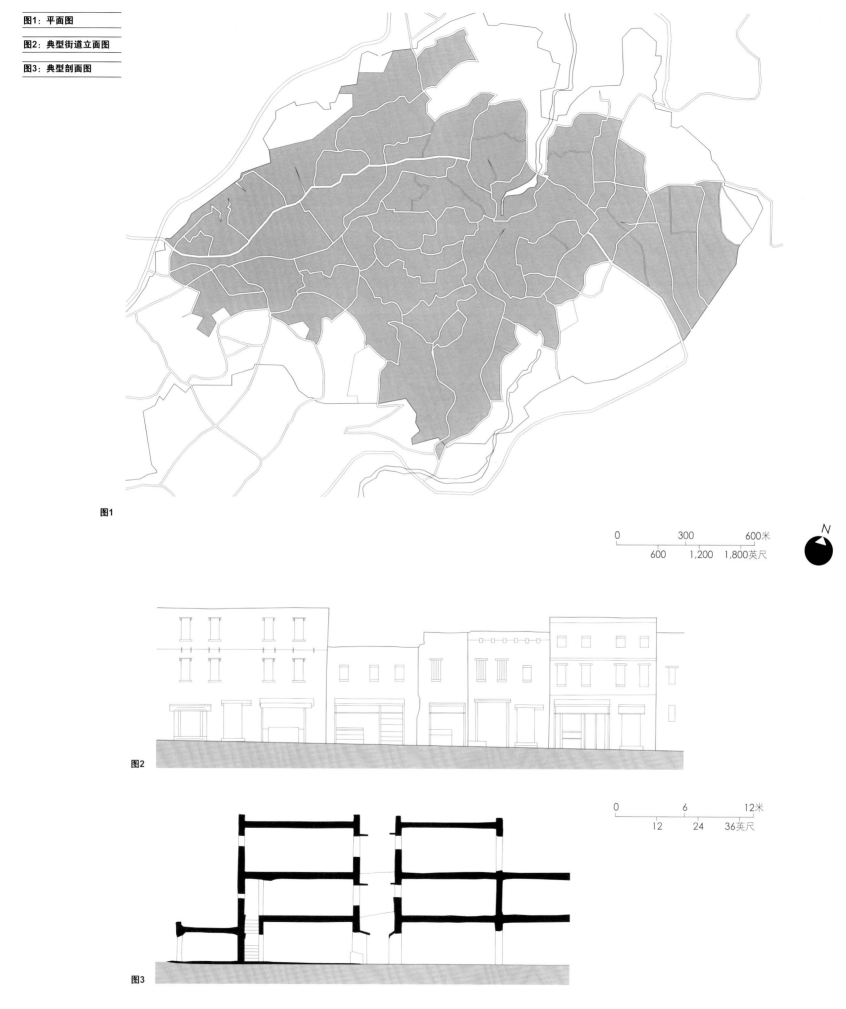

图1

| 0 | 300 | 600米 |
| 600 | 1,200 | 1,800英尺 |

N

图2

| 0 | 6 | 12米 |
| 12 | 24 | 36英尺 |

图3

第五章　生产、贸易和文教建筑

剑桥大学三一学院图书馆

克里斯托弗·雷恩（1632—1723年）

英国，剑桥；1676—1695年

剑桥三一学院图书馆是该学院内最优雅的建筑，其程度甚至超过了备受崇敬的小教堂。图书馆的功用是存放书籍，供学者们查阅，如果只为这个目的的话，那么只需建造一处低矮的回廊就可以满足需要，而且造价又低。三一学院的图书馆是学习的圣殿，将其图书所述的内容与思想提升到文化的最高层面，这里为图书存放和学者阅读提供了如皇宫般的环境。

1673年，查尔斯三世任命伊萨克·巴罗为三一学院的院长。伊萨克·巴罗曾是一名数学家（在伊斯坦布尔生活过一段时间），他认识克里斯托弗·雷恩时，雷恩只是一名天文学家，还没成为建筑师。1676年，雷恩忙于指导重建伦敦的圣保罗大教堂，但巴罗说服他为三一学院设计了一座图书馆，而雷恩没有收取任何费用。

巴罗为建造图书馆筹到了部分资金，但之后，他就患热病去世了，葬在威斯敏斯特教堂——这也是英国人纪念杰出人物的传统方式。这座图书馆的恢宏壮观不单是因为只有这样才能称得起图书馆的功用，还因为不论是其建筑师雷恩还是委托人巴罗都在当廷结交甚广。

图书馆的外部构造模仿罗马的建筑形式——入口设计成拱形结构，配以古典的柱梁。一楼一侧采用柱廊的开放式结构，这与周围的环境完美契合在一起。然而，庭院其余三面墙也采用此类构造，因此这座图书馆就更像修道院回廊了——实际上，建筑形式是非常相似的，只不过这里将其设计成长方形而非排成一条直线。

图书馆的主体是二楼，而一楼的空间可能比想象中稍低一些。看上去一楼圆柱顶部的飞檐即是楼层分界，而这种设计暗示着图书馆两层的空间应该是相同的。实际上，两层楼的分界较低，与拱门的起拱点同高。因此楼上的窗户看起来是合理的，其实它们高于书架，既不同寻常又与环境相辅相成。即使二楼看起来是高雅的传统建筑，其内部却是高堂广厦，灯光明亮。

这样的设计似乎违反了一项重要的原则。可以说，雷恩用他的设计欺骗了人们。但是，很明显，雷恩并不觉得这种设计违反了任何重要的原则。图书馆的内部空间安排合理，外部设计美观高雅，二者相得益彰。在设计建造圣保罗大教堂的穹顶时，他也采取了相同的方法。真正的穹顶（从内部看）支撑着木框架，让这"穹顶"成为一道风景，从教堂外面看，其圆形屋顶非常壮观。对雷恩来说，建筑是戏剧性的，重要的是要令人印象深刻。

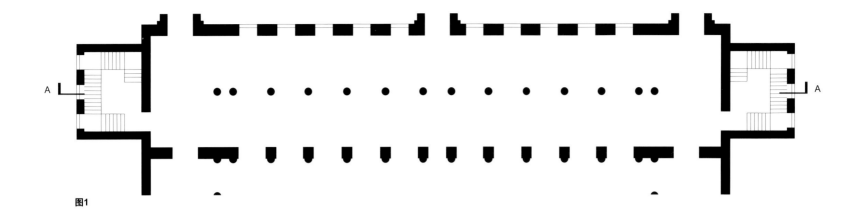

图1

图1：平面图

图2：西侧立面图

图3：图1中A-A区域的剖面图

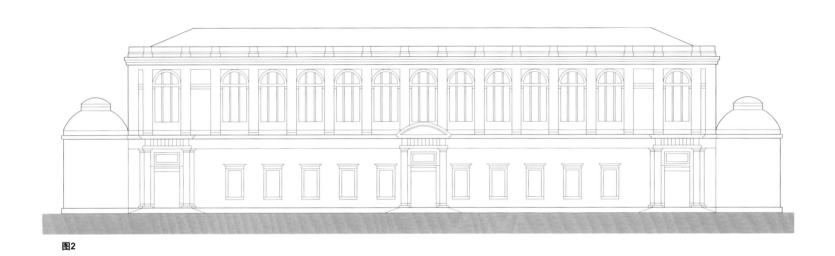

图2

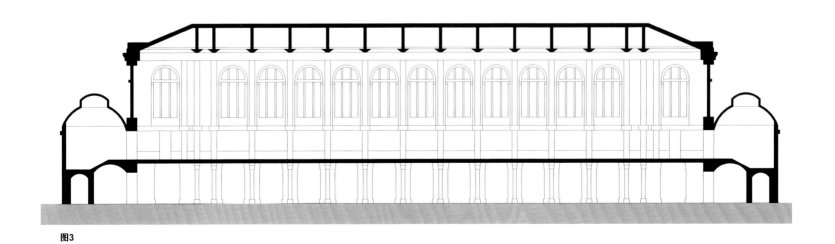

图3

皇家盐场

克劳德·尼古拉斯·勒杜（1736—1806年）

法国，弗朗什-孔泰大区，阿尔克-塞南；1774—1779年

现在，盐的存量丰富、价格便宜。人们经常被告知要注意不要摄入过多盐分，但就健康来说，盐是一种必需微量矿物元素。在过去，盐的价格昂贵。在法国，盐的生产是由国王控制的，并且盐税颇高。在沿海地区，尤其是日照充足的地方，通过蒸发海水生产盐。内陆则有盐场。

离海岸线500千米（310英里）的阿尔克-塞南盐场是主要的食盐生产地之一。这些盐来自距此约16千米（9.9英里）的萨兰莱班。将地下盐溶入水中，抽出地面，然后通过管道将其运到阿尔克-塞南盐场，经过加热，蒸发水分后，就会出现一层盐晶。那时阿尔克-塞南盐场周围的植被葱郁，输送盐水与搬运木材更加经济合算。

克劳德·尼古拉斯·勒杜非常重视这个盐场，盐场用切割精确的琢石建造而成。在厂房设计中，勒杜使用了棱柱几何图形式的石块，这也是他所有设计的共同点。勒杜设计的许多细节都是经典之作，但却没用那时通常用于皇家建筑的精巧装饰。这是一种稳固的古典主义建筑，勒杜试图彻底改造以第一原理为基础的建筑，探寻建筑形式的几何渊源。

阿尔克-塞南盐场建筑群呈半圆形。盐场经理楼的柱廊由6根圆柱组成，其设计远离乡村风格。柱廊是高雅的多立克式锥形柱和方形柱的结合。

厂房入口处有另一个多利安式柱廊，但是其背面并不是常见的门廊，而是一个岩洞，仿造以前的出盐口，界墙上的图案再现了管道末端盐水流出，水滴不停地从石钟乳上滴下的情景。勒杜称之为"Architecture parlante"（会说话的建筑），直接指点建筑的用途而摒弃古典文学式的图解。

勒杜还为巴黎设计了许多税卡。人们将货物运到巴黎市场上出售，所需要付的费用将在这些税卡处征收。这些税卡中的55座建筑，都是按照他在1785—1788年间的设计建造而成的。当时，人们认为这种税收是不公正的，因此，这些建筑也为人们所憎恶。

1789年爆发革命。当时，53岁的勒杜与旧体制有千丝万缕的关系，他不再接受工作，能保住性命已属万幸。他继续为其理想城"查克斯"进行更加精巧的设计。在理想城的中心是一个圆形的盐场，以菱形石块建造纪念馆，在那个风云变换的年代中，安置樵夫和牧人。

图1:窗户细节图

图2:门楼剖面图

图3:门楼立面图

图4:平面图

1. 门楼
2. 主管住所
3. 蒸发锅炉
4. 萃取室

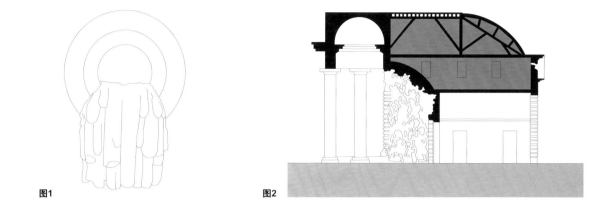

图1

图2

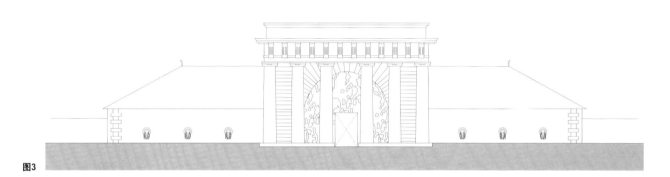

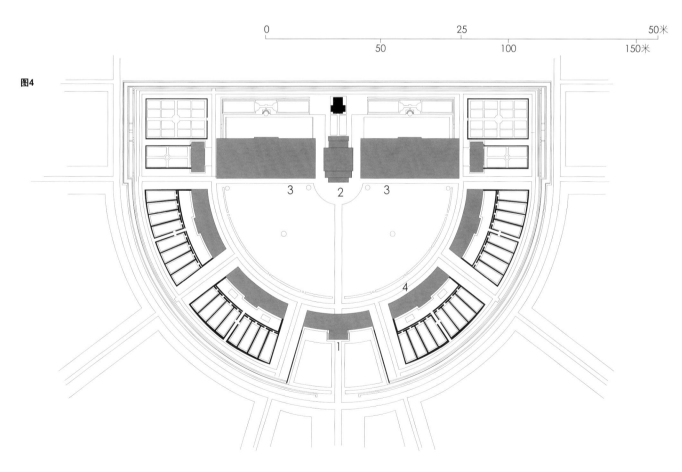

图3

```
0            25            50米
    50          100         150米
```

图4

```
0    25   50米
   50  100英尺
```

恩厄尔斯贝里冶铁厂

佩尔·拉尔松·伊伦赫厄克（1645—1706年）

瑞典，法格什塔市，恩厄尔斯贝里；1681—1919年

钢是21世纪一种重要的建筑材料，窗户小和房间小的住宅没有必要使用钢作为材料，而在一些农业建筑和工业建筑中，使用钢作为建材是较为常见的。

但直到1855年，亨利·贝氏麦发明贝氏麦转炉炼钢法后，钢材的生产成本才降低到足以被大量生产。钢是碳和铁的合成物，碳的加入使得钢更结实，但延展性不好。锻铁比钢的纯度更高，而且延展性更好。铸铁内碳含量更高，更结实，但易断裂。

贝氏麦转炉炼钢法出现之前，钢中大多加入纯锻铁和碳。人们普遍认为最纯的锻铁来自瑞典，而在瑞典锻铁主要在小规模的冶炼厂生产，比如恩厄尔斯贝里冶铁厂，然后向需要这种材料的地区出口。

17世纪，炼铁技术的发展耗费大量的木炭，这些木炭是由部分燃烧的木材制成的，在瑞典的恩厄尔斯贝里，冶铁工厂一般都建在贵族庄园的草丛中。他们利用水能为机器提供动力，用来碎石和敲打冷却的铁。当时恩厄尔斯贝里冶铁厂的高炉很先进。1778—1779年，冶铁业正处于发展的高峰期，锻铁炉不可能与大规模的转炉生产相匹敌，因此到1919年锻铁炉终于被淘汰了。

恩厄尔斯贝里冶铁厂附近的厂房都很简单，建造成本较低，资金主要用来保护厂房内重要的、复杂的并且更坚固的设备。木材是主要的建筑和熔覆材料，当时有50多种木材被广泛使用。冶铁工人居住的房屋，用于农业生产的建筑和一个酿酒厂都是使用木材建造的。庄园主府第的屋顶是一个大钢板。瓦垅薄钢板后来成为重要的低成本屋面材料（由亨利·帕尔默在19世纪20年代发明）。"熔渣"是指提取铁矿石之后留下的碎石。熔渣通常会被当作废物扔掉，一些小型的建筑都以矿渣为聚合材料的混凝土块作为建筑材料。虽然在建筑过程中做过一些实验，但是审美不是主要目的，建筑反映的是传统的古斯塔夫斯风格。

这曾是瑞典农村的建筑风格，但现在这里已经成为一个具有独特历史意义的地方了。建筑的木质结构与18世纪的特色风格使得恩厄尔斯贝里冶铁厂看起来沉稳而宁静，但一旦工厂开始运转起来，这里就会变得嘈杂——机器这把锤子击碎了这里田园牧歌般的环境。交通的发展使得人们可以从外面运来木炭、铁矿，运走铸块、熔渣，这里变得更加吵闹。锻铁炉的图画挂在庄园主的屋子里，这表明厂主为冶铁给他带来的无限财富深感荣耀。

图1：平面图

1. 水车
2. 风机
3. 高炉
4. 铁砧

图2：图1中A-A区域的剖面图

图3：东侧立面图

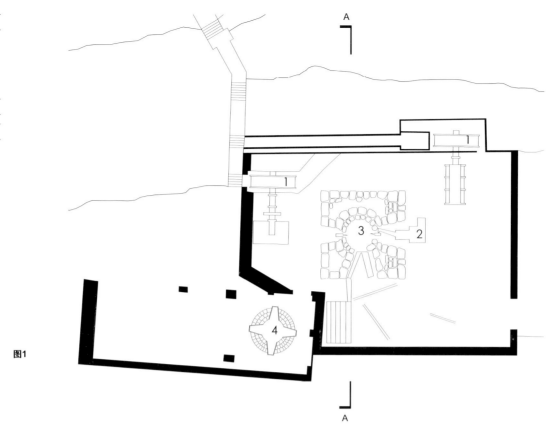

图1

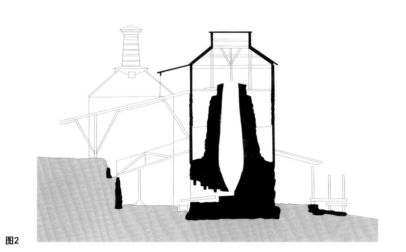

图2

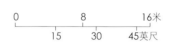

图3

弗吉尼亚大学草坪建筑群

托马斯·杰斐逊（1743—1826年）

美国，弗吉尼亚州，夏洛茨维尔；1819—1825年

托马斯·杰斐逊于1819年创立了弗吉尼亚大学，当时其周围还没有其他高校。哈佛大学（建于1636年）是美国最古老的大学，到1776年，美国已有10所大学。英国当时只有两所，相比之下，美国这10所已经非常之多了。和中世纪欧洲的大学一样，美国这些大学也都是宗教机构，费城大学就是地理位置最靠南的一所。

1825年弗吉尼亚大学正式开始办学，当时美国已出现第一批不要求学生和老师必须有某种一致信仰的学校，弗吉尼亚大学就是其中之一。当时它是由政府出资建设的，所以可以接纳很多人，早期还是以白人为主，但是它和别的大学的不同之处就在于：不只招收有钱的白人。杰斐逊不希望弗尼亚大学授予学位，他认为学位只不过是不必要的装饰，但是他鼓励来读大学的人最好抱有这样的目的：通过与别人交谈和读书的方式探索知识，拓展思想，寻找自己的生活方式。

杰斐逊设计的建筑群环绕一片空地，或者说草坪，中间这块地可以看成社区的中心。中心草坪的边上是列柱走廊，连接着10座教授住所，教授住所里面有教室，中间有学生宿舍。他没有把大学建成一座独立的传统建筑，他担心那种建筑会不美观，不利于健康，也缺乏灵活性。它被设想为一个"学院村"。草坪的南端可以直接看到远处的山脉，北端是最大的建筑，这个建筑的外观很像万神殿（见第108—109页），但体积只有万神殿的一半，建筑的最上层，也就是圆屋顶下面是图书馆。

对称的造型中也可以体现多样性。学生宿舍完全一样，走廊的柱子大小适中。但是所有的教授住所都是独立的二层小楼，有些公寓还没有柱子高，其他的建筑和柱廊衔接的方式各异。所有这些建筑都包含一个不同风格的柱形，因为他们的思想都源于伟人的权威思想，如帕拉第奥（1508—1580年），所以他们可以充当建筑学教育的基础。

例如，八号建筑吸收了弗雷亚尔著作的精华，弗雷亚尔是帕拉第奥的第一位法语翻译者，他自己本身也是一位理论家，他的科林斯柱式的代表作，如在罗马著名的戴奥克利仙浴场中看到的那样，成为这个两层建筑的设计基础，被运用于墙和墙之间。中心有两个完整的圆柱，一边有一个半柱，意味着另一半在外面的延伸墙里。建筑中，学生宿舍的柱廊有时会穿过教授住所，但这样仍然不失协调，有时或多或少会挡住更高的圆柱。建筑排列规则，但是又显怪异、富有个性，使它摆脱了建筑领域高处不胜寒的境地。

经典建筑　平立剖

图1：平面图

1. 图书馆
2. 草坪
3. 宫殿
4. 花园

图2：图书馆南侧立面图

图3：图1中A-A区域的剖面图

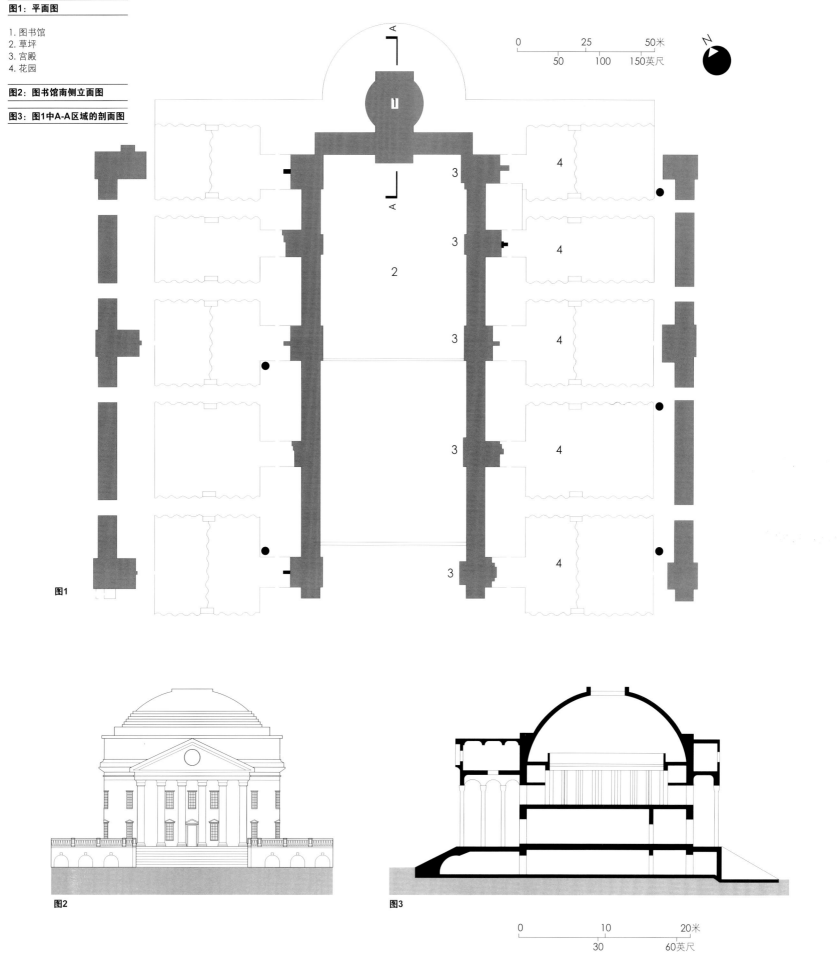

图1

图2

图3

阿尔伯特船坞

杰西·哈特利（1780—1860年）和菲利普·哈德维克（1792—1870年）

英国，利物浦；1839—1846年

利物浦位于英国西北岸，通过绕过爱尔兰北部的水道连接了大西洋，其优越的港口地理位置使其在18—19世纪期间迅速发展繁荣起来，大量的货物装船运到利物浦港口，比如美国的棉花运到英国兰开夏郡的纺织厂，1807年起奴隶被从非洲运往美洲大陆种植棉花和烟草。

对于长距离的大宗货物，直到19世纪中叶火车的出现之前，水路运输在全世界范围内都是最有效的运输方式。因此利物浦港口得以持续繁荣。

阿尔伯特船坞是利物浦最出名的船坞，杰西·哈特利是其设计师，他专长于船坞工程的设计。在设计阿尔伯特船坞之前，他已经设计了6个船坞，并且他将继续设计另外10个船坞。

来自伦敦的哈德维克为这项工程润色。他曾就读于英国皇家学院建筑系，之后在法国和意大利深造。他以建造铁路出名，尤其是设计了建于1837年的尤斯顿拱门，其实这并不是一个真正意义上的拱门，而是一个多利安式入口，这是伦敦的一个标志性建筑、尤斯顿的入口，也是伦敦的第一个火车站，火车从此处开往西海岸。这个"拱门"于1961年拆除。

阿尔伯特船坞是于1846年在亚伯特王子的支持下开设的，来往船只可以沿着仓库停泊，直接将货物从甲板上卸入仓库。船坞之所以规模这么庞大是为了使船只和附带机器设备在中央区域有足够的空间。船坞上的闸门储满水，以使船只在任何时候都能自由移动，但只能在水位达到最高时才能驶入或驶离港口。

为了使水足够深并不断流入，水平面以下才是主要的机械。仓库的设计同样宽敞，入口为拱形（可允许起重机进出），如一排排的托斯卡纳铁柱般，高达5米（16英尺）。仓库有5层，都是铸铁或石头建成。

铁作为建筑材料最初见于1779年建成的科尔布鲁克代尔桥和位于英国德比郡附近的德温特山谷。威廉姆·斯特列特于1793年在此建造了世界上第一个防火仓库和制造厂，此建筑有多层，每层用钢铁作为框架来支撑以陶瓦为材的地面。阿尔伯特船坞大规模地使用了这些技术，但当船帆破旧了之后，船坞仍然不能处理这些船只，因此较大的蒸汽船取而代之。不幸的是，哈特里所设计的一些船坞最终成为当地填补空缺的建筑。但是阿尔伯特船坞的美学价值使其成为富有文化气息的休闲之地。

图1：总平面图

图2：图1中A-A区域的剖面图

图3：图1中B-B区域的剖面图

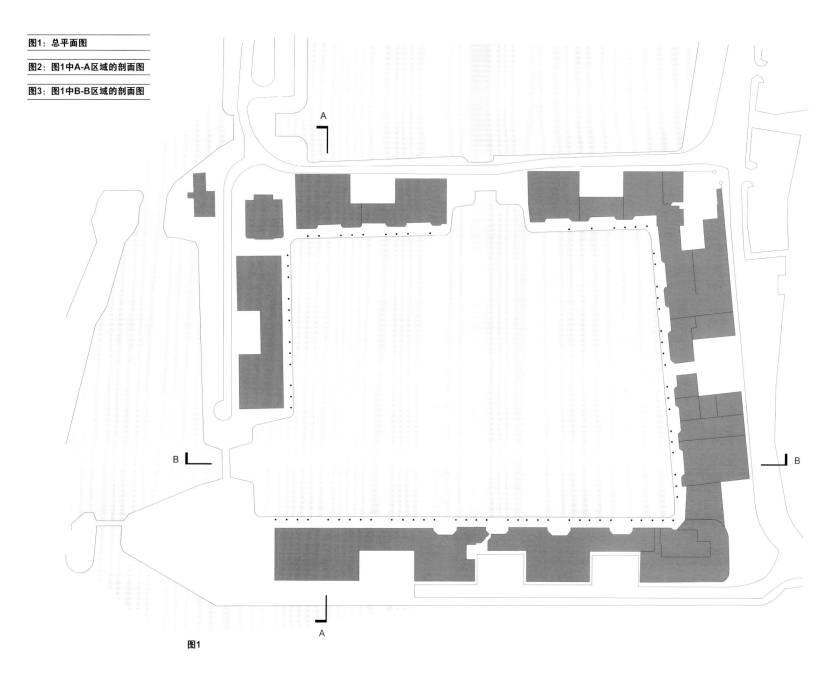

A

B

B

A

图1

0 10 20 30米
30 60 90英尺

N

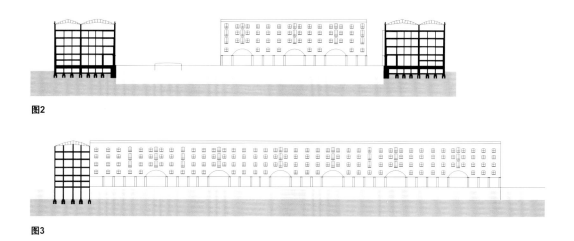

图2

图3

第五章　生产、贸易和文教建筑

索尔泰尔工业区

泰特斯·邵特（1803—1876年）

英国，西约克郡，索尔泰尔；1853年

工业生产机械化率先发生在英格兰北部的纺织厂，并最终改变了人们的生活节奏。旧农事历在季节变换中有其独特的时间表：播种的时间，收获的时间，休耕的时间，动物繁殖的时间。相比之下，一台机器，只要有人操作，在一年中的任何时间，在任何一个白天或黑夜，在任何一个小时都可以工作。

理查德·阿克莱特因在18世纪70年代因发明轮换工作制而广受赞誉，他的磨坊位于德比郡的德温特山谷，他发明这种方法是为了让昂贵的机器连续运转。他的磨坊需用水供电，这意味着他们需要快速移动的水道。

蒸汽动力的使用意味着钢厂可以建造在任何地方从而带动劳动力转移。在水资源利用更方便的地方，许多人仍然按照以前的方式工作，但蒸汽机逐步改变了生产方式。他们将水加热直到它变成水蒸气，利用蒸汽产生的组合力推动活塞或涡轮。蒸汽生产需要供水。需要燃烧燃料产生热能，而燃料通常是煤炭。

泰特斯·邵特制造了细羊毛布。最引人注目的是他发明了羊驼毛面料。羊驼来自秘鲁，长得像骆驼，其毛发细长。早期曾经有人尝试利用这种羊毛，但是邵特最早发明出了利用这种羊毛的方法，结果他发了大财。羊驼毛的布料细密且带有光泽但价格也非常高昂，而邵特成为世界首屈一指的供应商。他也成为了布拉德福德市的市长，这里是他的公司总部所在地——当然公司也不完全是他的。

邵特因为城镇工厂烟囱的污染问题而非常沮丧，他尝试做些改观，但是失败了，因此他将工厂迁出了布拉德福德市并在艾尔河河畔建立了一个新社区。社区超出小镇的边缘，这符合埃比尼泽·霍华德在1898年倡导的建设"花园城市"。

在索尔泰尔有两个令人印象深刻的纪念性建筑：邵特出资建立的异常辉煌的公理会教堂和邵特的制造厂，这座巨大的工厂是纺织品的生产地，直到1986年还在使用。其余的建筑由纵横的街道组成，包括3000—4000名员工的住房以及优良的社区设施，这都是从一开始就计划建造的，这些都表明了其创始人仁慈的家长式作风。

邵特的磨坊占地面积广阔，使用防火建筑方法，在那时已经是非常好的建筑了。其外观主要是对称的，有两个塔楼和一系列林立的窗户。其施工方法虽已不再是绝对的创新，但它超越了以往所有的限制。一个巨大的烟囱，让人想起意大利钟楼，把蒸汽从蒸汽机锅炉一直送往天空高处。这对阻止全球变暖没什么作用，但这是一个有效的方式，可以分散油烟，所以，它并没有降低索尔泰尔的空气质量。

经典建筑　平立剖

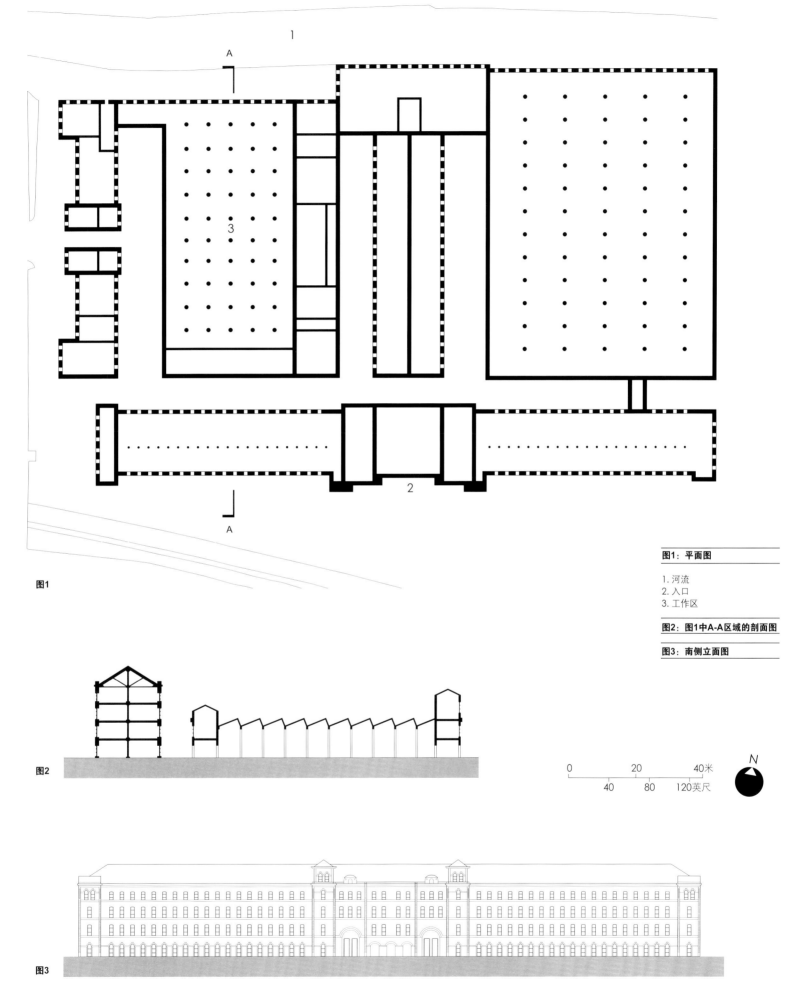

图1

图2

图3

图1：平面图

1. 河流
2. 入口
3. 工作区

图2：图1中A-A区域的剖面图

图3：南侧立面图

0　　　　20　　　40米
40　　　80　　120英尺

N

第五章　生产、贸易和文教建筑

法国国家图书馆

亨利·拉布鲁斯特（1801—1875年）

法国，巴黎；1860—1867年

亨利·拉布鲁斯特在罗马学习了6年，对罗马精巧的建筑方式赞叹不已。与同时代的多数建筑师的透视绘图相比，亨利的建筑绘图更像是工程研究。他回到巴黎后，成立工作室，招收学生，传授他所谓"理性主义"的建筑方式，处理建筑中的实际问题，做出适当的讲解。

亨利接到的第一项重要委托是圣热讷维耶沃图书馆（1840—1848年）。这是一座位于巴黎万神庙对面的学术图书馆。这座图书馆的设计以理性主义的方式重现了雷恩设计的剑桥大学三一学院图书馆（见第198—199页），二层楼之间的水平线脚也是清晰可见。这座图书馆的新颖之处在于内部结构无比轻盈。他的外观采用修道院的传统形式，内部采用钢架结构，而在图书馆的主要空间，钢架结构暴露无遗，高挂的窗户下书柜沿墙而立。在这高大壮观的空间，精巧的柱子和纤细的铸铁列柱支撑着由两个小弧度筒形拱顶构成的屋顶。这是钢架结构第一次应用到高雅建筑的内部构造之上。

事实证明，圣热讷维耶沃图书馆仅仅是拉布鲁斯特设计其最重要的建筑委托——黎塞留街上的国家图书馆前的热身工程。国家图书馆的外观采用了修道院传统而保守的建筑形式。图书馆的入口在荣誉广场——街道旁边一个正式的庭院的对面。广场上仍然有一面保存完好的建筑的正面墙壁，之前图书馆入口就借用了此墙壁。

走进图书馆，阅览室就在其轴线上，堆叠整齐的图书摆放在四周。这些图书曾经是不对民众开放的，但现在存放图书的空间很大，能够摆放五层的书柜，还有钢铁构架横贯其中。图书馆之前装有玻璃屋顶（后为保存图书而改建）。图书馆中庭阳光充足，吊桥精巧，贯穿其中，而其四周的图书分门别类地堆叠整齐。每一层楼的地板和楼梯都是用铸铁镶板建成的镂空结构，以便让下面的楼层也能照到阳光。

一面大型玻璃将阅览室与中庭隔开，这样读者便可以透过玻璃看到中庭。阅览室非常高雅大方，但也不乏新颖、大胆的设计。16根细长的铸铁圆柱交错成方形网格（横三格，竖三格）。每一网格都覆有轻巧的白釉赤陶镶板穹顶，穹顶顶部都有便于采光的圆形镂空。当然，每个镂空都镶有防水玻璃，但从图书馆内看不到这些玻璃。每个圆顶的边缘都固定在拱形镂空格架上。它们都汇集于列柱顶部，恰好就在中心的隔区，4个穹顶的下行角渐成锥形，好似在这些史无前例的列柱上旋转。

在阅览室四周，穹顶拱形下的墙壁上涂满了釉彩，但在多数隔区的书柜上方的墙壁上嵌着镶板，上面绘有透视壁画：在晴朗的夏日天空下生长着枝繁叶茂的树木。就在这个阅览室，哲学家和社会评论家瓦尔特·本雅明开始构思其未完成的"拱廊街计划"，即人们在"万里无云的湛蓝天空与植物繁衍的大地之间的拱廊"里的工作与梦想。

经典建筑　平立剖

图1：平面图

1. 荣誉广场
2. 阅览室
3. 花园
4. 庭院（职员）
5. 图书室（书籍管理）

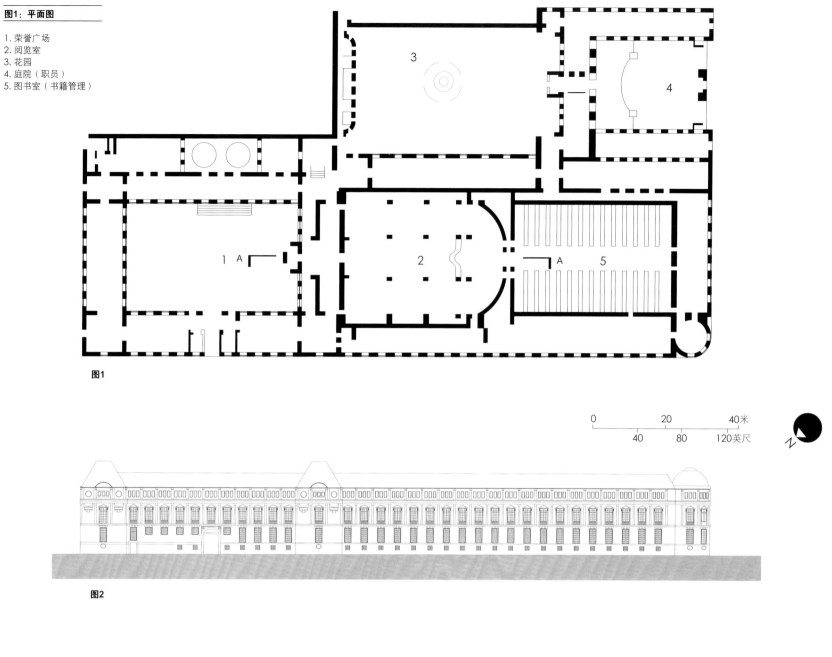

图1

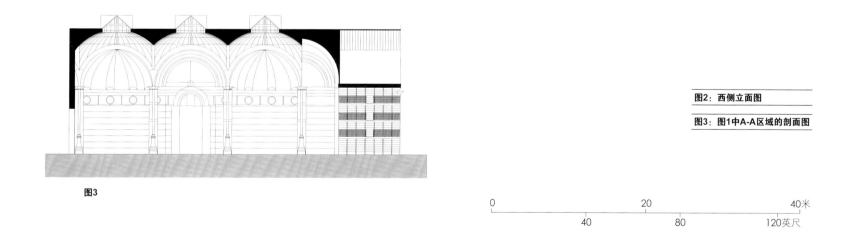

图2

图3

图2：西侧立面图

图3：图1中A-A区域的剖面图

埃玛努埃尔二世长廊

朱塞佩·门戈尼（1829—1877年）

意大利，米兰；设计于1861年，建于1867—1878年

穿越巴黎拱廊街上的众多拱廊，可以到达百货商店和大型购物中心，哲学家瓦尔特·本雅明就曾被这里深深地迷住过。这些拱廊的风格独特，它们连接着两侧的城市街区，形成覆有玻璃屋顶的透光游廊。有一些要更整洁漂亮些，但是本杰明那个时代（即20世纪30年代），这些拱廊有的已经被拆除，有的正在被拆除——似乎整个世界都不知晓，它们藏在街道看不到的地方，有着它们自己的秘密街道，展出着已过时的商品，或者将房子廉价出租。那些保留下来的拱廊，许多已经被翻修并成为珍宝。

位于意大利米兰的埃玛努埃尔二世长廊与巴黎的拱廊街有一个很相似的起点，尽管如此，这里还是不能与当时本雅明所感受到的宏伟空间媲美。这个长廊的规模很大，地理位置突出，时尚气息浓厚。实际上，这里也算得上是这个国家的标志性建筑之一。

罗马帝国衰亡后，意大利也历经了几度政治更迭。在撒丁岛和由威尼斯统治的那不勒斯分散着许多王国，许多地方都是由外国势力统治（例如西班牙、奥地利以及拿破仑统治时期的法国），其中一个公国的首都设在米兰。1861年，意大利半岛上几乎所有的地区都统一成一个国家，当时的国王是埃玛努埃尔二世。（埃玛努埃尔一世只做过撒丁岛的国王）。其余的几个地区也在随后加入了这一国家。也正因为如此，人们才想在米兰建立这样一个大型拱廊式建筑。

拱廊直通向一座露天广场，在这个广场上有米兰的两个最重要的建筑：大教堂和歌剧院——这两个都是享誉全世界的著名建筑。米兰大教堂是典型的哥特式建筑，虽然意大利的教堂很多，但米兰大教堂是最大的一座教堂，也是其中唯一一座真正的哥特式经典建筑。歌剧院全称为斯卡拉歌剧院，它最为知名的便是歌剧的独特风格。

埃玛努埃尔二世长廊的主要通道和普通的街道同宽，长廊两边均是五层高的建筑，由马赛克图案拼成的地面上铺满了闪闪发光的水磨石。来到通道的中间会看到一个十字路口，连接着另一条同样尺寸的边道，在两条通道交汇的上方是一个八角形的玻璃屋顶。两条通道上方的玻璃拱顶是由弯曲的锻铁晶格梁支撑起来，而这些晶格梁一直通到砌体栏杆线的后方，所以这些支撑物就隐藏在了看不到的地方。这座建筑有传统的（新巴洛克风格）外观，它的内部是十分坚固的钢框架结构。

这一建筑最出彩的地方便是入口的凯旋门式设计。它紧挨大教堂的入口，能够唤醒人们对罗马帝国的记忆。1878年1月1日，埃玛努埃尔二世亲手为这座拱门揭幕。但是它的建筑师朱塞佩·门戈尼没有出席这一仪式；1877年12月30日，他从这里的玻璃穹顶纵身跳下，死在了水磨石地面上。

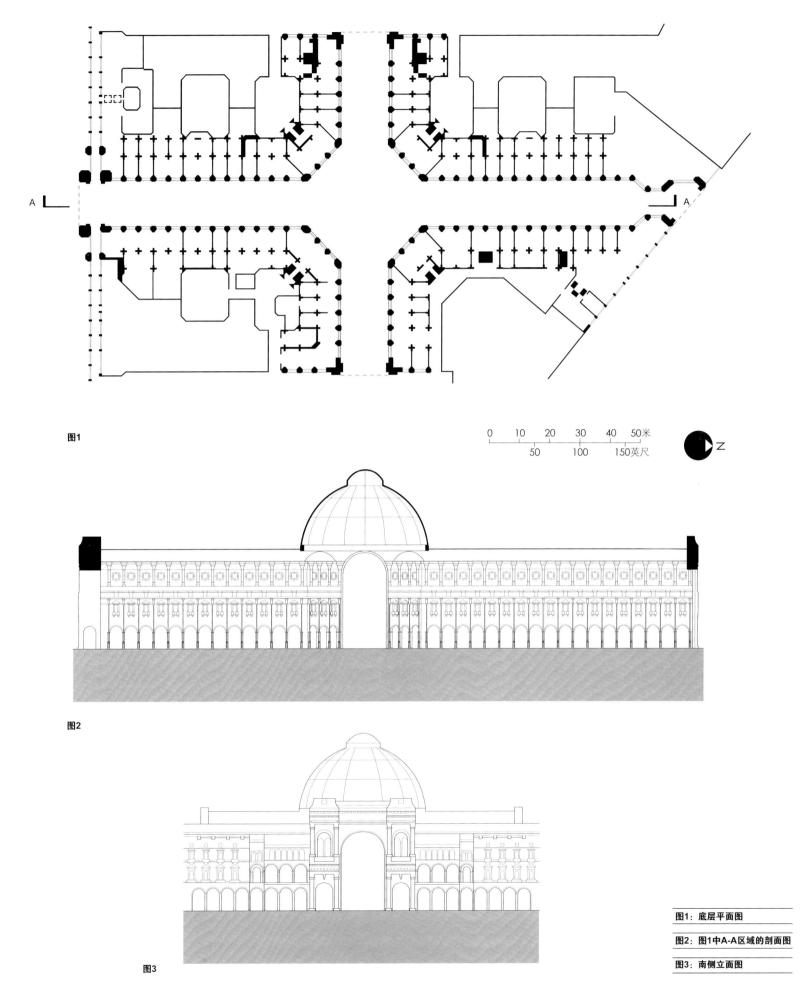

图1

0　10　20　30　40　50米
　　50　　100　　150英尺　Z

图2

图3

图1：底层平面图

图2：图1中A-A区域的剖面图

图3：南侧立面图

圣潘克拉斯火车站

乔治·吉尔伯特·斯科特（1811—1878年）和威廉·亨利·巴洛（1812—1902年）

英国，伦敦；1864—1868年

19世纪初，大家纷纷尝试将蒸汽运用到交通行业，而且，事实也证明这一构想是19世纪最具有革命性的发明之一。截至1830年，英国已铺设了大约158千米（98英里）的铁轨，至1860年，共铺设了1.68万千米（1.04万英里）。诸多投资者意识到他们可以通过投资铁路发财致富，当然，确实也有一些人大发其财。这一行业竞争激烈，利益颇丰。

第一列开往伦敦的客运列车行驶轨道是从伯明翰到尤斯顿的，这条路线的风格很古典，菲利普·哈德威克（1792—1870年）为此设计了一个多利安式入口（即尤斯顿拱门）。19世纪40年代，菲利普·哈德威克的儿子菲利普·查尔斯·哈德威克将这条铁路线进行重建扩展，设计了一个宏伟的新古典主义风格的门厅，给来往的人们一种华丽的感觉。最初这条路线是为伦敦和伯明翰铁路公司设计的，但是也被其他公司使用，包括米德兰铁路公司。

随着交通产业的急剧发展，这条通往伦敦的铁路线变得拥挤起来，所以米德兰公司决定建设自己的铁路线和伦敦终点站。

建设通往伦敦的铁路线困难重重，购置车站建设场地仅仅是其中一个，但是米德兰公司克服了这一困难。铁路线的东面是国王十字站，这座优雅的车站的设计者是路易斯·库比特，于1852年开始运营，火车沿着东海岸主干线由北部开往车站。与此同时，尤斯顿火车将乘客送到西北部。帕丁顿站于1838年开始投入使用，火车搭载的乘客来自布里斯托尔和西部地区。1854年，工程师伊桑巴德·金德姆·布鲁内尔将其改造为一座铁教堂，车站的列车棚还设有耳堂，跨距为30米（98英尺）。米德兰铁路公司决意要做到无与伦比。

蒸汽机会产生大量烟雾。如果封顶车站的空间足够大，足以使烟尘悬浮后消散，那还好说；否则当蒸汽火车驶入站内，车站将被烟尘笼罩。从功能需求来看，迫切需要建设一座较大的列车棚。因此，威廉·亨利·巴洛就为圣潘克拉斯设计了一座列车棚，跨度为74米（243英尺），高度为30米（98英尺）。令人惊讶的是，这样雄伟的一座列车棚不仅没有大放异彩，从外围看反而完全被挡住了。

米兰德酒店的设计者是乔治·吉尔伯特·斯科特，酒店包括抵达大厅，以及面向参观伦敦游客的所有豪华设施。当时哥特复兴运动正处于鼎盛时期，饭店的轮廓挡住了列车棚。乘火车旅行才是真正的梦想。它的地理位置已经显示出它在周围建筑中的领导地位。如果它的选址再往后100米，就可以节约一小段铁轨，在两个车站之间修建一个大广场。但是饭店挡住了国王十字车站，这样就使它看起来倾斜地坐落在圣潘克拉斯站的边缘，实在是选址上的失误。

图1：平面图

图2：图1中A-A区域的剖面图

图3：东侧立面图

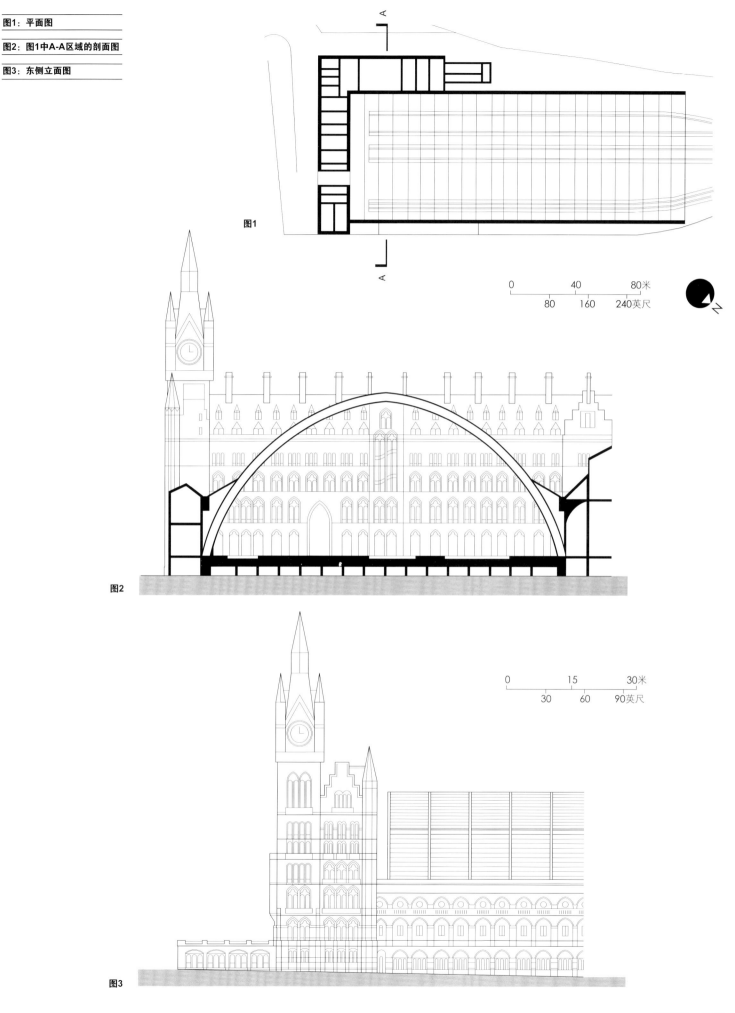

图1

图2

图3

吉隆坡火车站

亚瑟·哈巴克（1871—1948年）

马来西亚，吉隆坡；1910年

铁路的诞生彻底改变了人们的生活方式，大概就连它的发明者当初也没想到。原本骑马要走一天的路程，乘火车不到一个小时就可以到达，而且速度还在不断地提高。由于铁路系统的扩大，城市得以扩展。欧洲的工业化进程吸引着农村人进工厂打工。那些付得起车费的工人就乘火车去上班，远离工厂的烟囱，享受更好的生活条件。

在印度的广袤国土上，快速旅行这个想法非常具有吸引力。他们鼓励投资铁路，而且从19世纪40年代开始卓有成效。印度的铁路网逐渐扩大，成为将印度各个地区连接在一起的重要纽带。

马来西亚的铁路建设起步时间较晚，始于1885年。第一条铁路是一条13千米（8英里）长的简单路线，连接了太平的锡矿山和瓜拉十八丁（那时叫文德港）。1886年，长达31千米（19英里）的铁路建成，连接吉隆坡和雪兰莪州（苏丹王宫所在地）的巴生。吉隆坡旧火车站落成时，

吉隆坡已是马来联邦（成立于1895年）的首都。当时，英国人负责外交事务和国防事务，苏丹王负责国内事务，根据英国君主指派的英国公使的"建议"行使权力。这位英国公使能从英国在该地区所获得的商业利益中分得一杯羹。

"Keret api"是铁路的意思，所以"Keretapi"正是这个火车站的名字。该火车站设计为首都城市的入口，主要设计理念基本效仿了圣潘克拉斯火车站，只是没有圣潘克拉斯火车站建造时的那种追求突破的紧张感。跨越轨道的结构跨度大约20米（66英尺）长；火车站的酒店建筑稍低，但同样是用来挡住后面的火车。

吉隆坡火车站并不是终点站——火车从这里出发，一个方向驶向海岸线，另一个方向驶向马来西亚内地。所以，酒店建筑被置于轨道的一侧。从小一点的范围看，它设计的合理性非常明显。这座建筑经过严格的设计，使其与铁路融为一体，并让火车畅行无阻。火车停在钢架建筑之下，而人则住在更加舒服的石造建筑中，体现出

人类的价值。这些都是基于规则网格，在立面图中非常明显。但对于参观者来说这种效果却被突出的窗和装饰性的小尖顶给打破了，尤其是那醒目的圆顶，下面由细柱支撑，好像是浮在建筑拐角顶上，整体上凸显出一种东方韵味。

殖民地国家的建筑师们考虑到底怎样的风格才是合适的，是传统的欧式风格？还是更具当地特色的风格？他们就此问题进行了辩论。吉隆坡火车站建筑师亚瑟·哈巴克找到了折衷点。他负责怡保市的景点车站、吉隆坡的都铎式建筑——雪兰莪皇家俱乐部以及附近的一座中央清真寺（嘉美克回教堂，当时主要的回教堂）。传统的当地建筑是采用木材建造，难以用于大型的公共楼宇和纪念性建筑物，于是，亚瑟放弃了这种建筑风格，而是引用了印度莫卧儿帝国和北非的摩尔式宗教建筑风格。

图1：平面图

图2：图1中A-A区域的剖面图

图3：西侧立面图

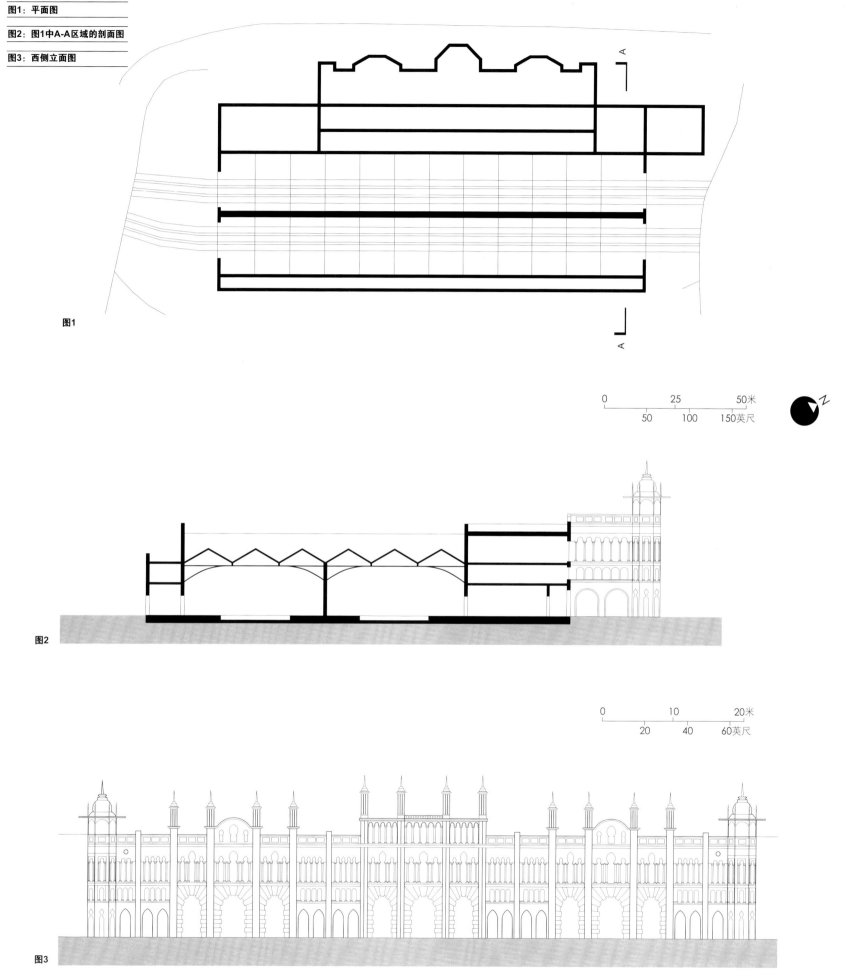

图1

0　　　　25　　　　50米
　50　　　100　　150英尺

图2

0　　　　10　　　　20米
　20　　　40　　　60英尺

图3

纽约中央火车站

瑞德和斯特恩，沃伦和韦特莫尔

美国，纽约州，纽约市；1913年

无论是从前，还是现在，宾夕法尼亚车站和中央车站都是曼哈顿最重要的车站。宾夕法尼亚车站也叫作佩恩站，1910年由建筑师麦克金姆、米德、怀特合作设计而成。车站建筑为新古典主义风格，非常壮观，有多利安式的列柱廊，车站大厅规模宏大，跟罗马的圣彼得大教堂相当，拱顶的设计模仿卡拉卡拉浴场而成。设计师之一的查尔斯·麦克金姆曾在巴黎美术学院深造，充分吸收了各种建筑手法。

原先的佩恩站非常庄重，像一座博物馆。站台和轨道都低于地面。装有玻璃的屋顶覆盖其上，屋顶由钢框架支撑——因为在1964年，为了给麦迪逊广场花园的开发建设让道，整个上部建筑已彻底拆除，铁路只能在地下运行。另外，实行电气化改造后，机车不再排放烟雾，还能在更狭小的空间里运作。

如果不是佩恩火车站的改建遭到强烈抗议，中央火车站也会以同样的方式被改造。结果略有不同，对于中央火车站来说，铁轨虽然也要在地下运行，但候车大厅却作为国宝级的建筑保留下来。

有两家建筑公司参与其中：瑞德和斯特恩公司负责施工组织和管理，沃伦和韦特莫尔公司负责外观美化。惠特尼·沃伦（1864—1943年）作为铁路大亨范德比尔特的表亲，是车站项目的委托人，也是决定建筑外观的关键人物。他曾在巴黎美术学院学习10年，所以中央车站比佩恩站更有法国味儿。它采用巴黎歌剧院那样的新巴洛克风格，古典精细的雕像在为建筑增添了许多生气的同时，还隐隐表达出建筑的品格。

车站主立面正上方是一组大型雕塑，神之使者赫尔墨斯在中间，高约10米（约合33英尺）。两侧是智慧女神雅典娜和大力神赫拉克勒斯。雕刻者是朱尔斯·菲利克斯·库顿，他自1900年便在巴黎美术学院任教。这组雕塑古典精细，栩栩如生，为建筑锦上添花。

瑞德和斯特恩通过展示他们的设计说明车站如何运作，不同的铁路系统如何连接，这非常符合科尼利厄斯·范德比尔特的理念，因而拿到了委托。这里曾因为两辆蒸汽机车相撞发生过一场大火，范德比尔特因此决定实行电气化改造（采用了爱迪生的直流电，而不是特斯拉的交流电，尽管后者最终广泛应用）。这也促使两座地下站台投入使用，铁轨之上的地面亦被开发建设（就是现在的派克大街北段）。

候车大厅参考了罗马浴场，原本的混凝土拱顶采用钢结构支撑，外面用石膏板遮挡。虽然每天都有成千上万的人来来往往，但他们不会知道这是如何建成的。他们的注意力都被拱顶上的星相图或是独特的雕塑所吸引，不会注意到地下的铁路网络设计得如此精妙。

图1：底层平面图

1. 入口
2. 候车厅
3. 车站主大厅
4. 出租车停靠站

图2：图1中A-A区域的剖面图

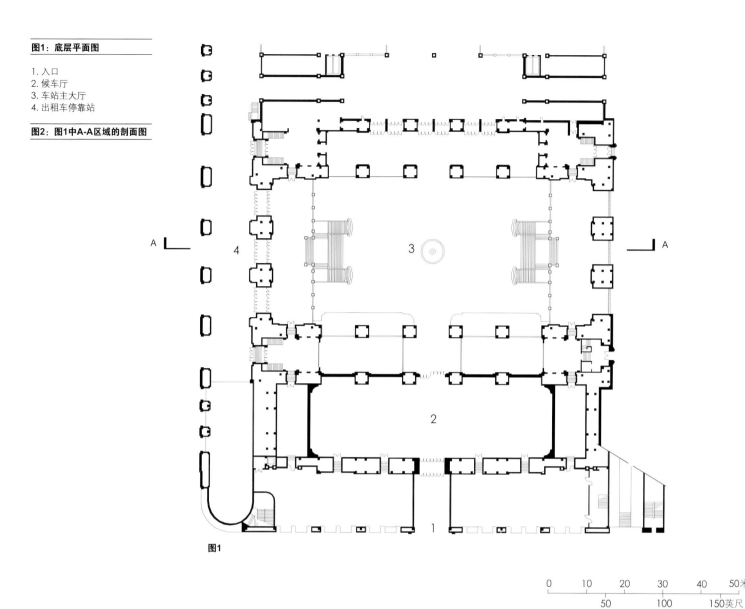

图1

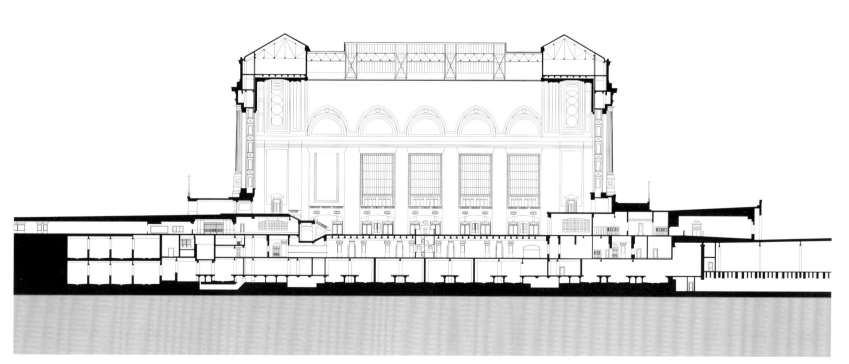

图2

德国通用电气公司涡轮机工厂

彼得·贝伦斯（1868—1940年）

德国，柏林；1910年

　　1883年，德国企业家埃米尔·莫里茨·拉特瑙成立了德国爱迪生电力应用协会，也就是后来的德国通用电气公司。到了1907年，建筑师彼得·贝伦斯受聘为公司顾问；他不但负责公司的建筑设计，也负责产品和广告设计。这些设计尽管种类迥然不同，风格却具有内在的一致性，这被视为是"企业形象"的起源。密斯·凡·德·罗、勒·柯布西耶、瓦尔特·格罗皮乌斯这些建筑大师当时都曾是他手下的实习生。他的工作室也成为20世纪建筑理念形成的关键地点之一。

　　在搬去柏林之前，贝伦斯住在德国中部的达姆施塔特，那时他已经是有名的艺术家和平面设计师，并加入了海塞大公创立的艺术家协会。协会的理念是捍卫设计、倡导创新的生活方式，而贝伦斯在达姆施塔特的住处也于1901年开放展览，里面的一切都是贝伦斯亲手设计的。房子保留了下来，只是从外面看起来很古怪——就像是阴郁的都铎式表现主义作品。

　　1907年，贝伦斯加入了德国工艺联盟，联盟深受威廉·莫里斯和工艺美术运动的影响，致力于美化和提升日常用品设计，但是莫里斯诅咒机器，联盟则热情歌颂，将其视作新世界来临的先兆。

　　德国通用电气公司涡轮机工厂是贝伦斯最知名的作品。工厂设计表现出贝伦斯的现代主义风格；不过鉴于这是工业建筑，贝伦斯做出一些调整，比如采用简约的古典风格，1911年，贝伦斯接受委托设计圣彼得堡的德国大使馆时也采用了这一风格。工厂的设计被看作是庄重与简洁的典型。钢结构显而易见，支柱略微后缩，大面积施釉使之整体可见。

　　为赋予其纪念性建筑古典、庄重的气派，贝伦斯使用混凝土板材让墙角看起来更加坚固。这也遭到年轻设计师们的批评。就连贝伦斯工作室的路德维希·海伯森默也指责他"被帝国主义思想带入邪道"。20世纪30年代，纳粹党掌握了国家大权，他们把海伯森默视为潜在的麻烦。海伯森默于是离开德国去了美国。不过希特勒的首席建筑师阿尔伯特·斯佩尔非常欣赏贝伦斯设计的德国大使馆，最终雇用了他。

　　工厂建设时期贝伦斯有一位助手叫瓦尔特·格罗皮乌斯，他后来成为包豪斯学院的主任和哈佛大学建筑学院的教授。他的第一个作品——生产鞋楦的法古斯工厂就深受贝伦斯的影响，使用了钢结构和玻璃墙。只是格罗佩斯在墙角处理上使用了玻璃，而不是混凝土，这样就凸显出了非传统的建筑手法。另外，墙角处的梁使用悬臂结构，这样就不需要柱子作支撑。那些曾经坚固的东西就此消失在空气中。

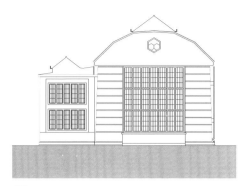

图1

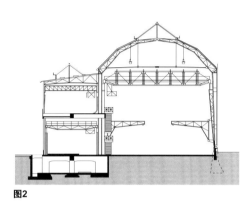

图2

图：北侧立面图

图2：图3中A-A区域的剖面图

图3：平面图

1. 主厅
2. 偏厅

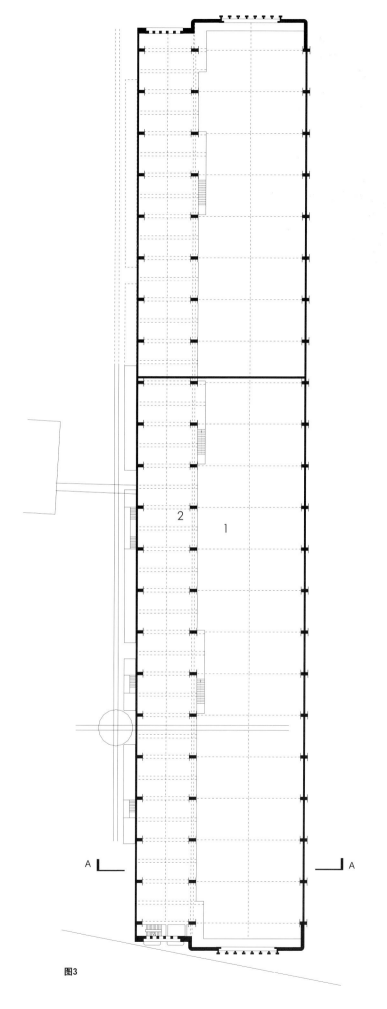

图3

西格莱姆大厦

密斯·凡·德·罗（1886—1969年）

美国，纽约州，纽约市；1954—1958年

密斯·凡·德·罗的极简主义经常给人一种奢华的感觉，但是从照片中却体现不出来。当所有东西都精炼成最简单的形式时，那么一座建筑最重要的就是它的建筑材料和建筑尺底，但无论是材料还是尺底，都不能简单地通过相机表现出来。一幅远景图画也可以传达出广阔无际的视觉效果，即使是一块石膏板看起来也和石墙一样坚实牢固，但是如果走近仔细观察，就会感觉到差别，包括声音的差别和气流的差别。同一道理，照片中看起来又小又近的事物实际上可能是又大又远。我们不能分辨出演员们的真实身高，在快镜头时也分辨不出电影布景的大小是实际大小的90%。

尽管从照片上看不出西格莱姆大厦的魅力所在，但它确实是一座很美的建筑。它原本是要成为西格莱姆蒸馏器公司纽约总部的办公楼，但是随着企业被吞并，这个公司最终不存在了，所以这座办公楼的租户们只好在曼哈顿花费巨额租下办公室。这栋大楼是很多富人的向往之地。这是

为什么呢？因为它代表着正直、高质和卓越的文化，在这里你若信错了人，做错了事，那可就大事不妙了。现在这栋大楼的大多数租户都从事金融服务。

西格莱姆大厦坐落于公园大道，范德比尔特列车从地下经过。为了让阳光照射到曼哈顿街道，当地法律规定超过规定高度的建筑须向远离街道方向后退。正是由于这个原因，一些特别高的建筑，如帝国大厦（见第38—39页）等从远处看上去在城市中非常显眼，但当这些建筑聚集在一起时，就可以显得不那么突出了。帝国大厦最高的部分消失在后面的几层楼中。尤其特别的是，西格莱姆大厦将基地面积的30%用于公共广场。这就意味着它不用在顶部后退，整栋38层大楼在街道上令人印象深刻。

既然有防火规定，就意味着西格莱姆大厦的实体结构就不能暴露在外面。看起来像是建筑结构的部分却展现到外部。建筑外部的"工"形断面或多或少有一些像工字钢，但是它们却是青铜

质地——这是纪念性雕塑的常用材料。这就使得建筑的外观深邃且复杂，外部的凸缘浮在青铜色玻璃板的落地窗上面。西格莱姆大厦使用的铜色玻璃是一种新型材料。铜质竖框花费巨大；这栋建筑使用了1500吨铜材料，而且每年还要重新上色以防止铜被氧化。

大厦的底层是一个高大、宽敞的大厅，可以看到建筑的天花板。4个电梯都是石灰材质；带有毕加索画像的壁毯挂在四季餐厅的入口处，著名的政治掮客经常光顾这里。真正的奢华是低调却真实的。这里的一切都更巨大、更坚实。公共场所的天花板都很高，空间很大——城市的空间可是价格不菲的。1958年开放时，西格莱姆大厦是当时世界上最昂贵的摩天大楼。所以，实际上极简主义并不便宜。

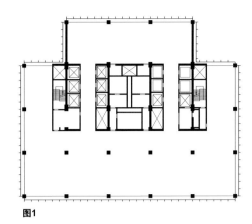

图1

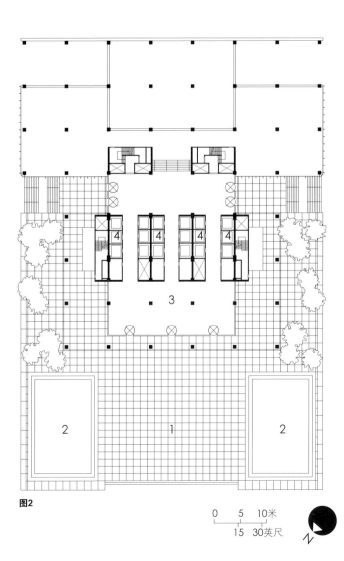

图2

图1：上层平面图

图2：底层平面图

1. 广场
2. 倒影池
3. 大厅
4. 电梯井

图3：西北侧立面图

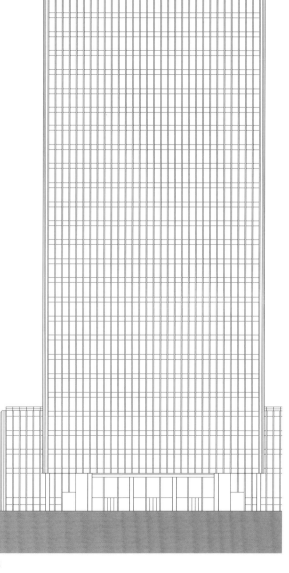

图3

0　5　10米

15　30英尺

第五章　生产、贸易和文教建筑

杜勒斯国际机场

埃罗·沙里宁（1910—1961年）

美国，华盛顿特区；1958—1962年

航空旅行在以前较现在更加体面，只有富人能负担得起，但它不如现在舒适。历史最悠久的机场可以追溯到第一次世界大战前，但其建筑今天已是面目全非。

帝国大厦的尖顶桅杆是专门为拴住飞艇设计的，但是自1937年新泽西的兴登堡号飞艇发生降落灾难以后，这里就不提供服务了。飞机的速度远远超过飞艇，但他们需要跑道。随着飞机逐渐增大，需要的跑道也越来越长。由于乘客人数增加，因此飞机场终端的规模就要扩大，它们的功能基本上是相同的，即让乘客等待登机时更加舒适，但需求一直不断增长，即服务的人性化。护照和安全检查以及行李回收程序现在已成为航空旅行的一部分，这些都需要合理的安排。

埃罗·沙里宁设计的杜勒斯机场终端要追溯到建国初期的大规模空中旅行。主大厅有很好的实用功能。有坐下休息，喝茶点，购买报纸和礼品的地方。安全检查在较低楼层。由于乘国际航班的人相对较少，所以被安排在国际终端附属部门进行安检，而且安检的时间靠后。大楼设计的主要问题不在于提供设施，而在于为乘客提供一种旅途中的场所感。

杜勒斯机场的建造有其先例，即尤斯顿大殿堂和纽约中央火车站（第218—219页），旨在使乘客的抵达和离开有与众不同的感觉。杜勒斯是进入美国首都华盛顿特区的门户，但由于它是机场，所以距离市中心较远，也没有其他什么可以给游客留下深刻印象的东西。沙里宁就是在这种情况下建造这个机场的。

大跨度的屋顶由向外倾斜的柱子支撑，这能更好地承受其所支撑的混凝土向内的拉力。屋顶是悬链曲线形状的，如果它在两端支撑将会采取吊链。这意味着相比直线层顶不必对屋顶进行过多硬化。它不需要横梁，如果增加横梁将会导致规模加大，柱子更宽。

沙里宁也设计了美国环球航空公司——纽约的肯尼迪国际机场航站楼（1956—1962年），他的客户是亿万富翁霍华德·休斯，他想要所有其他机场的建设都相形见绌。复杂的曲线以雕塑方式互相缠绕。它看起来非常精彩并吸引眼球，但它从来没有良好运行过，不断增加的客机使它不能运转。其复杂的屋顶结构很难防水。安全保障工作也是一团糟，为20世纪50年代的飞机设计的休息区也不能够满足在此等待大型喷气式客机的乘客们。

杜勒斯虽然面积更大，预算也相对较少，但有证据显示它更加灵活，适应性更强。由于添加新的机位，它的面积更大了，它可使飞机泊位和航站楼保持一定距离，并将乘客用特别的卡车送出（感觉就像电梯和公共汽车之间的交叉），并且可以调整客运汽车的高度以适应飞机舱门。平面图显示的是其初始状态，但1996年扩展后它达到了380米（1240英尺）长。

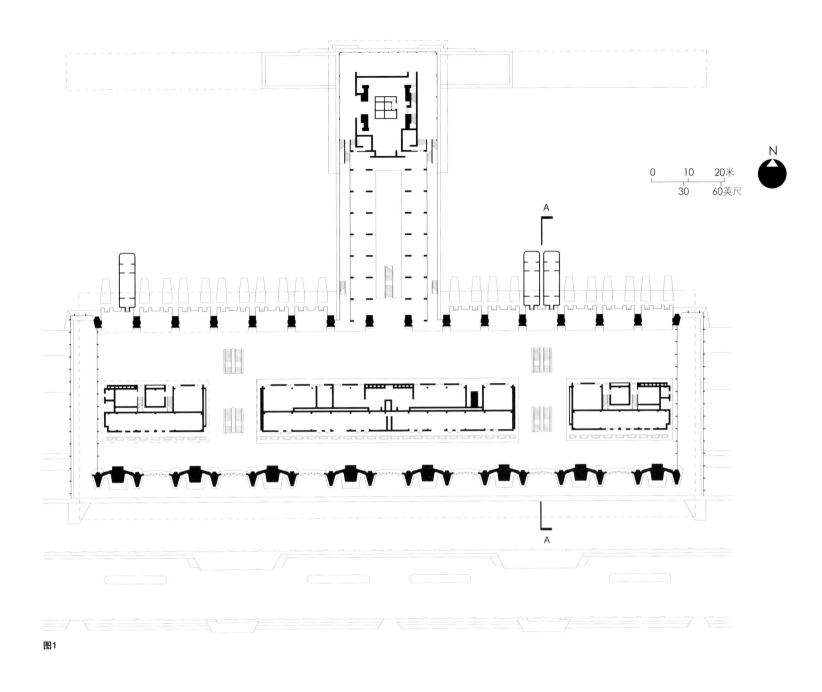

图1

图2

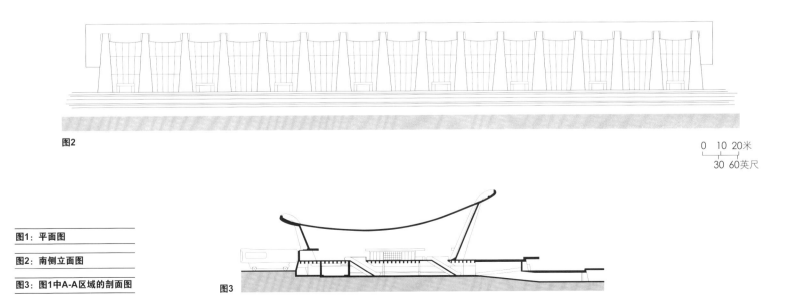

图1：平面图

图2：南侧立面图

图3：图1中A-A区域的剖面图

图3

第五章　生产、贸易和文教建筑

富士电视台总部大楼

丹下健三（1913—2005年）

日本，东京，御台场；1993—1996年

在日本，丹下健三是国内外最知名的现代建筑大师。大学时主修建筑学与城市规划，在国际上大展拳脚之前，他在国内就已经声名鹊起了。他对融合多功能于一体的巨型建筑特别擅长，这使得他在二战结束之后东京和广岛的重建中大有可为。同时，那些巨型建筑也是对他城市规划理念的最好诠释。这些建筑就像一座座小镇，其中预留出的"公共"空间以平常标准来看似乎多余，但确实有用。

以富士电视台总部大楼为例，看起来似乎奢侈得过分。但同时这也是一家世界一流公司的华丽亮相，而且项目开始时日本经济还很繁荣，不过完工时经济形势变得严峻了。大楼极易分辨，建在御台场，那是东京湾内一座以填海造陆方式制造出来的巨型人工岛。通过彩虹大桥与市中心相连，彩虹大桥是一座悬索桥，长570米（1870英尺），高度足以让船舶从桥下通过。大楼一开始就被设计成一处景观，尤其是隔海相望或者从彩虹大桥上看时。夜里，它和泊满船的港口、巨

大的摩天轮一起组成了一幅美丽的图景。

大楼主要是办公室和演播室，都在大楼两侧的塔形楼宇里。塔形楼宇由钢柱支撑，钢柱从地面到楼顶呈格架状分布——4根支撑着前面的楼，6根支撑着另一幢。在大楼里一些地方这些格架钢柱是具有支撑功能并清晰可见的，周围预留有开放空间，并支撑着上面几层的空间，尤其是在大楼西边的宽台阶处更是一目了然。

两幢楼之间便是最吸引眼球的超级格架，从这里你可以欣赏到排列有序的三维格架，有两幢楼格架结构的5倍之大。这些格架并没有特别用途，似乎只是为了支撑自身重量。走廊内置于横向格架中，但恐怕这没什么重要功能。横向格架跨度很大，由垂直的立柱固定。这种效果很像是20世纪荷兰神奇画家莫里斯·埃舍尔的作品，就好像身处同一空间的人们在奇妙的重力作用下向3个不同的方向拉伸一样。然后，再以卡在格架中的失重银球告终。球体看似轻盈，实际重达1300吨，直径32米（105英尺）。这也给横向的格架

施加了很大的压力。

球体内部设有观景台，向公众开放。观景台正处于球体的水平子午线上，球面上有一圈观景窗。向北眺望，东京的美景一览无余。向西远望，天气晴朗的时候能看见富士山。银球有点像摩天轮，吸引人们跨海而来，探一探岛上的奇景。

图1：平面图

图2：南侧立面图

图3：图1中A-A区域的剖面图

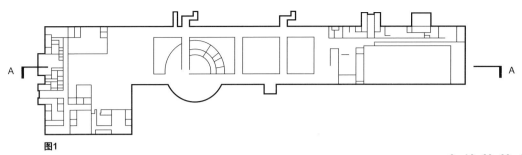

图1

0 10 20 30 40 50米
50 100 150英尺

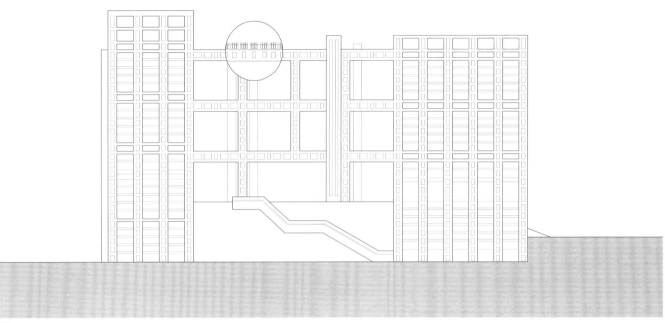

图2

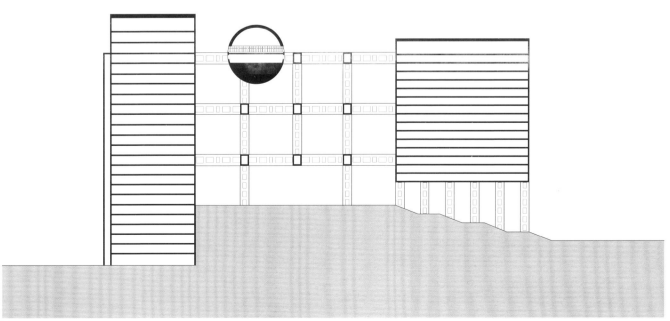

图3

第五章　生产、贸易和文教建筑

马来西亚石油双塔

西萨·佩里（1926—）

马来西亚，吉隆坡；1992—1998年

马石油（PETRONAS）是马来西亚的国家石油公司，其所有权完全归马来西亚政府所有。公司被指定为马来西亚境内所有石油和天然气的开发公司，它也是世界上最大、赢利最多的公司之一，所以公司决定建筑世界上最高的双峰塔——它完全有实力建造这一建筑——这也会是马来西亚这个国家的骄傲。

世界著名的建筑大师西萨·佩里是这座双塔的设计师，他出生于阿根廷图库曼，最初在阿根廷的图库曼大学学习，并获得建筑学硕士学位，多年后移居美国，其建筑师生涯主要是在美国取得巨大成功。他是许多闻名遐迩的建筑的设计师，包括88层的香港国际金融中心（中国香港最高的大楼）、位于伦敦金丝雀码头的第一加拿大广场（至2012年伦敦市内最高的建筑）和位于纽约莱辛顿大道的彭博大厦。

马石油双塔确实有些过高，但在之后的6年中它一直是世界的最高建筑，显然建筑一座如此宏伟高大的塔不仅仅出于实际的需要，而是另有象征意义，它使世界人民目睹了这一地区的繁荣，使其走出殖民主义的阴影。马石油双峰塔的构想是体现现代的流行元素，并彰显东南亚独特的魅力。在塔的末端，闪亮的钢筋和玻璃表面设计成八角星形状，八角星是伊斯兰教常见的符号，它其实由两个正方形相套而成。八角星平面与尺度相符的曲线形窗相结合。

双峰塔的两座塔分别由不同的承包商建造，其核心建筑不是钢筋，而是混凝土，其所用的钢筋需要进口，如果整个建筑都使用钢筋的话，所耗成本必然大幅加大。

值得一提的是在第42层处的天桥，这为恐高症的游客提供了一个观光平台。由于吉隆坡气候湿热，空气常常是雾蒙蒙的，所以视线也许不会有想象的那么开阔，由于与其相邻的塔大多成为暗淡的影子，所以由于温暖的雾使观光者很难看出与塔的距离。

多层的购物商场使公众得以更多地了解这座双峰塔，也为这座建筑增添了生机，商场位于地下，沿着地基扩展。这里有各种活动，商场的凉爽空气使这里比其他的地方更引人驻足。这里有奢华的国际品牌、雅致的餐厅，也有普通的商店，喧闹的食品区和交响乐音乐厅。马石油双塔的高度为全球所瞩目，这个城市的人们充分享受这一成就。

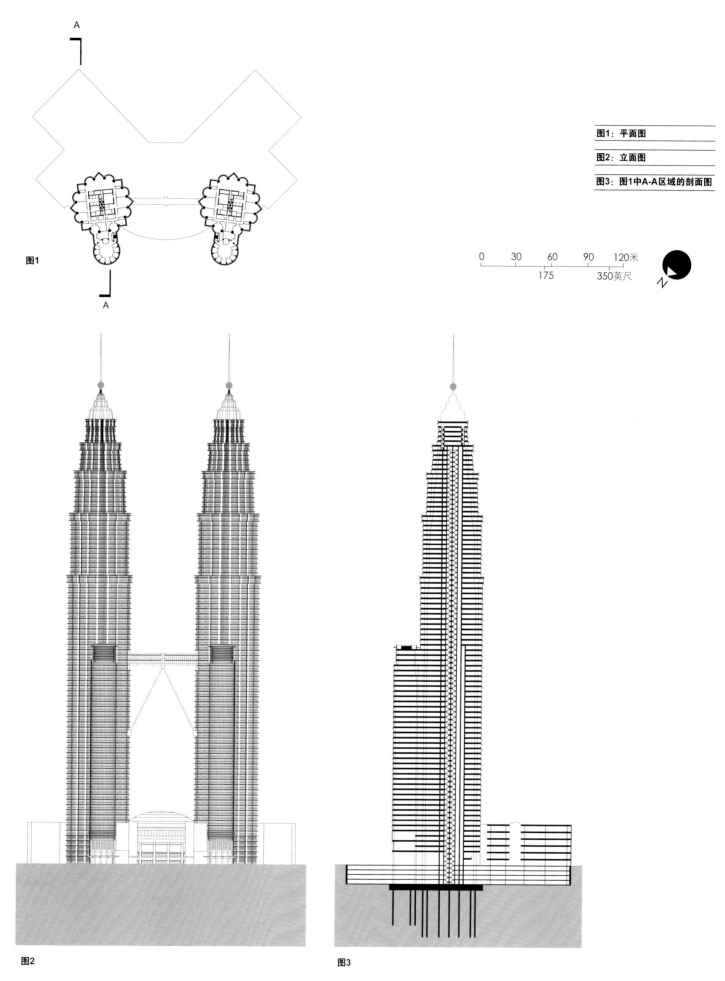

图1

0　　30　　60　　90　　120米
　　　　175　　　　350英尺

图2

图3

中国中央电视台总部大楼

大都会建筑事务所（OMA）

中国，北京；2004—2008年

雷姆·库哈斯与其合伙人于1975年共同创立了大都会建筑事务所。2000年，库哈斯获得普利兹克建筑奖，该奖是一个重要的国际奖项（1987年，日本建筑师丹下健三成为首位获奖的亚洲人），这一奖项为他的建筑事业提供了更多的机遇。在那时，他做过的最大项目是法国里尔市再开发，包括修筑高速铁路北部网连接了伦敦、巴黎和布鲁塞尔，这给里尔带来了新区位优势。

2002年，库哈斯的"巨大"理论在其集作品、评论、随笔和字典于一体的城市论著《小、中、大、特大》（s、m、l、xl，就像服装的小号、中号、大号、特大号。书中的项目是按照建筑尺度为序，而不是按照时间或字母为序）中名扬世界。从那时起，他的工作就包含了一些令世界瞩目的项目：如2004年美国西雅图图书馆、2007年葡萄牙波尔多市立音乐厅。

大都会建筑事务所的工作特点是前期仔细分析客户需求，后期大胆创新，理念超前，设计华丽。传统建筑价值（如质量）则往往被忽略，使

建筑物看起来像实验结果的混搭而不是经过磨炼推敲后的完美作品。

中国中央电视台总部大楼确实尺度很大，但是即使这样，它也有埋没于周围建筑的危险，因为近几年大楼周围将有近300幢摩天大厦拔地而起。该设施包括办公室和休息室，单从外观上看并不明显，内部空间则是功能分明。从建筑物外观上是不能看出其有多少层的，因为钢骨架结构外不规则几何图案组成的反光玻璃幕墙阻挡了人们的视线。实际上这幢建筑有55层。

它并没有被设计成塔状或者拱形结构，而是设计成六角略尖的闭合环。顶端稍微倾斜，因此顶部层数是一个变量。但是一个近乎垂直的轴连接着十几层楼，桥梁以一个90度悬在空中。

悬挂结构的最底部有一个观景平台，可以通过镶嵌在地板上的玻璃看到外面的风景，同时也可以作为让游客在大楼内部参观的一部分，而这种雕塑结构不仅能够使这种夸张的衔

接站得住脚，同时也给人们提供了登高望远的机会。建设成本相当高，因为其建筑形式不是按照现有的逻辑构架直接生成而是优先考虑空间意识和意向逻辑，然后再组织结构。由此，令人叹为观止的建筑物就诞生了。

该框架中有大量的钢筋，按照对角线形式排列，使其格子状玻璃网格可见。哪里聚积的压力较大，哪里就有更多的钢筋和玻璃，这样人们从外立面可看出结构特点。这个设计建筑物比设计为一个垂直的塔的设计耗费多得多的钢筋。

图1

图2

图1：西侧立面图

图2：图3中A-A区域的剖面图

图3：总平面图

1. 电视文化中心
2. 酒店
3. 制片部门（低层）
4. 主管部门（高层）
5. 新闻广播部门（低层）

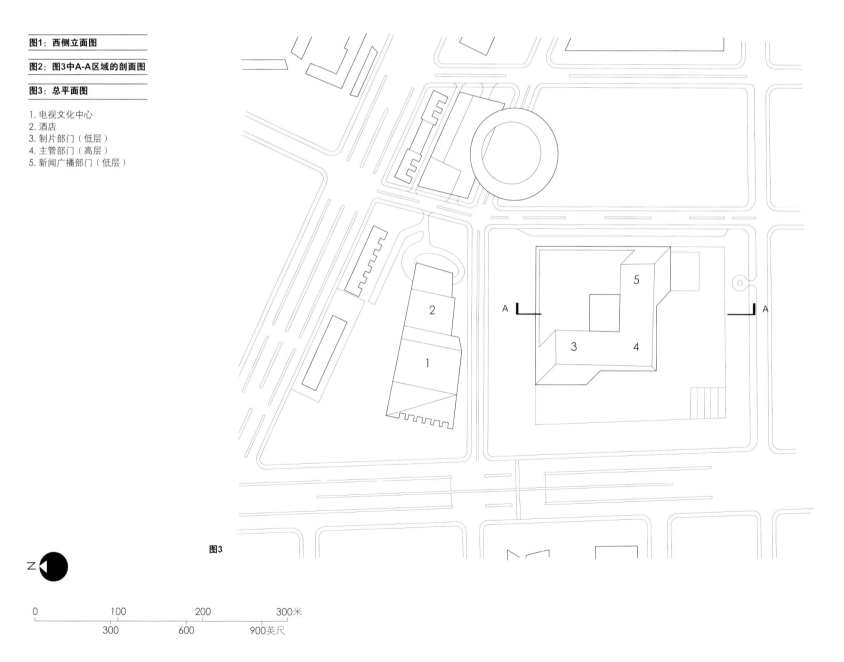

图3

N

	100		200		300米
0					
	300		600		900英尺

第六章
政府与行政建筑

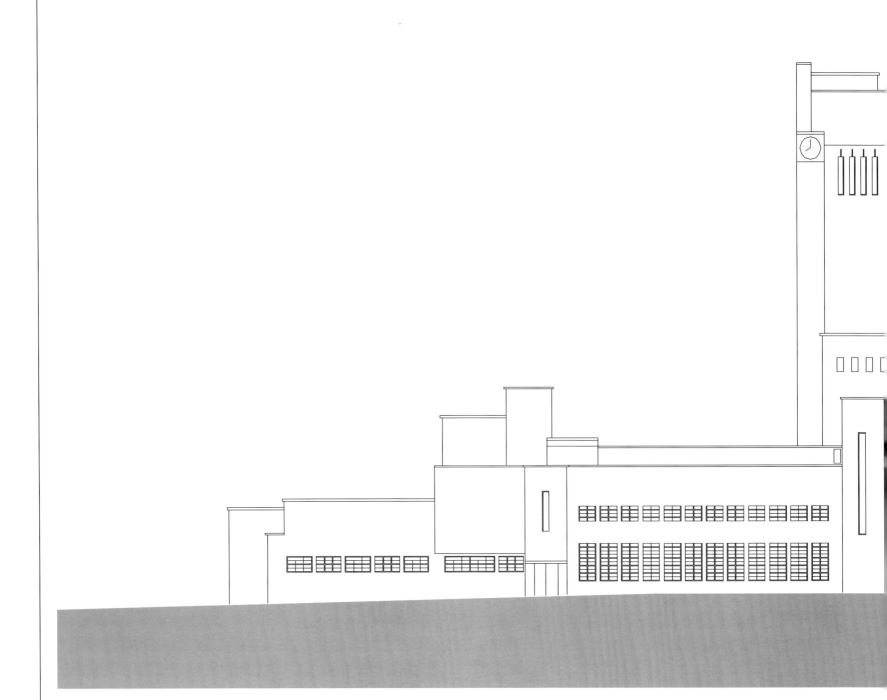

政府机关的大楼通常只不过是毫无个性的办公场所而已，但是本篇所讲的特色建筑都别具一格、富有特色，或者可以说是行使着管理公共事务的职能。大多数情况下，上述场所通常和统治者的个性密切相关。在这里可以举办各种活动，增强统治者的影响力，拓展其私人领域。

体现这一特征最显著两个地方就是凡尔赛和托普卡普（土耳其伊斯坦布尔）。金碧辉煌的各式房间充分发挥了其社会作用，而这恰好更加贴近统治者的私人领域。两者都至关重要、缺一不可，但是要接近他们的私人领域是受到严格限制的。私人领域和政治功能开始形影不离，而且统治者的伴侣也和政府结合起来，自此以后他们也能影响统治者思考的方式。

有时候，统治者也被认为是神或者半神。古米诺安皇宫里发生的故事都和众神或英雄密切相关；马丘比丘城堡坐落于高耸的山峰之间，着重强调神的威严，这让印加人成为秘鲁的合法统治者。天主教的大主教在巴伐利亚维尔茨堡的宫殿就足以证明宗教和政府的关系十分牢固，这里是由教堂负责管辖，当地管理者认为这座宏伟、壮观的宫殿有利于他们行使职权。

从19世纪新威斯敏斯特宫殿的筹建就可以清楚地看出当时英国政府此举是为了寻求众议院、贵院和君主（维多利亚女王在任时开始建造这座宫殿）这"三个等级"的平衡。维多利亚是英国国教的领袖，在此宫殿内女皇和选举出来的国会议员都有相同大小的空间，因为当时的宪法规定她享有与议员平等的权威。

由于民主的实践程度非常广泛，要让人们再次接受古人这个看似奇特的想法十分困难。雅典的普尼克斯就是首座用来促进民主政府行使职能的建筑。这一进程比单纯地号召人民不时地去投票要更加复杂；市民自己在管理事务，而不是通过他们选举出来的代表，所以全体市民都要聚集在一起，仔细聆听可能向他们传达决定的演讲。

与之相反的是罗马参议院大会的规模虽然不大，但却支配着辽阔国土上所有人民的命运，影响着整个帝国的前途。尽管参议院成员一直都唯君命是从，但有时候他们也自诩为神，或者认为至少得享受神那样的待遇。

地方政府建造大楼的筹划反映了他们需要一定的空间在会议厅旁边举行公众会议，当地社区的民选代表也可以在那里商讨行动方案。最佳案例有里士满、弗吉尼亚州的议会大厦，希尔弗瑟姆（荷兰）和珊纳特赛罗（芬兰）的市政厅，它们都扮演了双重角色——让民众参与政府决策过程成为可能，并且在这一过程中控制官员的数量。

皮勒斯中央大厅

希腊，皮勒斯；约公元前1500年

在公元前1250年的青铜时代，希腊本土的文明也被称为"迈锡尼（Mycenean）"——这个名字是人们口头流传下来的，世世代代都以这样的方式传承他们各自的故事。尽管这些故事现在通常被认为是奇异的传说，可能有历史神话的成分嵌入其中。荷马所著的两部古典史诗《伊利亚特》和《奥德赛》通常被认为是公元前8世纪的作品，是西方文学中最古老的作品，但是它似乎是从口头文学中记载下来的书面版本，记录了公元前12世纪早期的历史事件。

海因里希·施里曼是青铜时代极富盛名的考古学家，他受荷马作品的指引，探寻古老的遗迹。有人对施里曼的方法表示质疑，但他确实有所发现。在土耳其他在特洛伊古城所在地发现了一批金器，称之为"普利阿摩斯宝藏"，并认为这些宝藏属于特洛伊国王。有人拍摄到施里曼的妻子戴着"海伦的珠宝"。在希腊，他挖掘了迈锡尼遗址，发现了一个金丧葬面具，于是他宣称这是"阿伽门农的面具"，也就是《伊利亚特》

中"富庶的黄金之地迈锡尼"的国王。

但是这些鉴定都是错误的，他们所发现的处所是真实存在的，在特洛伊战争时期有人居住过。所以，我们所听说的国王和英雄们的事迹可能就在这些建筑里发生，如这些已经出土的遗迹。即使人物和事迹都是虚构的，这些虚构人物的住所也会是和这里一样。迈锡尼是一处重要的定居地。

阿伽门农集结军队包围了特洛伊城。这些军队都来自众多互不听命的城邦，荷马在《伊利亚特》中一一记述。尤其是阿基里斯不愿听命于阿伽门农，但是最后他还是在战争中起到了决定性的作用。不同地区的人们的集会意义重大，有助于建立希腊演说家口中所说的目标一致的希腊民族，他们在很久以前就有了希腊民族这一意识。

迈锡尼有着不同寻常的纪念性建筑（比如环绕堡垒的钜石城墙和所谓的"阿特柔斯宝库"，实际上是一个富丽堂皇的拱顶墓室），但是最重要的遗产源于一座如今已经成为废墟的正厅。这

是一栋皇家会议厅，抑或是王宫。在这里活动安排的正式程度无与伦比。这里的地面已经陷落，只剩下未完成的地面计划，但是这种形式在希腊大陆的其他城邦得以重现。保存最完好的迈锡尼正厅处在皮勒斯沙地上，从1939年开始由美国考古学家卡尔·布雷根挖掘出土，这里原本是用来绘画的。入门处有一条轴线，在一个石制基座上，置有4个计时纪念柱，环绕着火塘中心。楼面之上的所有建筑都是推测出来的，但是有一条柱状门廊。

在许多情况下，迈锡尼（青铜时代）定居点成为古典时代的一处宗教避难所，正厅看起来就是古典神庙的先驱，至少是因为这种观念有一些合理成分，在国王的住所建造一栋神像也是恰如其分的。这种观点在巴西利卡的教堂得到验证，巴西利卡最早在希腊名称中意为皇家卧室（royal presence-chamber）。

图1：东南侧立面图

图2：图3中A-A区域的剖面图

图3：平面图

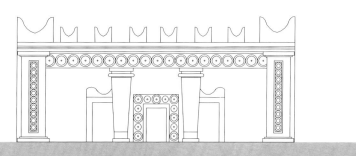

图1

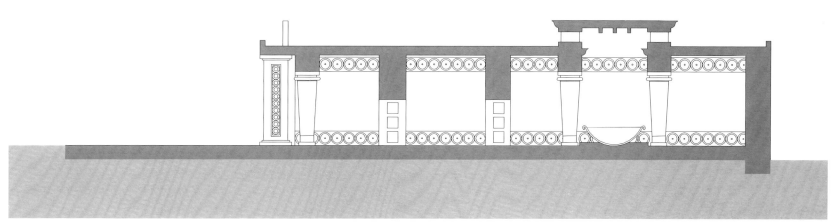

图2

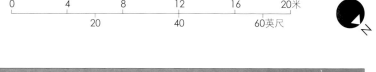

0	4	8	12	16	20米
	20		40		60英尺

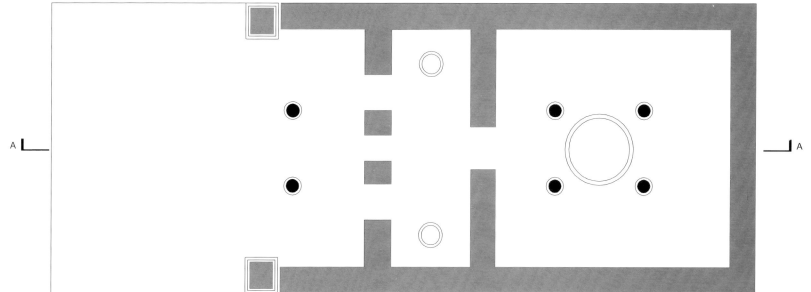

A —   — A

图3

第六章　政府与行政建筑

普尼克斯

希腊，雅典；公元前508年

普尼克斯原本是雅典城外的一座山，在克里斯提尼执政时期（公元前508年）它被用来宣扬民主。从年轻时他就一直处于权力的巅峰，但是他的仇敌——伊萨哥拉斯声称他遭到阿尔刻迈翁家族的诅咒，会让雅典走向毁灭，从而将其流放外地。在接任执政官大位之后，伊萨哥拉斯继续强迫数百公民流落他乡，手段极为残忍。他试图解散为他建言献策的议会，此举遭到议会的强烈抵制。而就在此时，克里斯提尼重新荣登执政官大位，改革雅典的行政机构以引进我们所称的"民主"，即平等大于一切。

雅典不同部落之间争斗不断、关系紧张，导致克里斯提尼被流放。他邀请不同派系在普尼克斯山上召开会议，逐一商讨不同的议题，该山的名字就意味着这里是人迹纷繁之地。原本极富象征意义的是普尼克斯山矗立在雅典城外，预示着这里就是新的开始。该山视野极佳，可以清晰地俯瞰雅典卫城（见第168—169页）；那时，人们对山上的建筑了如指掌，而且山上坐落有神庙，

那是这座城市最神圣的地方。

另外一座山阿勒奥珀格斯山矗立在普尼克斯山和雅典卫城之间。这里是法官审判的场所，直到今天现代希腊最高法院依然沿袭这一名字。阿勒奥珀格斯山与旧法制，即克里斯提尼的改革对象有着紧密联系。从宗旨上说，这里并不适合对新的改革措施进行政治辩论，一方面是因为其关联性太强，另一方面是因为这里面积太小。

在伯里克利执政时期（公元前495—公元前429年），普尼克斯是一个重要的机构。伯里克利是古希腊最著名的政治家，负责建造雅典卫城的主要纪念性建筑。他拓展了许可权范围，将底层百姓也吸纳进来，增加了普尼克斯的需求空间。同时，他还改造了卫城的城墙，将普尼克斯也包含在城内。

随着使用年限的推移，普尼克斯聚集地的面积也得到持续拓展，直到公元前322年，卫城缓坡上的狄奥尼索斯剧场也开始用来举行政治讨论，尽管有人并不赞同这么做。从公元前146年

开始，希腊遭到罗马人的占领，雅典公民的自治权受到了限制。

最初的特殊安排成为官方的正式程序，普尼克斯山顶上开辟出了一块平坦的区域来容纳大会的人群。工匠们在岩石上凿出了演讲者的讲台，在那里演讲者可以看见雅典卫城，提醒自己对城市所担负的责任。参加会议被认为是一项神圣的职责，用幼猪祭祀完之后，官员的座位上都要沾上几滴猪血。雅典人的警察部队——塞西亚人弓箭手会聚拢流浪者，确保他们的出席。

大会场地扩建过两次，最开始是一面护墙，而后是另一面更长的护墙。并没有沿地势让公民就坐，因为其目的并不是俯瞰演讲者，而是要保持演讲者和雅典卫城之间的联系。所以，普尼克斯会场的缓坡与山的坡向相反，并有巨大的土墙包围。现在土墙已经坍塌，但是山坡上的遗迹依然可见，这里曾经是人们与伯里克利振奋人心的演讲产生共鸣的地方，现在依然视角良好。

经典建筑　平立剖

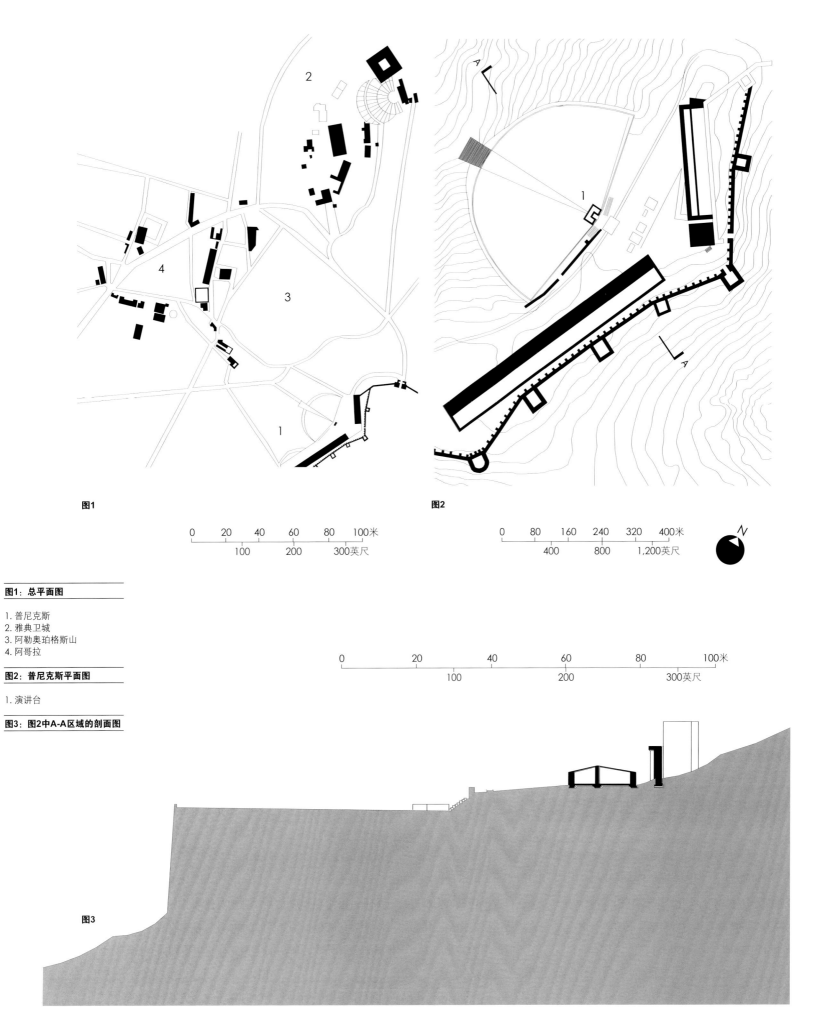

图1

图2

0 20 40 60 80 100米
100 200 300英尺

0 80 160 240 320 400米
400 800 1,200英尺

N

0 20 40 60 80 100米
100 200 300英尺

图1：总平面图

1. 普尼克斯
2. 雅典卫城
3. 阿勒奥珀格斯山
4. 阿哥拉

图2：普尼克斯平面图

1. 演讲台

图3：图2中A-A区域的剖面图

图3

第六章 政府与行政建筑

罗马元老院

意大利，罗马；公元前44—公元前29年

参议院是古罗马的权力机关，由有影响力的市民组成，他们获得了部分民众的支持，无论是通过言辞说服还是贿赂。在罗马帝国的时代，有时候参议院和国王关系紧张。根据苏埃托尼乌斯的著作来看，他的观点并不公正、客观，可能还不太准确：卡利古拉皇帝曾试图将自己的坐骑英西塔土斯加入参议院，苏埃托尼乌斯认为这种行为是精神病的症状。尽管一般的参议员都是来自罗马精英阶层，但是无论用任何标准来衡量他们都极其富有，连他们的仆人和奴隶都是如此。他们网罗了一批富甲一方的客户，热衷于支持他们以期获得提拔和社会荣耀。

参议院是古罗马历史最悠久、存在时间最长的机构，历经风霜洗礼。他们开会的地点叫作元老院（curiae），当时最重要的建筑就是众所周知的元老院，就耸立在古罗马广场上（见第306—307页）。这栋建筑物曾经有很多名号，一度作为伊特鲁利亚神庙，但是依旧保持了其圣洁性，以维多利亚的圣殿之名进行了多次商讨后才最终确定下来，这是罗马拟人化的胜利情节。在尤利乌

斯·恺撒执政时期元老院得以重建，并在奥古斯都时期得以翻修，后来在戴克里先执政时期再次重建。从规模上来看它已经不朽了，外在象征和内在地位无缝衔接，但是要加盖屋顶的话就显得太小了。

元老院依然耸立，状况惊人地好，但是砖面混泥土只是建筑物本身的结构核心，表面材料常常要好得多。墙面下方是用大理石镶嵌的，上方是灰泥；地面铺设有外表华丽、错落有致的青色和紫色的大理石。后来这里成为一座教堂。公元一世图密善国王执政时期翻新了元老院，并给它装上了铜门。但在1660年的时候铜门被拆至拉特朗若望教堂，并最终保存下来。

罗马元老院与雅典人在普尼克斯山上的大会全然不同（见第236—237页）。元老院更像是一个议员大会，议员们就行动方案进行辩论直到达成最终决议，但是"代表"可以由后代继承，而不是以选举的方式产生。在雅典则没有代表，所有的公民都参与大会。

"民主"（democracy）这个单词的词根

是民众（demos），在希腊语中指鹅卵石。普尼克斯山上的演讲结束之后，人们进行投票的时候就是将鹅卵石放置在合适的掷物架上。所以民主最初的意思是"通过投掷鹅卵石进行管理"。在雅典，原则上所有的合法公民都要求出席普尼克斯山上的大会，听政客们的演讲，无论是否需要做出决定。而且，原则上所有人都可以发表演讲，尽管实际上大多数的演讲都是受过教育的人发表的，而这正是只有有钱人才有机会接受教育的优势所在。

与之相反的是罗马参议院受到了保护和隔绝。在罗马共和国早期，原本应该有100名参议员，都来自贵族阶层。在元老院建成之时，参议员应该来自更广泛的社会阶层，且议员的数量也应该升至900人，但是奥古斯都将人数削减为600人，而且这里不能同时容纳下这么多人。

据估计，参议院有100—200名活跃的议员，而且元老院可以容纳的人数不超过300人。与雅典不同，参议员可以就议题逐一商讨，他们的演讲并不取决于经常起哄的大众百姓。

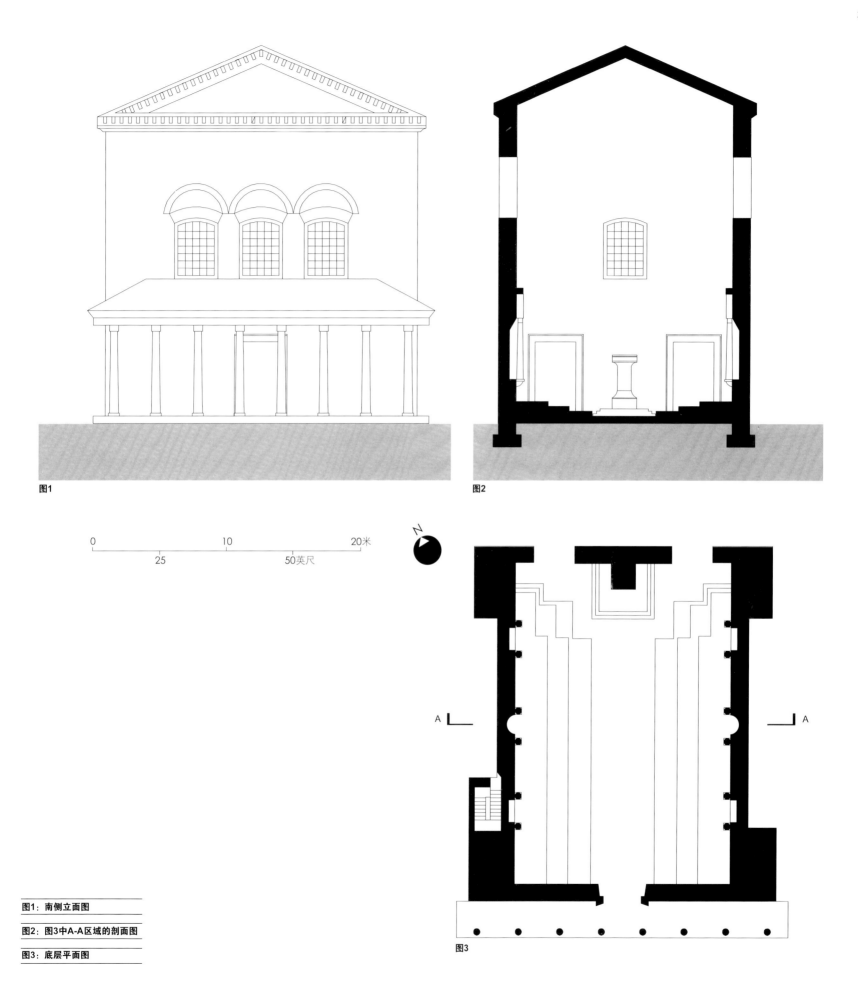

图1：南侧立面图

图2：图3中A-A区域的剖面图

图3：底层平面图

阿尔罕布拉宫

西班牙，格拉纳达；1338—1390年

阿尔罕布拉宫的中央有一个倒影池，池周围满是桃金娘树，烘托着一帘水幕。王宫的静谧和凉爽让准备进入奈斯里德国王宫殿的人神清气爽。奈斯里德国王是统治安达卢斯的最后一任穆斯林王朝君主。西班牙的这个地区从715—1492年一直处在穆斯林的统治之下，直到斯蒂利亚女王伊莎贝拉和阿拉贡的费迪南德控制这一地区。

在16世纪，伊莎贝拉和费迪南德的外孙查理五世国王（在西班牙被称为卡洛斯五世），在紧邻着格拉纳达堡垒的奈斯里德宫殿建造了自己的宫殿。在图纸上，这座宫殿是一座设有圆形庭院的完美方形宫殿，殿内八角形的小礼堂和早期的庭院极其相似，这是新宫殿既传承而又创新之处。

格拉纳达一度处在堡垒之内，奈斯里德王宫和其他建筑物环绕其间。共有5座宫殿积聚在这个"皇室专区"，但是直到1492年之后才作为独立建筑加以设计和使用，所以从一个庭院（在西班牙语中叫作露台）进阶到另一个庭院会显得杂乱无章。

正殿也叫作大使厅，是一个方形的拱状区，固定在壁垒的塔楼上。抽象印花错落有致地装饰着木质拱顶和花砖墙，遵循着伊斯兰外形风格的禁忌。光线透过屋顶窗户上的花纹格栅和彩色玻璃照射进来，仿若鬼魅一般。柔和的灯光，尤其是和外庭的阳光交相辉映之时，会塑造出梦境般的氛围。这里是一个封闭且戒备森严的王国——水上公园是天堂才有的美景，大使厅富丽堂皇，绝对称得上是壮观，再加上暗淡的光线，看起来朴素无华。

狮子中庭也有这样神奇的布设，这里也用水来装饰，但是用量没有那么多。庭院中的标志性建筑是一个圆形的石盆，支撑它的是12只大理石狮子。狮子的出现打破了外形的束缚，这引起了人们的猜测。据猜测，建造这座建筑的工匠并不是穆斯林，如果雇主还有伊斯兰信仰的话，他们一定会非常宽容。和桃金娘庭院相比，这里是一个更加私人化的地方，因为桃金娘庭院在高级社会关系中扮演着重要角色，在这里他们努力

避免给人以放纵的印象。

狮子中庭看起来像是剧院，但是这里的表演只针对家族成员和铁杆盟友。庭院最初开辟之时种有植物，是一个豪华且幽暗的空间，狮子嘴中喷出的水贯穿每一条轴线上的4条小渠，每一条小渠都构成一个室内小圆池。

庭院周围覆盖有"钟乳拱"，雕刻手法极为精巧、匠心独运，充分利用了一些石头本身颜色反射出的彩光或者水面的微光；在过去，由于树叶的阻挡，渗入的光线常常呈现绿色。

反射的光线使得所有的一切都似乎在现实的边缘摇晃，又被极为精细的工艺和结构所强化。圆柱让庭院显得面积更大，因为圆柱数量很多，且每一个都很修长。所以，几十根柱子看起来更具装饰性效果，而非结构上有什么作用，从天堂花园一直延续到阴暗的内室——似乎是在表达缓解炎炎夏日的愿望。

经典建筑　平立剖

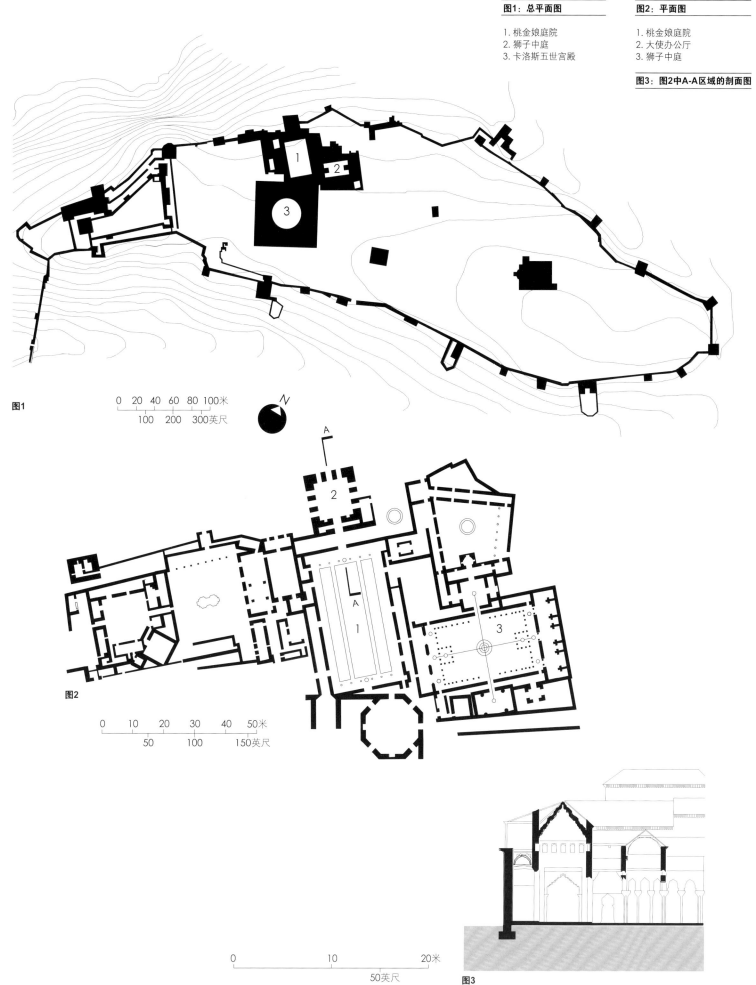

图1：总平面图

1. 桃金娘庭院
2. 狮子中庭
3. 卡洛斯五世宫殿

图2：平面图

1. 桃金娘庭院
2. 大使办公厅
3. 狮子中庭

图3：图2中A-A区域的剖面图

图1

0 20 40 60 80 100米
100   200   300英尺

N

A

图2

0 10 20 30 40 50米
50   100   150英尺

0   10   20米
50英尺

图3

第六章　政府与行政建筑

紫禁城

中国，北京；1406—1420年

　　难以置信的是，紫禁城这样复杂的建筑只花费了15年的时间就建造完成了，而且没有工业机械和推土设备的帮助，直到现在我们才知道有100万人参与了这项建造事业。同时，难以想象的是如何将100万人组织起来，合力建造这一系列的建筑物。很明显，他们做到了，建筑物本身就是见证人。古代中国利用集体意志来达成目标，这对个人而言难以想象，远非寻常君主可为。

　　紫禁城不仅是集体意志的产物，同时它也固定了古代中国社会的组织体系，或者说是集合体系，它让古代中国运行了500年。紫禁城是朱棣在（1360—1424年）执政时期建造而成的，他是明王朝第三位君主，也就是永乐皇帝。同时，朱棣的系统化思想方法也体现在《永乐大典》上，这是一部伟大的学术工程，他的目标是汇集一切已知的知识典籍。这一套书总共有大约1200部手抄卷，还留有副本，但是大多数的书卷都在1900年毁于战火，原版大典也早已遗失。

　　坐落在北京的中央，环绕紫禁城的是一条52米（171英尺）宽、4米（20英尺）深的护城河，城墙四面各设城门一座，纵贯城内外，它们之间都互呈直角。每个拐角上都建有一座角楼，屋顶呈斜面，城墙厚实，墙内用夯土填充，墙面由多层烧制的砖块砌成。高高的城墙让民众望尘莫及，墙内有上千座建筑物，这里曾经居住着帝国最隐秘的人群。

　　大型建筑都坐落在中轴线平台上，以石阶相连。（对面的剖面图正好通过平台）这些建筑就是明朝帝王上朝和举行庆典的地方。其中最大的建筑就是太和殿，历代被翻修过多次。

　　追溯到17世纪晚期，紫禁城现存最大的宫殿也可能只有原来面积的一半。尽管如此，太和殿依然是中国幸存下来的最大传统建筑。太和殿里面是皇帝的龙椅，龙椅四周是雕刻和镀金的龙形图案。北部稍小一些的宫殿（剖面图北部）是保和殿。皇帝休息的宫殿就坐落在两殿之间。

　　这些大型礼仪宫殿北部的建筑规模都偏小。3栋位于同一轴线上的建筑由围墙环绕，形成了一个院子，这就是皇帝的私人空间，包括乾清宫和其他宫殿建筑。这是最隐秘的地方，周围有多层围墙保卫着皇帝，他有着"天子"的头衔，绝非凡夫俗子。他们享有常人无法想象的至高无上的特权，但是鲜有自由。各级仆人都有自己的规则体系和行为准则，皇帝本人亦是如此。皇帝拥有帝国体系内部最大的权力。

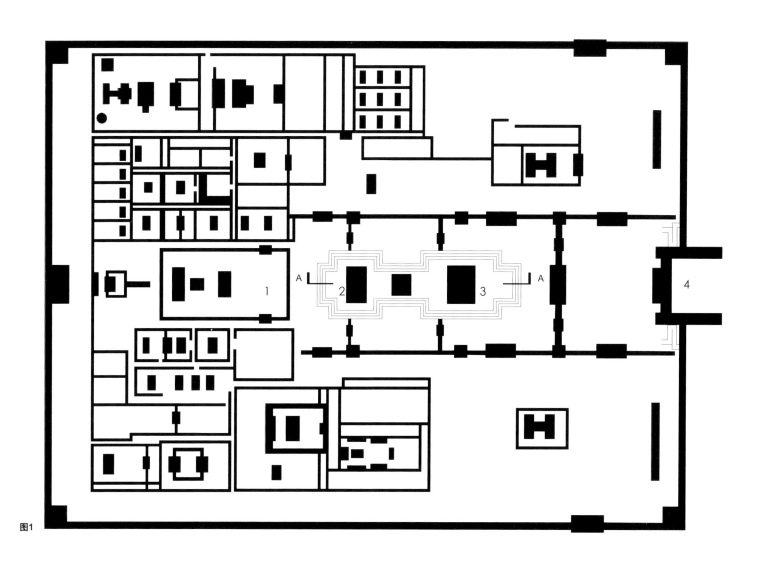

图1

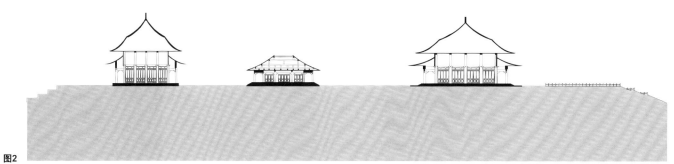

图2

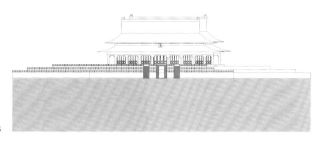

图3

图1：总平面图

1. 乾清宫
2. 保和殿
3. 太和殿
4. 天安门城楼

图2：图1中A-A区域的剖面图

图3：天安门城楼立面图

马丘比丘

秘鲁；1450—1572年

库斯·印加·尤潘基居住在库斯科。他的父亲是国王，哥哥是王储，但是在库斯科城遭受侵略袭击之时，是库斯王子本人组织了军队进行抵抗，并击溃敌人，从而为自己赢得帕查库特克的名字，意思就是"惊天动地的伟人"。

帕查库特克不仅取得了王位，还继续扩张领土和寻求政治联姻，使得印加帝国在三代以上都曾是南美面积最大的帝国。然而1532年以后随着西班牙征服者的到来，一切都发生了改变，他们带来了西班牙帝国的野心和先进武器——火药。

马丘比丘的印加定居地更像是一座宫殿，而非一座城市。库斯科城依然是印加王国的都城，但是帕查库特克自己却移居云淡风轻的宫殿建筑群。马丘比丘的所有建筑风格都在这里聚集呈现。宏伟的姿态来自于自然岩石的精美构筑，而建筑物本身却相对低调。这些建筑物由异常巨大的石块精细构筑而成，组装精度令人惊奇。

马丘比丘的意思是"古老的山巅"，印加人在所谓的古老的山巅和纳比丘山脊之间建造自己的住所。这里居高临下、易守难攻，悬崖峭壁高耸达450米（1480英尺），俯瞰着山下的乌鲁班巴河。

这里常有微地震发生，主体建筑物都采用了砖石结构，工匠似乎已经对其进行了改良，使其具备抗震性。那时候，印加建造者知道什么是灰浆，虽然用灰浆黏合的墙面会让墙壁的整体效果更好，但地震发生的时候，很有可能撕裂某处墙面，并导致房屋倒塌。因此，辛辛苦苦切割石块是值得的，可以在不使用灰浆的情况下让石块更好地结合起来，因为石块在地面颤动之时会有轻微的移动，而后又会归位。有些石块非常巨大，却并不引人注目。走下石阶的时候你可能会认为这些是混泥土浇灌而成的，只有从侧面观察时你才会发现这些石阶都是由整块的花岗岩切割而来的。

这里的很多地方都被留作梯田，以便开垦后为宫殿提供食物。马丘比丘城堡水源充足，足以抵抗长期的围攻。印加大桥横跨壮丽的山谷，为

了保卫这里，在紧急情况下也可以将其毁掉。由于地处偏僻，西班牙人从来就没有发现马丘比丘城。即使被西班牙人发现也没有关系，因为为了防止遭受袭击，印加人已经撤出了宫殿；他们并不把这里当作他们最后的要塞。

古城周围有很多圣地，其中包括山顶上的人造平台和圣石。有一块巨石直冲太阳。无论是夏日正午还是冬末春分，都看不见太阳的影子。另外一块巨石前部有3米高（10英尺），从这个点来看的话，其形状和马丘比丘山峰的轮廓相吻合。这些象征着帕查库特克和神一起将这里作为家园。

经典建筑　平立剖

图1：总平面图

1. 城市入口
2. 主广场
3. 印加古道
4. 耕作梯田
5. 墓地
6. 圣石
7. 三窗神庙

图2：图1中A-A区域的剖面图

图1

图2

托普卡普宫

土耳其，伊斯坦布尔；1459年

1453年穆罕默德二世控制君士坦丁堡之后就马上开始兴建托普卡普宫。1921年之前，其继任者们一直在使用并巩固这座宫殿，但从那之后它就不再是一座真正意义上的王宫了，因为1856年土耳其苏丹将王庭搬到了多尔马巴赫切宫。

托普卡普宫殿得名于一座大门——加农门，现在已经消失不见了。它就建立在一个突出的海角之上，有防浪堤护卫，眺望着东面的博斯普鲁斯海峡和北面的金角湾。这里曾经是拜占庭帝国君主的主要塞所在地，他们搬出了与竞技场（体育和娱乐的舞台）和圣索菲亚大教堂（见第24—25页）相连的大皇宫。最后的拜占庭朝代——巴列奥略王朝建造了布雷契耐宫，地点就在古要塞狄奥多西土城内部。穆罕默德决定将王宫搬迁到军事地位更为重要，也最为核心的卫城。

托普卡普宫面积广阔、庭院众多。其内部的建筑物并不高大，大多数都不超过两层，但是有一些独特的空间异常高耸。在拥挤的君士坦丁堡城，苏丹的广阔开放空间很可能给游客留下深刻印象。王宫是一个坚固的阁楼，就在庭院之内，这里是接待外国使节的地方，并不是特别大。屋顶垂悬于四周的墙上，所以它能遮蔽烈日、保持凉爽，而且天花板也很高，通过屋檐下的开口让热空气上升和排出、通风。王座最开始是一个沙发，有一个铺满地毯和靠垫的凸起平台（奥斯曼土耳其式的奢华在于它拥有令外族羡慕的软装饰）。

王座和广阔的庭院形成鲜明对比，这里也是苏丹顾问班子集合的地方——会议室，他们在此向苏丹作出报告。所有的决议都将在这里得到最后的批准。

顾问们集合的地方叫作会议厅，坐落在庭院的北面。会议厅旁边的小房间是国王嫔妃们的闺房，与苏丹的寝宫以及露天平台相连，俯瞰着金角湾。（在任何体制的国家中，国家元首都是世袭罔替的，不可能清楚地分离个人生活和国家利益。）闺房是妃嫔们的房间，这里居住着权势滔天的后妃，以及近亲的遗孀，她们需要安身之处，所以也可以将其归类为"妃嫔"。有时候她们斗争激烈，有时候又像联盟一样。有些女人的生活奢华富贵，但其他人则不尽如此。皇家联姻就是来强化已有的盟友关系，抑或是和可能惹是生非的盟友建立联盟。皇宫中他国公主的存在可以抑制其父对本国的攻击。有时候，金枝玉叶们看起来是极富极贵、荣耀万千，实则和人质的境遇极其相似。

图1：王宫正殿平面图

图2：王宫正殿东侧立面图

图3：王宫建筑群平面图

1. 一号庭院
2. 二号庭院
3. 王宫正殿
4. 三号庭院
5. 四号庭院
6. 闺房
7. 会议厅
8. 王宫第二正殿

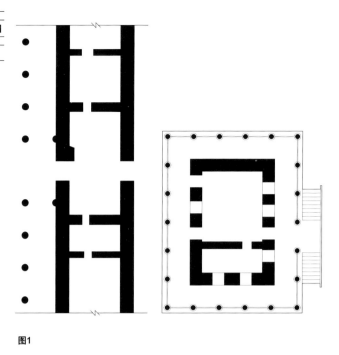

图1

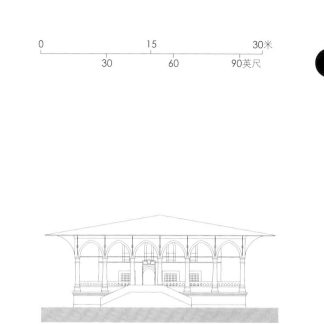

图2

图3

京都皇宫

日本，京都；794—1855年

在794年提出具体建造计划之时，皇宫就是京都城的一部分。在其历史上，它至少被烧毁过8次，正如伊势神宫（见第26—27页）一样，它也经历了一系列修复过程，但却没有得到系统性的修复。它目前的建筑构架始于1855年，但是其体现出的优良建筑传统在开工之时就已经得到明确，在皇宫兴建之时，它很有可能是成功复制了平安时代的建筑。

平安时代就得名于地名。平安京的意思就是"稳定与和平之都"，这是京都的旧称，那时它接替长冈京成为日本首都，尽管结局悲惨，它只是在9年前搬迁至此。京都是一个成功的选择，直到1868年它一直是日本的首都。

京都的发展始于皇宫和通向皇宫的主干道路，以及相关后续工程的建设。皇宫就矗立在一条直角纵坐标上，周围有高墙环绕。城门有道路相通，轴线上有一个庭院和一个壮观的街区，但是宫殿其他地方就只是由坐落在草地上的亭台楼阁组成，或者是和围墙平行分布。宫殿之外，又

有高墙，曾经是高级官员的别墅和花园。有时候，天皇发现自己只是住在这里面的某一个别墅里面，而非是他自己的宫殿。时至今日，别墅已消失，唯有绿地尚存。

主殿名叫紫宸殿，长37.5米，宽23米，高20.5米。正面大门入口处是一座庭院，铺有白色砂砾，这里用来举行重大的国事庆典，如登基典礼。国王和皇后的宝座立于凸起的高台之上，用布帘精心遮蔽，好似节日的帐篷，四周插满了三角旗。

天皇寝宫所在的建筑物与轴线正交，就像这里的所有建筑物一样，都偏离轴线，处在远离紫宸殿的庭院那边。

皇宫的其余部分与门庭的严格对称截然不同，匠心独运地展示了其精心布置的矩形形状，以准自然景观为开篇，事实上这就是巧夺天工。这是一种哲学思考和稀疏的流行思潮。每一项活动似乎都被给予了相应的时间和空间。这里的建筑造型由简单的视觉元素构成，大多数都呈直线

形。它们的外观呈黑色或漆成鲜红色，另有白色平板镶嵌其间。在地面上每栋建筑里都有滑动板，半透明或不透明，其中一些滑动板上还画有人物、动物和景观。间或有些门和曲线优美的挡风板都有金属片装饰。

这里是《源氏物语》的世界，有平台可以俯瞰到池塘，天皇可以在名为Ogakumonjo的书房中阅读政务奏章，与宾客吟诵俳句。

图1：紫宸殿南侧立面图

图2：图3中A-A区域紫宸殿的剖面图

图3：总平面图

1. Ogakumonjo
2. 紫宸殿
3. 皇家内苑
4. 佣人服务区及住所

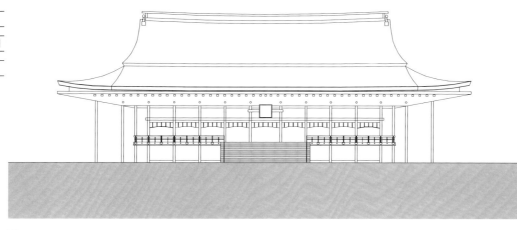

图1

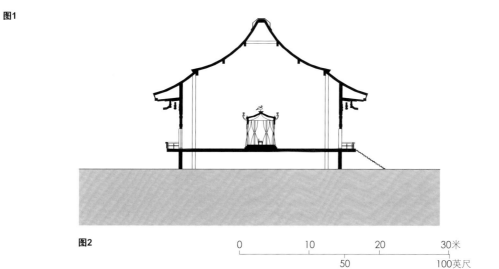

图2

0　　　10　　　20　　　30米
　　　50　　　　100英尺

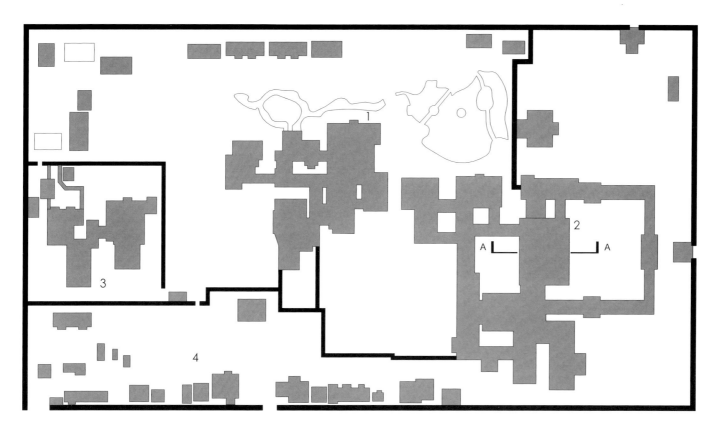

图3

0 10 20 30 4050米
　50　100　150英尺

凡尔赛宫

路易·勒沃（1612—1670年），安德烈·勒诺特（1613—1700年），查尔斯·勒布伦（1619—1690年），儒勒·阿杜恩·孟莎（1646—1708年）

法国，法兰西岛，凡尔赛；1678—1684年

　　法国路易十四国王（1638—1715年）是众所周知的太阳王，也是欧洲君主专制政体最有力的象征。他4岁登基，接替他死去的父亲担任国王，15岁加冠之时他才真正掌握实权。他的母亲是哈布斯堡王朝（欧洲王室）的公主，生于西班牙，以"奥地利的安娜"著称于世。1660年路易斯和他母亲的亲戚西班牙的玛丽·特蕾兹成婚。他活得比自己的预期继承人还要长，所以是他的曾孙接替王位，即路易十五。

　　法国国王和地方公爵争夺权力，地方公爵有时候比国王本人的资产还多，权势也更大，旧的封建统治秩序已经不断被代替，从而更加接近现代民主国家。然而，法国贵族反对权力的不断削弱，在1648年和1653年出现了激烈的争议，史称"投石党运动"，虽最后被镇压，但是标志着这类运动开始在法国兴起。于是路易十四决定建造凡尔赛宫来缓和这类矛盾。

　　贵族家庭在巴黎有自己的宫殿，还有可以产生财富的领地。在王庭搬到凡尔赛之后，为了保持影响力，他们必须在宫里租住公寓。国王要求他们每年都在这里居住一段日子，以示对国王的恭顺。在各自的领地上，他们可能是领主，但是在凡尔赛，他们只是国王的仆人。

　　这里原来是路易十三的一所狩猎别墅，后得以大规模拓展来修建凡尔赛宫。宫廷仪式甚至穿过优雅的花园，这里道路宽广、水流平坦，内有雕像、外有喷泉，这使得宫殿活力无限。所有的这一切都见证了国王的辉煌形象和在万物中的中心地位。

　　在宫殿之内，镜厅（Galerie des Glaces，又称镜廊）和中心街区花园正面的长度相一致。由于这样大型的镜子已经相对普遍，很难想象它当年竣工对公众开放之时所带来的惊艳效果。这里是魅力和富裕的缩影，曾经用来举行庆典和招待外国使节，而且每天国王做礼拜经过这里时，都会倾听侍臣的诉求。

　　有些特殊的仪式和国王的寝宫有关，最受宠幸的侍臣可以服侍国王就寝，并且确保不管他睡在哪里，早上都会在自己的床上被叫醒，开始国王的晨见。除了他的"私人寝宫"之外，还包括相对公共的寝宫，这是一个"小型的公寓"，也是路易斯真正居住的地方，这里有他的奖章和古玩方面的书籍和收藏品。这里面有一个台球厅，以及路易斯的衣柜和化妆间。

　　宫殿极为精细和奢华，镀金装饰和银质家具被熔化，用来支付战争费用。由于缺乏卫生设施，贵族受到侮辱，谦恭的礼仪遭到破坏。尽管当时的标准不一，但凡尔赛的供给下降也是在预料之中的事，这些不容忽视。凡尔赛充当了出类拔萃的政治机器，这样的权宜之计提醒每一个人他们并不身处家中，即使在宫里，他们都掌控不了自己的生活。

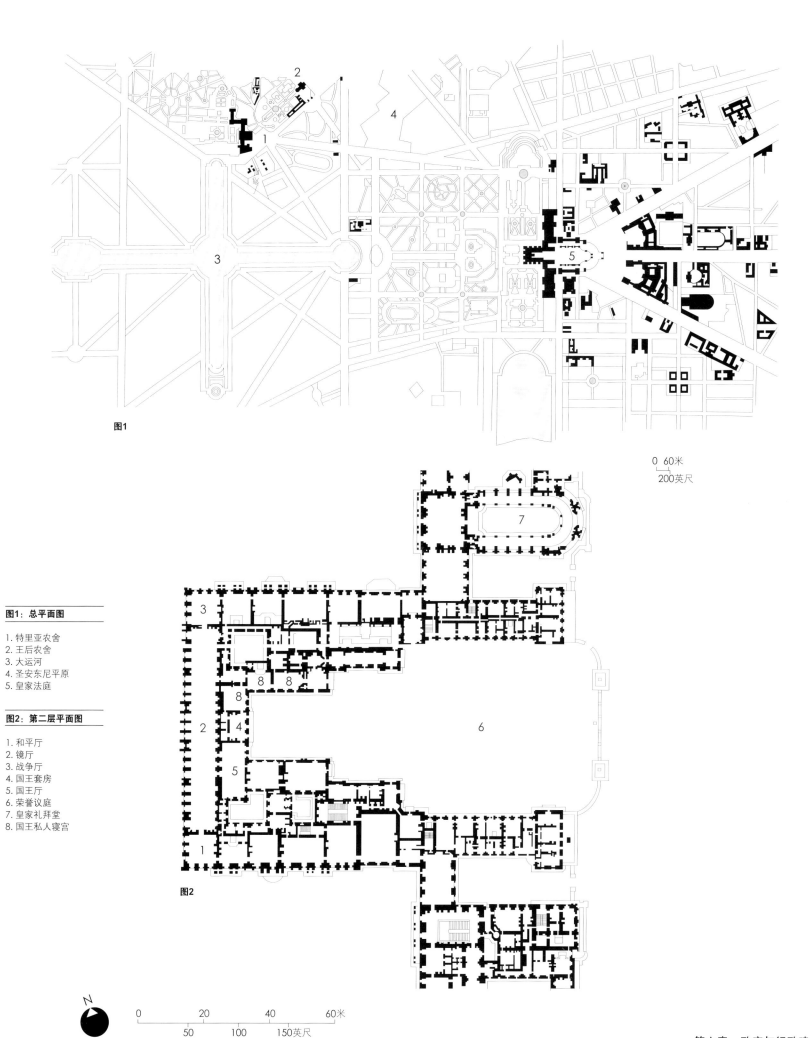

图1

0 60米
200英尺

图1：总平面图

1. 特里亚农舍
2. 王后农舍
3. 大运河
4. 圣安东尼平原
5. 皇家法庭

图2：第二层平面图

1. 和平厅
2. 镜厅
3. 战争厅
4. 国王套房
5. 国王厅
6. 荣誉议庭
7. 皇家礼拜堂
8. 国王私人寝宫

图2

N

0   20   40   60米
50   100   150英尺

维尔茨堡主教宫

巴尔萨泽·诺伊曼（1687—1753年）

德国，巴伐利亚，维尔茨堡；1720—1744年

主教宫建成之时，维尔茨堡的王子主教将弗兰克尼作为相对比较独立的国家来经营管理，负责直接和罗马帝国（首都维亚纳）的国王查理六世进行沟通。弗兰克尼后来成为巴伐利亚的一部分，而后来巴伐利亚又成为德国领土的一部分，所以维尔茨堡现在是德国的一个州级城市，有很多纪念性建筑都可以见证它最风光的历史岁月。主教的宫殿——主教宫建成于18世纪，建筑师是诺伊曼。他也曾设计了班贝克的维森海里根教堂（见第156—157页）。

主教宫是欧洲最富丽堂皇的宫殿之一，其辉煌程度甚至超过了很多皇家建筑。该王宫与约翰·菲利普·弗兰茨·冯·肖恩邦（1673—1724年）密切相关，他就是创始者。而约翰的弟弟——王子主教的弗里德里希·卡尔·冯·肖恩邦（1674—1746年）几乎建成了这座王宫，他是维尔茨堡和班贝克的主教，与维森海里根教堂关系密切。

主教宫并没有沿袭皇家宫殿的"家庭式"建筑风格。虽然皇宫给人的感觉是公共的、官方的，但它通常还是会以世袭继承的方式传给本家族成员。但这样的情况绝对不会发生在教堂宫殿中。教堂的宫殿通常是传给新任命的主教；独身的神职人员则没有世袭继承的资格。值得注意的是，有两兄弟本该被任命为同样的职位——约翰·菲利普于1719—1724年期间执掌王宫，弗里德里希·卡尔则是在1729—1746年期间执掌王宫。为了建设这座宫殿，他们投入了大量资金，其中还包括他们的个人钱财。但他们之间继位的人尽其所能停止了大量建设工作。

冯·肖恩邦兄弟执掌着宫殿的建造工程，仿佛他们是绝对的君王，而非寻常的神职人员，世界性的表演让人眼花缭乱，给底层未受教育的人和周游过凡尔赛和维也纳的大使们均留下深刻的印象。

王宫里最重要的地方就是国王厅——一个装有3块天花板的竖高的拱形大厅。这是出自意大利画家提埃波罗的手笔，金色的洛可可装饰与之巧妙地融为一体，让古典的圆柱和拱顶显得生机勃勃。尽管垂吊灯光彩夺目，但这里却因为斑斓的色彩而变得光芒四射，如教堂一般。国王厅位于花园正面的突出带上，高大的主窗俯视着整个花园，拱顶也被天窗的椭圆形窗户所照亮。沿花园正面纵向排列的豪华房屋，更是增添了宫殿的奢华。或许最出乎人们意料的地方是宝镜阁，它面积更小，两边墙壁上几乎全部镶嵌着镜子，其中一些镜子的嵌板上镀有鎏金，背面涂有颜料，而后再行镀银。

所有的宫室都由一个巨大的楼梯门相互连接而成，这是整座宫殿最绝妙的成就。楼梯的拱顶比国王厅的拱顶要大得多，但是由于天顶壁画的修饰作用，拱顶的恢宏气势也显得不太明显。

这里的拱顶画是提埃波罗的经典之作，这个拱顶是继西斯廷教堂拱顶之后世上最著名的，它比西斯廷教堂更大一些。提埃波罗从威尼斯远道而来，为此作画，将全世界的景象都收入画中，聚集了欧洲外部世界各大陆的代表人物和艺术作品。围绕着拱顶下部边缘，楼梯间大厅的建筑部分终止于彩绘的矮墙。画中的人物仿若真的站立在飞檐的搁板之上，在空中倾斜着，而其他人则漫步于云端和织物，在想象的空间里飘浮着。

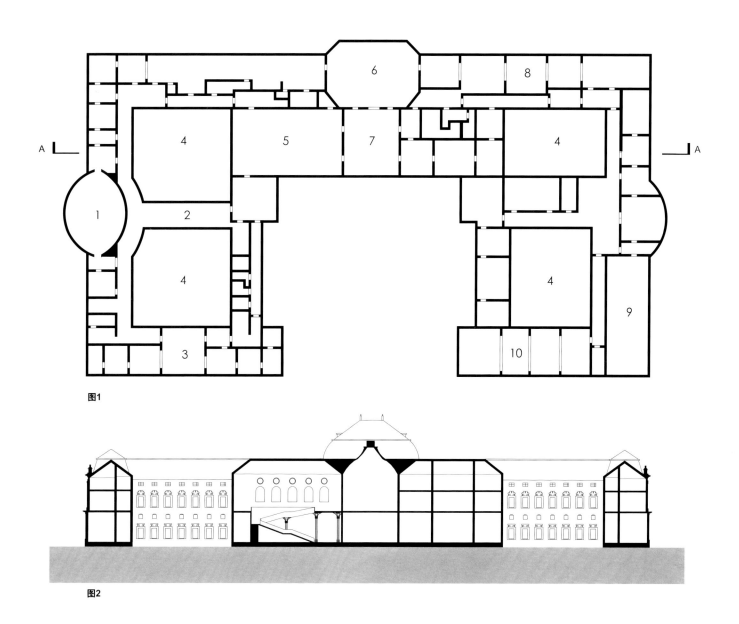

图1

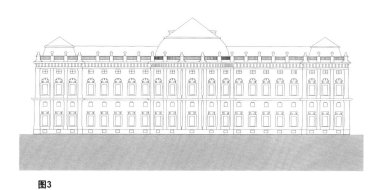

图2

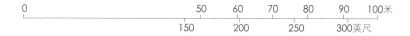

图3

图1：平面图

1. 国家艺术长廊
2. 王子厅
3. 会客室
4. 庭院
5. 楼梯
6. 国王大厅
7. 白色大厅门廊
8. 玻璃房
9. 礼拜堂
10. 博物馆

图2：图1中A-A区域的剖面图

图3：北侧立面图

```
0        50   60   70   80   90  100米
    150     200     250    300英尺
```

第六章　政府与行政建筑

弗吉尼亚州议会大厦

托马斯·杰斐逊（1743—1826年）和夏尔·路易·克利斯沃尤（1721—1820年）

美国，弗吉尼亚州，里士满；1789年

托马斯·杰斐逊急于将议会大厦迁离殖民之都威廉斯堡（1799年英国袭击该地），在他的影响之下，议会大厦迁至里士满。与威廉斯堡相比，里士满更加安全。1780年，迁移完成。在迁移之后的几年内，议会大厦初具雏形，直至1789年法国大革命之际，议会大厦正式落成。

在法国大革命之前，杰斐逊一直担任美国驻法大使，在访问尼姆的时候，他爱上了四方形神殿（见第106—107页）。杰斐逊对自己的"爱情"沉思了好几个小时，以至于当地人认为他正企图自杀，因为他似乎已经陷入了忧郁的冥想中。毫无疑问，这对杰斐逊而言是一次美妙的体验，但它于历史研究而言没有明显的帮助。杰斐逊回来后相信四方形神殿起源于罗马共和国时代（这比它实际被公认的修建年代还早），他还认为"方形神殿"将为非吉尼亚议会大厦提供理想模型。

杰斐逊在巴黎找到了建筑师夏尔·路易·克利斯沃尤，克利斯沃尤在罗马生活了20年左右。

1778年，杰斐逊发表了他自己对方形神殿的细致研究。克利斯沃尤现以绘画和水粉彩画被人们广为传颂，水粉画是对古老建筑废墟的想象，这些水粉画被俄国的凯瑟琳大帝所收集，凯瑟琳大帝邀请克利斯沃尤到圣彼得堡为她作画。克利斯沃尤也是巴黎司法宫（1776年）的设计师，并与杰斐逊针对如何把四方形神殿的形象融入到议会大厦进行了深入讨论。

克利斯沃尤起草了议会大厦的图稿，由杰斐逊送到了弗吉尼亚州。但他们的设计方案在弗吉尼亚州被建造师塞缪尔·多比所诠释，在建成过程中，多比对建筑设计进行了重大的修改。

古典模型为建筑赋予了原则与权威的色彩。与绝对统治者的所在地维尔茨堡主教宫（见第252—253页）比起来，它显得非常朴素。它被赋予了尊严，却丝毫不显得奢靡。圆屋顶（这也许是多比对建筑的最大修改）下的中心地带是一个两层的会议室，会议室的夹层里有走廊，供公众集会。这里其他的一些重要房间是会客室，会

客室是提供给民众代表和国家最高法庭使用的。在这个设计中，几个主要的入口被安排在长边那一段。门廊上并没有标记出入口，不过在1906年，当侧翼装上之后，这种设计被改变了，门廊那边也有了一段台阶，整个内部的布局也完全被重排了。

对于建筑的修改而言，方形神殿是个有趣的选择，因为即便是建筑本身也是依照了古希腊庙，并通过在檐柱之间筑起实心墙，加以创造修改。在里士满，窗户被安装进实心墙中，这使得它与方形神殿相比在纪念意义上稍逊一筹。虽然建筑变得更加庞大了，但实际上，这些窗户确实使得作为行政机构的议会大厦更具实用性了。

经典建筑　平立剖

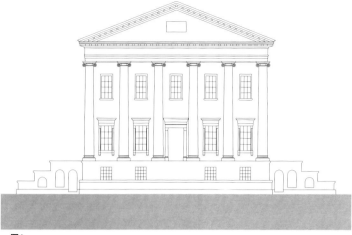

图1

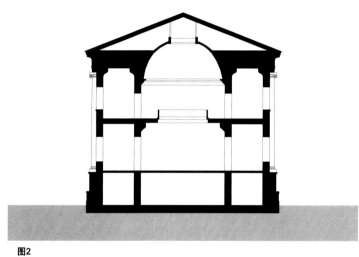

图2

图3

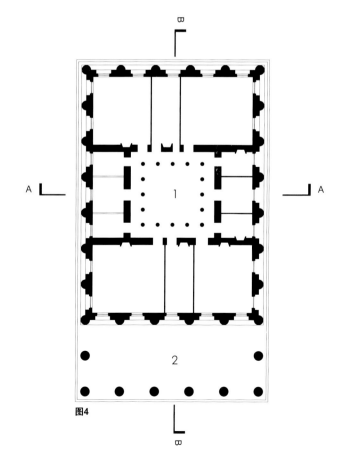

图4

图1：南侧立面图

图2：图4中A-A区域的剖面图

图3：图4中B-B区域的剖面图

图4：楼层平面图

1. 圆形大厅
2. 柱廊

威斯敏斯特宫

查尔斯·巴雷（1795—1860年）和奥古斯塔斯·帕金（1812—1852年）

英国，伦敦；1836—1868年

1834年，旧威斯敏斯特宫殿被大火烧为灰烬，围绕着它的重建，皇家委员会展开了辩论。出于民族主义方面的考虑，他们要求按哥特式或者伊丽莎白一世的风格进行重建。查尔斯·巴雷的设计方案最终被选中。因为其方案提出了合理组织的主要元素，并和旧有建筑已有的元素相互协调，如老式的威斯敏斯特大厅就有强大的象征性价值。巴雷沿袭了亨利七世扩建威斯敏斯特教堂的脉络，从其对面的主入口到新建筑都应用了垂直的哥特风格。

巴雷的设计被选中之后，他就立即邀请当时最狂热的哥特复兴主义建筑师奥古斯塔斯·帕金来负责建筑的具体装饰。帕金的装饰令人印象深刻，其墙纸设计则更为出名，在平面上，其空间组织的清晰性使设计方案的影响力更为深远。

宫殿周围设计有一系列的大厅，目的就是保证其附近的宫室光线和通风条件。这在当时至关重要，在电灯和空调出现以前，如果光线不错、通风也很好的话，大一些的房间必须建得很高。

巴雷在控制光线和大型农村住宅和建筑的供暖系统上面非常熟练，其在伦敦蓓尔美尔街俱乐部的改造项目即可体现。

巴雷的威斯敏斯特宫平面体现出1836年的政府制度。下议院成员资格也刚刚进行了改革，但是投票人资格依然只属于男性和拥有一定资产的人，很多人在这一过程中被排除掉了。宫殿的中央长廊连接着三个地方：下议院、上议院和皇家展览馆。八角形的中央大厅（上右图）的光线来自中央塔那侧的高层窗户；中央塔是一处高耸的哥特式空间，也是游客们的目的地。

从中央厅向北沿一条走廊进入一个正方形休息室，从这里游客就可以进入下议院。那些向南的游客可以沿走廊进入一个正方形休息室，然后进入上议院，在19世纪30年代，这里只居住拥有世袭职位的人，并被认为是整个建筑内最重要的房间。向东走的游客发现他们走在巨大悠长的走廊上，有门开向图书馆和会议室。走廊北边是给负责管理下议院的演讲者的一套房间。走廊南边

的尽头也是一套大法官的房间，法官代表上议院行使职权。

英国政权是"三权分立"体系构成，三方相互制衡。第一方是君主，其余的就是两院议会。宫殿西南角的维多利亚塔，标志着君主进入现在仍被官方指定的皇家宫殿。其他任何人不能使用此入口。通向皇家展览馆有一段台阶，和通向上议院的台阶相比大小一致，比通向下议院的台阶稍大。这种尺寸只是象征性的，而非实际需要。

君主各自组建新的议会之时，这个入口和那套房间才会得到使用。下议院成员经过走廊到达上议院，君主在这里的镀金王座上发表演说，并提醒议员们谁是掌权人。

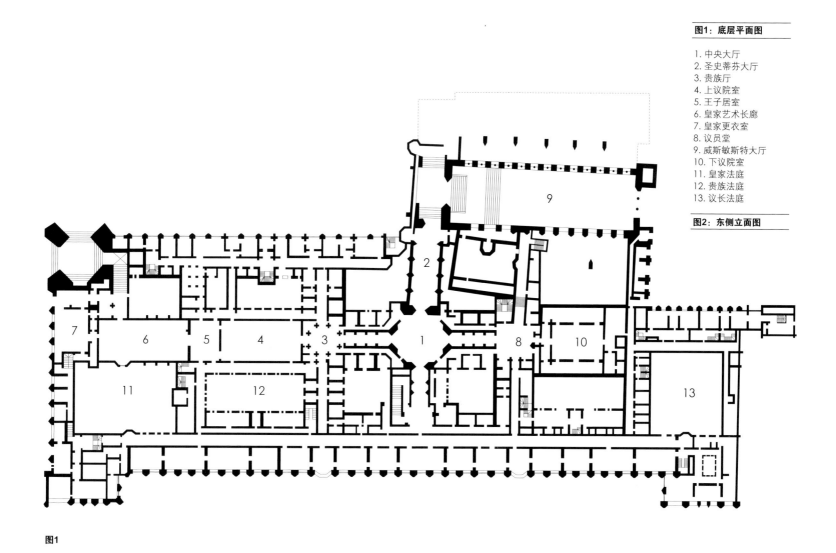

图1：底层平面图

1. 中央大厅
2. 圣史蒂芬大厅
3. 贵族厅
4. 上议院室
5. 王子居室
6. 皇家艺术长廊
7. 皇家更衣室
8. 议员堂
9. 威斯敏斯特大厅
10. 下议院室
11. 皇家法庭
12. 贵族法庭
13. 议长法庭

图2：东侧立面图

图1

0 10 20 30米
30 60 90英尺

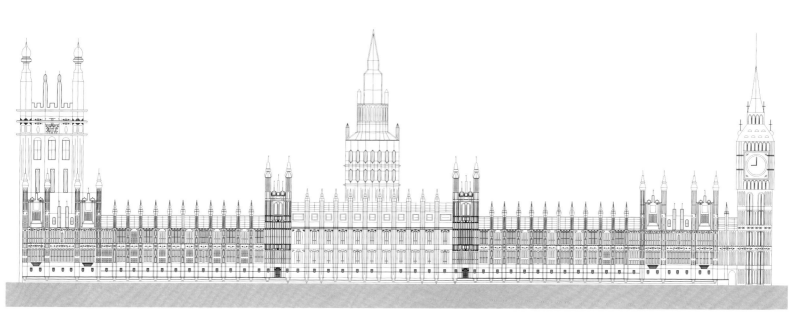

图2

第六章　政府与行政建筑

希尔弗瑟姆市政厅

威廉·杜多克（1884—1974年）

荷兰，希尔弗瑟姆；1928—1931年

砖块在荷兰历史悠久。荷兰的国土曾经多数都在海平面以下，人们通过河口湾堆积的细黏土来改造国土，但是大面积的天然土地还是黏土。耐火黏土像石块一样坚硬，尤其是烧制的、可以单手托起的砖块更是坚硬无比，熟练砖匠的建造速度非常惊人。

在铁路出现之前，砖块的运输费用昂贵，所以它们都是在当地烧制的，通常是在建筑工地搭建临时砖窑。有时候砖块也通过充当船只压舱物来进行运输，这就是为什么来自阿姆斯特丹的荷兰砖（高温烧结砖）用在赫尔17世纪的建筑物上，它是英国北海的另一座港口城市。

阿姆斯特丹的街道和运河两岸就有砖块建筑物，而且还有很多街道都是用砖铺砌的。砖是阿姆斯特丹现代主义者手中的应用材料，也被公认为是理想的建筑材料，适合现代建筑。

1928年，威廉·杜多克被任命为希尔弗瑟姆的城市建筑师。（正式说来，当时该定居点不是一座城市，而是一个村庄，现如今有8.4万居民。）有

一家广播公司在此落户，而且这里紧邻阿姆斯特丹——一些通勤者的所在地，但是在规模上受到周围的自然保护区的限制，这是杜多克谈判后做出的安排。

杜多克忙于国际现代主义建筑，当钢筋、混凝土成为时尚材质时，他依然在其建筑中使用砖作为表层材质。这样，他的建筑作品使得现代主义看起来成为主流，而非前卫先锋。他的作品出类拔萃，广受其他国家建筑家的称赞与好评。杜多克于1935年被授予英国皇家金质建筑奖章，1955年又荣获美国建筑师协会金质奖章。

希尔弗瑟姆市政府（或者市政厅）有时也被称作希尔弗瑟姆市政厅或者村务大厅，就是出自他的手笔。里面有市民办公室、一个会议室以及一个公众会议或者婚典大厅。主体房间的高度是上层建筑的两倍。这些办公室周围设有小庭院，办公室光线亮堂，有走廊直达，构成主体的循环，非常通畅。该建筑直面杜多克公园，在道路和市政厅之间有一个大型矩形水池，比它的中

心街区还要长。游泳池边缘的道路通向一条人行道。市政厅主入口就在钟塔脚下，标志性效果特别明显。通向下一层的公众集散地位于塔楼的底层，这里有一个提供给会议室和公众大厅人士的休息室。

结构并不对称的长方体砖分布得十分匀称，这让该建筑呈现出优雅的风度和姿态，远超其相对逊色的环境。希尔弗瑟姆市政厅因为执政人员的清醒和克制而广受赞扬。

图1：底层平面图

1. 会议室
2. 公民大厅
3. 钟楼

图2：图1中A-A区域的剖面图

图3：西侧立面图

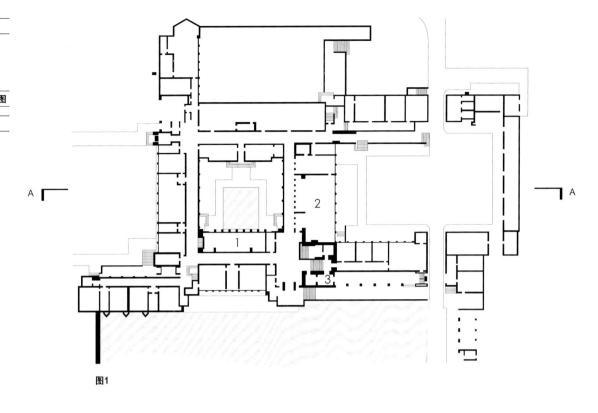

图1

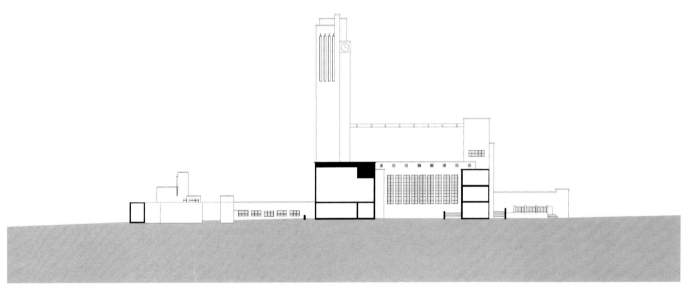

图2

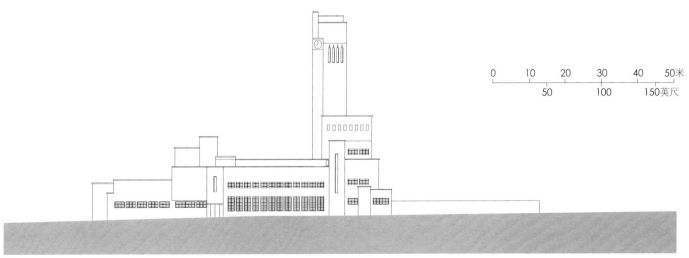

图3

第六章　政府与行政建筑

珊纳特赛罗市政厅

阿尔瓦·阿尔托（1898—1976年）

芬兰，珊纳特赛罗；1949—1952年

珊纳特赛罗是芬兰中部的一个小岛，有一座跨湖大桥与湖外相连。这里的人口并不兴旺，直到现在，这里方圆7公里的小岛大概也只有1.4万名居民，所以市政厅的规模并不大。更令人惊奇的是这座建筑的设计师也是如此卓越。

10年之前，阿尔瓦·阿尔托在纽约世界博览会上为芬兰设计了国家展览馆；在美国还有一座以他名字命名的永久性建筑（位于马萨诸塞州坎布里奇市的麻省理工学院的贝克大楼），他的名气与日俱增。对阿尔托而言，珊纳特赛罗就是他的家乡，他在于韦斯屈莱市长大成人，并在那里设立了自己的办公室。于韦斯屈莱市发展迅速，于1993年正式并入珊纳特赛罗市。

芬兰是一个现代国家，和相对强大一些的邻国瑞典和俄罗斯关系问题重重，但是它有着来自于语言的强烈文化认同感，民族诗篇《英雄国》（一部源于19世纪口述传统的史诗）和森林的浪漫接触已经根深蒂固。

珊纳特赛罗市周围森林密布，当地最大的雇主就是恩佐·古特蔡特木材公司，阿尔托已经为它设计了企业生活区（1944年），还要继续为它设计一座可以俯瞰赫尔辛基港（1959—1962年）的办公主楼。

珊纳特赛罗市政厅发展密度较低，在传递与自然和森林的亲切关系的同时，努力以市政的面貌示众。其方法就是利用树木，这里的主体建筑材料就是砖块和木材。市政厅本身的功能就是建造一座与周围房屋差不多大小的建筑物。由于公共图书馆和一些专用设备的加入，市政厅的面积有所增加；银行和商铺也陆续加入进来，但最后由于缺少客源而关张。在安排入驻的时候，考虑到这些因素，市政厅楼层较低，两边环有庭院。

走过几步阶梯就可以到达市政厅，让来访者亲临绿草如茵的院子。通往公民办公室有一个入口，从大厅的悬空楼梯直达一条封闭的过道，而过道是由高层天窗照亮的。会议室有两个拐角，这是一个高大且相对光线暗的地方，它最引人注目的地方是支撑屋顶的一对木桁架。这对木桁架

作用甚大，其呈放射状的木板有效地支撑着整个屋顶，这种简单的构造让整个会议室增色不少。从外形上看，通过形状不规则的一段长满青草的楼梯重新让院子和乡间连接起来并融为一体。

珊纳特赛罗市政厅的呈现作用无与伦比，它让当地人民相信自己身处城镇的同时，依然清醒地意识到芬兰人的森林永远不曾离去。

图1：剖面图

图2：西南侧立面图

图3：会议室平面图

1. 会议室
2. 阁楼间

图4：庭院平面图

1. 入口大厅
2. 儿童图书室
3. 图书管理员处
4. 成人图书室
5. 新闻杂志阅览室
6. 起居室
7. 书房
8. 卧室
9. 厨房
10. 客房
11. 单间公寓
12. 职员咖啡间
13. 福利办公室
14. 当地政府/会议室
15. 市税务办公室
16. 市财务办公室
17. 市长办公室
18. 会议办公室（提供信息
　　服务）
19. 衣帽间

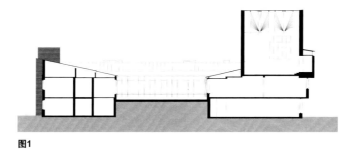

图1

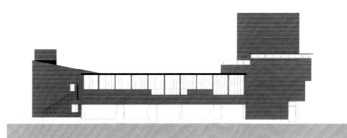

图2

图3

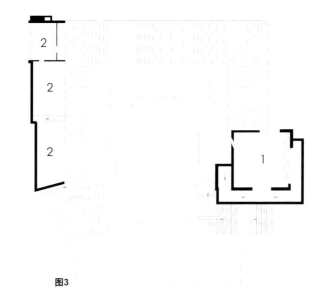

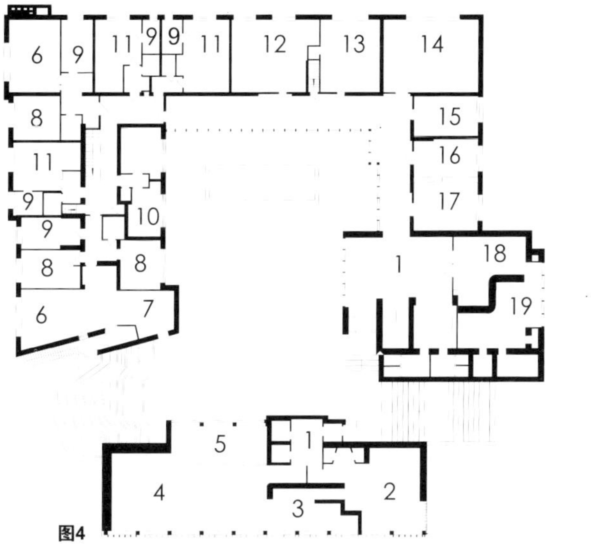

图4

第六章　政府与行政建筑

第七章
文化与娱乐建筑

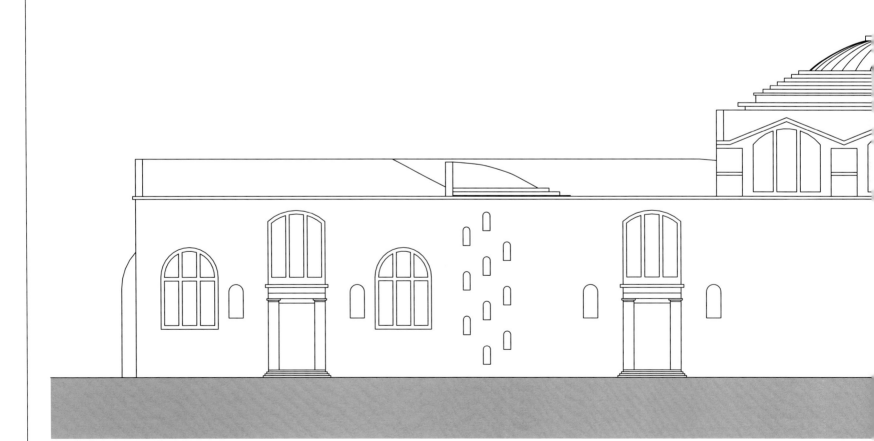

文化景观建筑的界定绝对是广泛的、模糊的，并且不断变化的。而纵向通常包含戏院，并有公开的目的和未公开的弦外之音，因为这可以让它们在宗教和政府方面获得一席之地。当今世界，很多人在家里进行娱乐活动，因此未来的现场戏剧和音乐表演的发展就难以确定。本章所描述的建筑是永久的结构模型，这些结构本可以更小、更加简单，但名垂青史。

巴基斯坦的摩亨佐·达罗大浴池也许拥有宗教功能，但是这一点也不能够确定。不论用于何处，其建筑时期已经让它成为一座非常知名的建筑。罗马的卡拉卡拉浴场是浴室建筑的里程碑，它的意义大大超过了让人们保持整洁的目的。从卡拉卡拉皇帝开始，这些浴池带有政治意义，皇帝可以借此让市民讨好自己，同时这里也是可以娱乐而不为外人所见的地方。泳池、花园、图书

馆和雕像都象征着奢侈帝国及其艺术领域的最终成就。普通市民也有机会去这些地方。

戏院和体育馆的建设使得更多的人可以参与这些活动。不论活动是一次演讲还是足球比赛，举办活动的场馆的大小可以不同。演讲活动的距离有一定限制，而这一距离也限制戏剧院的大小，但是音乐和舞蹈可以将效果变得更好，也许可以给坐在后面未能被表演打动的观众带来更多享受。

赛车或是斗兽表演可能更能吸引观众，也能在古罗马竞技场引起轰动，但基于台词的戏剧在那里无迹可寻。伦敦的环球剧场让观众尽可能地接近演员，因此可以听到演员的对白。也许面积相对较小，但是在那里台词却是极其重要的。音乐大厅的发展时代更近也更为专业，音乐质量最为重要，即使管弦乐队的规模增加，空间的扩大

也可使得音乐厅非常舒适。

不论把水晶宫归于何类，它都非比寻常。早在19世纪中期刚刚建造的时候，它就引起了很大的轰动，在20世纪被大量模仿。这是一座用来招开国际性展览的建筑，展示世界各国最新的产销现状。对于公共建筑来说，大型温室的理念可能比临时的或者便利的可替代建筑意味着更多，这一想法在很长一段时间以后才被人接受，但却成为洛杉矶的水晶大教堂非常谨慎地参考的范本。

摩亨佐·达罗大浴池

巴基斯坦，摩亨佐·达罗；公元前2500年

由于史书没有记载早期的印度河流域文明，因此，今天的人们也无从得知那个时代的人如何看待世界，如何规划生活。虽然今天发现了很多大城市的遗址，但人们对这些大城市的构造却不得而知。

公元前2500年，摩亨佐·达罗的人口约为4万人。整个城市的大部分都建于河谷之上，由于河水有时会泛滥，因此在更高的地方会建一个城堡，用作储存食物的粮仓。总体来看，山谷里的房屋呈网状结构，给人的感觉就像是有人在掌控着这张"网"，但实际上这个地方既没有宫殿，也没有庙宇。

在摩亨佐·达罗人人平等，等级之分不明显，并且共享资源。摩亨佐·达罗的人民在筑城前一致赞成对整座城市进行网状规划，然后按这一决定执行，可人们在研究了距今更近一些的文明之后对这种观点提出了质疑。摩亨佐·达罗的日常建筑比宗教建筑更坚实、更牢固，但这样的建筑风格在其他地方却从未出现过。可能是宗教

信徒们敬重树木和巨石，或者像帕提亚人那样信奉拜火教。

那么，大浴池是如何建成的呢？世界上的很多人都认为大浴池看起来像一个长12米（约39英尺）、宽7米（23英尺）、深2.4米（8英尺）的游泳池。大浴池虽然没有沥青层密封，但修建得却很好，并且可能还具有防水功能。

大浴池的重要性显而易见，具有很正式的宗教意义。它建在比较高的地面上，充当着"粮仓"的角色，也是日常生活中比较受人尊敬的地方。很多房屋的洗浴区都配有排水系统，因此大浴池很有可能不是用作普通的洗浴，而是用作某些仪式或者宗教上的净洗。

虽然画在背面的图纸已经相当精确，但由于踢脚板以上的墙体已经毁坏，人们对浴池上方结构的功能也只能停留在猜测阶段。虽然这些建筑物被称作"粮仓"，但它们的真实作用还是引起人们的怀疑。挖掘现场没有发现任何诸如谷物或者器皿之类的东西。这些所谓的"粮仓"地基长

达50米（164英尺），被很多走廊和木质支撑柱隔开。"粮仓"有很多房间，如果它最初真是一个宫殿之类的行政管理区，那么旁边的浴池很有可能是为精英团体提供奢华享受的一种便利设施。

诸如摩亨佐·达罗之类的地方给人们带来的经验就是，当证据不足以支持猜想时，不管引起人们假设的对象是否真实，人们通过推测得到的信息总比实际发现的要多。

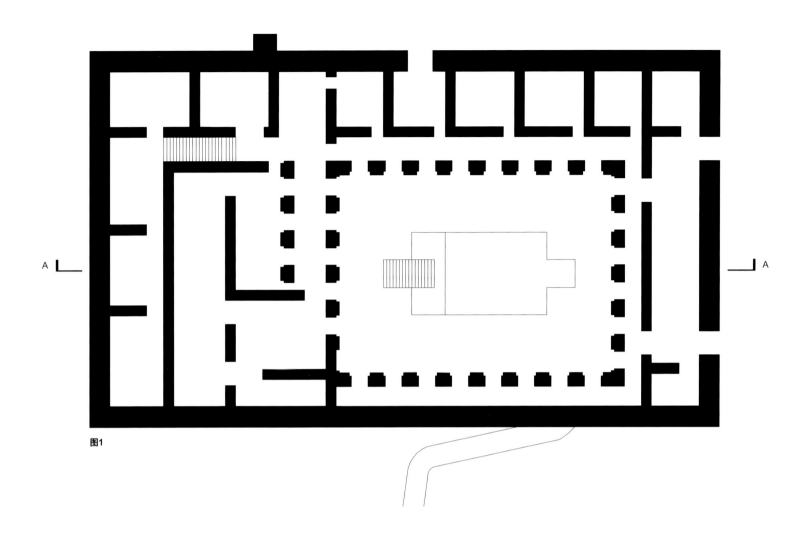

图1

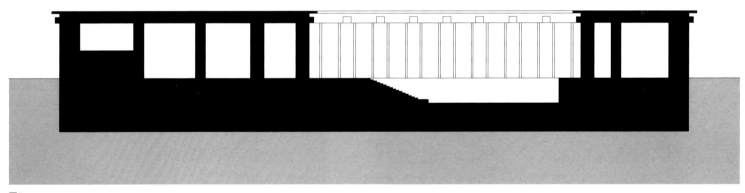

图2

图1：平面图

图2：图1中A-A区域的剖面图

图3：南侧立面图

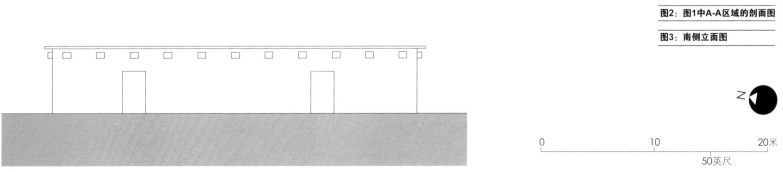

图3

| 0 | 10 | 20米 |

50英尺

第七章　文化与娱乐建筑

埃皮道罗斯剧场

小波留克列特斯

希腊，埃皮道罗斯；公元前350年

现存的古希腊剧场中规模最大的当属埃皮道罗斯剧场。该剧场规模庞大，气势恢宏，严格遵循"简约"这一建筑理念。

剧场中心是表演区，即乐队演奏区。该区近似圆形，四周逐排升高的观众席可以让更多的人看到表演。整个观众席都建在山坡上。在有些小剧场里，天然斜坡几乎不用改装就可以用作观众席。但天然斜坡要想成为埃皮道罗斯剧场的观众席，即使经过改装后，还是有大量工作要做。

剧场的选址是一个很关键的设计环节。埃皮道罗斯剧场不在城里，而在医神阿斯克勒庇俄斯的一个重要避难所里。当时的人们去那个避难所治病和疗养，不仅可以放松和娱乐，还可以碰碰运气。比如，病人接受诊断时要躺在一间特定的屋子里，睡着之后，神会在梦里将其治愈。

虽然我们不确切知道埃皮道罗斯剧场对于小波留克列特斯的意义，但他还是率先运用了科林斯柱式设计了一个装修精美的圆形建筑。当时，小波留克列特斯为人所知是因为他给运动员们制作雕像，但他的名气不如他父亲老波留克列特斯。老波留克列特斯因擅长青铜雕塑而闻名，他的青铜雕塑风格也被运用于大理石雕塑中，有些大理石雕塑还保存到了今天。老波留克列特斯曾写过一篇专著，他在其中阐述了加隆的雕刻比例问题。

埃皮道罗斯剧场气势恢宏。从几何学上来看，观众席建在山坡上，能看到整片森林以及远处的高山。整个剧场可容纳约1.5万人，虽然有些座位离表演区较远，但所有座位的视角都很好。埃皮道罗斯剧场的音响效果也非常好，没人的时候，舞台上的声音能听得出奇得清楚。但声音会被人体吸收，所以现在的演员们在观众面前演出时往往借助于扩音设备。

埃皮道罗斯剧场与现代的剧场最显著的差别在于人员疏散方面。埃皮道罗斯剧场的台阶太长，中间无间断，成千上万的观众只能从为数不多的几个出口出去。这样一来容易出现一个问题，那就是观众在同时离场时很容易造成拥挤和混乱。在现代剧场的每个台阶尽头，都会有守卫的武警维持秩序，想必那时候也会有类似的措施。

古代没有电，演员们演出时总是身着搞笑的服装，佩戴滑稽的面具，有时还会在嘴巴周围戴一个扩音设备。演员们表演的声音要足够大，才能传得足够远，但最好的位置还是当属靠近表演区的地方。当时还有舞蹈队给演员伴舞，"choreography"（舞蹈艺术）一词就源于指挥这样一类舞蹈队的一系列动作。

在现代演出中，舞台灯光帮了大忙——天黑不要紧，剧场还有自己的照明设施。但在古代，这些都是不可能的，也就是说，太阳落山后，演出也就落下帷幕了。

图1：平面图

1. 乐队演奏处
2. 舞台幕前部分
3. 舞台幕后部分

图2：图1中A-A区域的剖面图

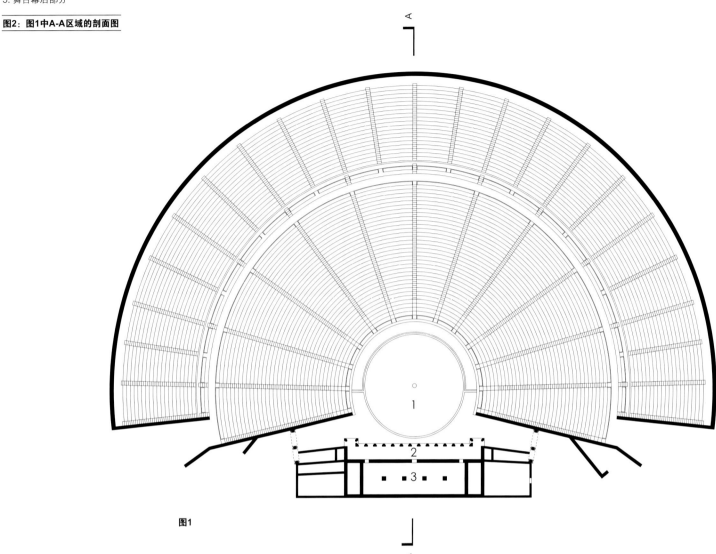

图1

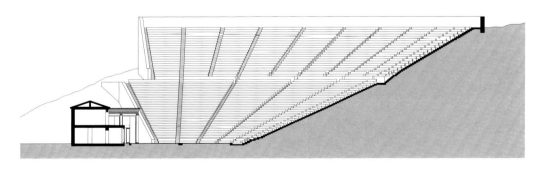

图2

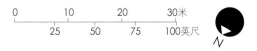

马切罗剧场

意大利，罗马；公元前13年

罗马剧场观众席和演员表演区的布置和希腊剧场很像，但两种剧场的结构却完全不同。希腊剧场的观众席要建在斜坡上，罗马剧场却比较随意。罗马剧场通常都在市中心，而希腊剧场常常建在诸如埃皮道罗斯和戴尔菲阿波罗神庙之类的避难所。即使是雅典的狄厄尼索斯剧场，也没有建在城市广场上，而是修建在雅典卫城的斜坡上。相比而言，罗马帝国时期的每个城市都会有个剧场——这是臣服于罗马人的好处。剧场建造者不必寻找斜坡，因为斜坡状的观众席底部已有混凝土支撑。

第一座罗马样式的剧场是庞培剧场，它就好像帝国时期罗马人的一个综合论坛。剧场包括新建的维纳斯神庙以及在神庙后面一字排开的4座古老庙宇，这些庙宇和一个新建的元老院组成庞培元老院。庞培元老院臭名昭著——公元前44年3月15日，恺撒大帝在去元老院开会时被元老院阴谋集团刺杀。庞培剧场可容纳2万名观众，依然是古罗马最大的剧场（但未保存至今）。马切罗

剧场就在庞培剧场旁边，人们最初修建该剧场是因为受了庞培将军的敌人——恺撒大帝的煽动。恺撒大帝在修建马切罗剧场时拆毁了两座庙，但剧场还没开工，他就去世了。

马切罗剧场于奥古斯都（公元前63—公元14年）统治期间建成，奥古斯都使用侄子同时又是自己女婿的马库斯·马切罗的名字给剧场命名。马库斯·马切罗前途无量，但不幸英年早逝。马切罗剧场的大部分得以保存至今，便于重建。中世纪时，剧场的某些部分遭到了破坏，另外某些部分被改筑成公寓，后又经修缮可以住人。

在希腊的剧场里，表演区后面有一个相对较小的空间，演员要从这里进入表演区。观众也可通过这个地方看到外面。而在罗马的剧场里，舞台都是搭建起来的。后台设在面对观众的一栋建筑里，这种建筑的墙有几层楼那么高。这样一来，观众坐在最后排也能看到演出，但看不到外面；不过，在马切罗剧场通过柱子之间的间隙可能会看到外面。罗马剧场的这种设计比希腊剧场

要有优势，这样一来，视线可以覆盖观众席的所有座位。楼下观众席的观众可以沿剧场内的台阶和通道到达楼上不同高度的座位。除此之外，罗马剧场还设计了更多的出口，这样观众在散场后就可以有序离场，不必抢着冲向出口。这样一来，就不会出现像埃皮道罗斯剧场那样的"瓶颈"情况。

马切罗剧场的外表非常壮观。柱式风格也多种多样，底层使用多立克柱式，中层使用爱奥尼亚柱式，第三层如今已不复存在，据认为采用了科林斯柱式的罗马竞技场（见第18—19页）的设计在很大程度上就模仿了这种风格。15世纪，由阿尔伯蒂设计的佛罗伦萨鲁切拉宫外观就模仿了马切罗剧场的风格，但这又是另外一回事了。

图1：平面图

图2：立面图

图3：图1中A-A区域的剖面图

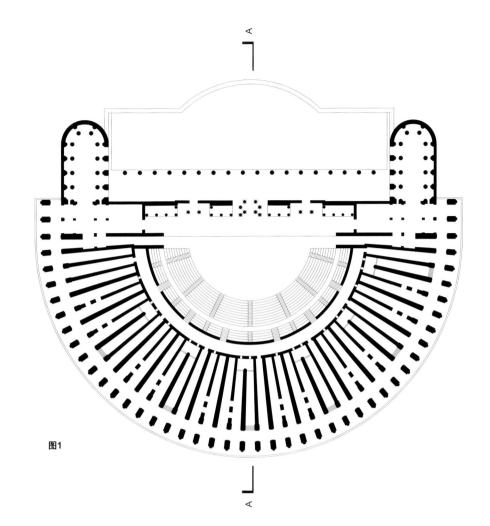

图1

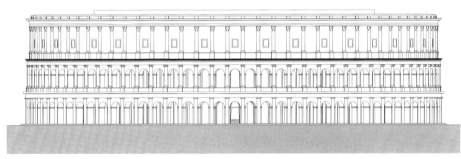

图2

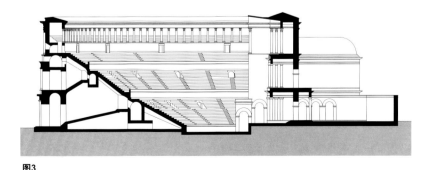

图3

第七章　文化与娱乐建筑

卡拉卡拉浴场

意大利，罗马；212—216年

卡拉卡拉（188—217年）是罗马帝国最凶残的皇帝。他以防卫为借口杀死了自己的弟弟，独吞了皇位。亚历山大港的居民为这事还编了一个讽刺剧，该剧在当地深受欢迎。后来，卡拉卡拉派兵洗劫了亚历山大港，据卡西乌斯·狄奥考证，两万名亚历山大港居民被杀。早期罗马帝国皇帝们的画像看起来都像平静的哲学家，但卡拉卡拉的画像看起来更像是一个激情澎湃的战士。卡拉卡拉一次在路边小便时死于自己的一个保镖之手。卡拉卡拉对罗马进行了为期6年的独裁统治，如果不是因为他在执政期间修建了温泉浴场，后人对他肯定不会比对他以后的罗马皇帝们印象深刻。卡拉卡拉以后的罗马皇帝们生活大都简单，只是偶尔才会奢华一下。

卡拉卡拉最大的贡献就是修建了以自己名字命名的公共洗浴设施。该洗浴设施气势恢宏，虽然被毁了，但依然是罗马最值得一去的景点之一。该建筑是罗马帝国修建的最后一批大型建筑之一，从那以后，人们就把精力转移到了君士坦丁堡（建于324年）。普通老百姓要想住在罗马不是一件容易

的事。3世纪时，罗马城中心到处都是纪念性建筑。虽然这些纪念性建筑给人们带来了优越感和高贵感，但老百姓的私人住宅却不坚固，而且很窄、很脏。很多罗马皇帝都没有改善基础设施，而是选择修建具有纪念意义的公共浴室。他们觉得这样可以让老百姓觉得人人都是特权精英的一分子。

罗马帝国的所有城市都有公共浴室，当时的罗马人认为洗浴是一件快乐的事情。洗浴时，人们需要先让身体升温出汗，然后用润肤油擦拭身体，最后靠凉水或游泳来降温。在提图斯、图拉真、戴克里先和卡拉卡拉执政期间修建的罗马皇家浴室里，虽然洗浴用的每一个房间都具有纪念意义，但是同时期的私人浴室也同样具有这些特点。在公共浴室，男浴室和女浴室是分开的，有时还会在不同的建筑里。更常见的情况是，男女会在同一天的不同时段在同一地点洗浴。在乎名声的女人们会选择在上午洗浴，并在男人们下午下班后来洗浴之前离开浴室。

卡拉卡拉浴场的核心部分是高温浴室。浴室的圆屋顶直径为35米（115英尺）。浴场的供暖

采用火炕供暖系统和地下火炉，热空气在地板下方和墙体管道中传递——这些地板和墙体上都镶有精美的马赛克图案。浴场中轴线位置有一个体积较小的温水浴室，这是一个能保暖的圆屋顶中央大厅；一个冷水浴室以及一个长54米（177英尺）、宽23米（75英尺）的露天游泳池，游泳池周围的高墙装修得非常精美。

浴场的中央区（如图所示）是一些辅助空间，用来更衣和锻炼身体。人们可以在中央区周围的健身房练习体操和拳击。中央区的面积相当大，有400平方米（超过4300平方英尺）；高出周围的街道水平面6米（20英尺）。中心区域还有很多商店、一个图书馆和很多树。

浴场的周围有很多建筑。在管理区和温泉区，珍贵的古老塑像随处可见，这些大多是令人景仰的希腊青铜塑像，有些塑像现在还陈列在梵蒂冈的博物馆里。卡拉卡拉浴场里有一座4米（13英尺）高的希腊医神阿斯克勒庇俄斯塑像和一座法纳斯大力士塑像——他们分别是健康和体育的专属守护神祇。

图1：平面图

1. 高温浴室
2. 温水浴室
3. 冷水浴室
4. 健身房
5. 游泳池

图2：图1中A-A区域的剖面图

图3：南侧立面图

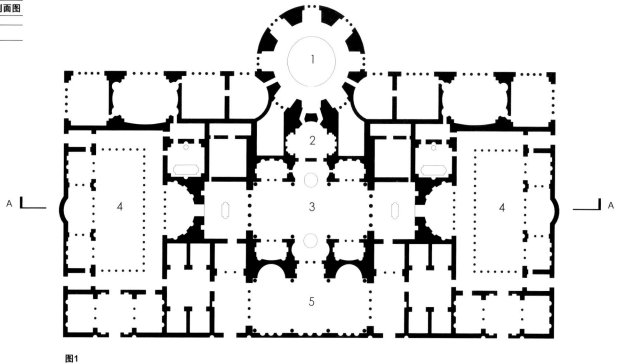

图1

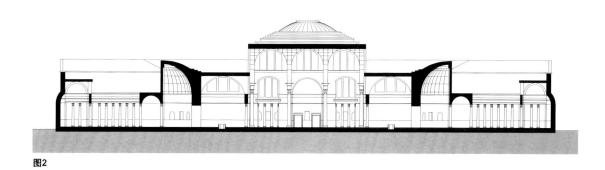

图2

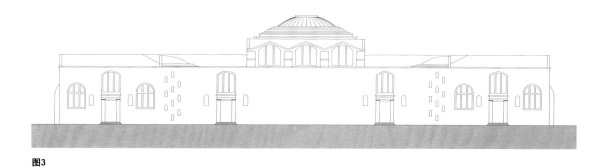

图3

第七章　文化与娱乐建筑

奥林匹克剧场

安德烈亚·帕拉第奥（1508—1580年），文森佐·斯卡莫齐（1548—1616年）

意大利，维琴察；1580—1585年

维琴察奥林匹克剧场曾接待过各种各样的人：有钱人和仅仅来此学习的人。安德烈亚·帕拉第奥经他的赞助人特里西诺伯爵介绍，曾参与修建了维琴察奥林匹克剧场。帕拉第奥这个名字就是特里西诺伯爵给取的。特里西诺曾写过一部斗志昂扬的戏剧《索福尼斯巴》，该剧曾取得了巨大成功。他在设计维琴察奥林匹克剧场时将建筑与戏剧结合在一起，并将建筑设计看作一门应时应景的艺术。他认为高贵的建筑将成就高尚的生活。

在过去，当剧场要上演剧目时，帕拉第奥会专门为要上演的戏剧设计临时搭建物。他在晚年才真正有建一座剧院的想法，还好他那时候已经完全能胜任这项任务了——那时候他已经读过古罗马建筑理论家维特鲁威在公元前1世纪所写的有关剧院布局的书，还研究了几个古剧场的遗址，包括维琴察的一个剧场以及他在图中所画的位于维琴察南部城市普拉的一个剧场。

奥林匹克剧场的礼堂曾是一座中世纪城堡，近些年被当成了监狱使用。帕拉第奥当时只能在现存的结构下开展自己的工作，理想中的设计理念不得不对现实妥协。尤其明显的是，他本打算将观众席设计成半圆形，最后不得不将其压缩成了半椭圆形。观众席最后一排座位的四周是一圈科林斯风格的柱子，这些柱子紧靠着表演区的后墙，但是离房间的各个角落太远，所以不能设计楼梯间。

奥林匹克剧场是第一个室内剧场，但剧场的天花板绘有蓝天和白云，可以给人室外的感觉，阳光还可以通过檐口线上方的天窗照进剧场。

帕拉第奥在剧场还没完工时就去世了，后来由他的助手文森佐·斯卡莫齐接任了他的工作。虽然斯卡莫齐设计的剧场朴实、低调，但他的重要贡献是为剧场的首演剧目《俄狄浦斯王》设计的舞台布景，该舞台布景一直保留到现在。布景中的建筑物庄严、雄伟，非常适合表现悲剧中的夸张情绪，布景中的很多街道自舞台后墙上的开口向远处延展。斯卡莫齐在设计这些街道时，对文艺复兴时期令人痴迷的透视法进行了进一步拓展，他采用了加速透视法——从舞台后墙上的开口望去，建筑物突然变小。比起在有限的空间里设计街道，这样做给人的感觉更真实、更深刻，但这些"街道"毕竟不是真实的表演空间，当演员需要表演离开街道的场景时，似乎无从下手。

古罗马剧院里的塑像大都是众神或者皇帝——缪斯女神或者守护神。但奥林匹克剧场的塑像都是一些学术泰斗，这些塑像矗立在科林斯柱上方的檐口周围，被供在壁龛中和舞台墙的顶部。

奥林匹克剧场在首演成功后鲜有使用。如今，该剧场已成为一处非常罕见的遗址，它附近的居民就是它接待的首批观众。

图1：图3中A-A区域的剖面图

图2：图3中B-B区域的剖面图

图3：平面图

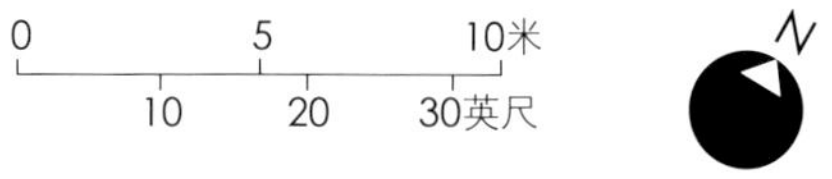

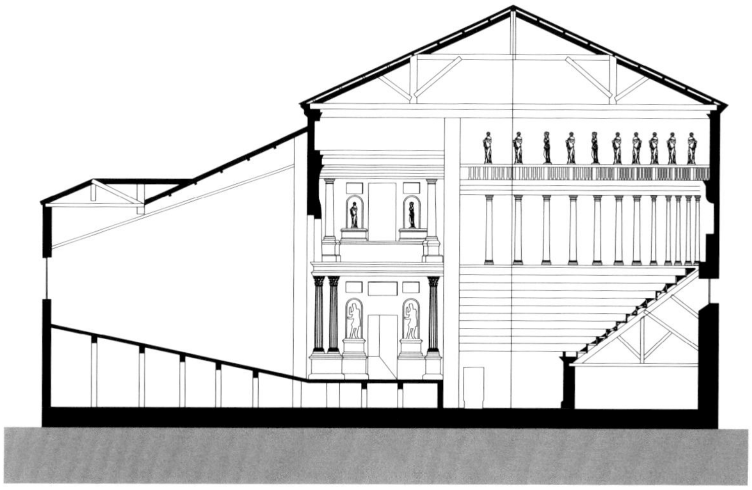

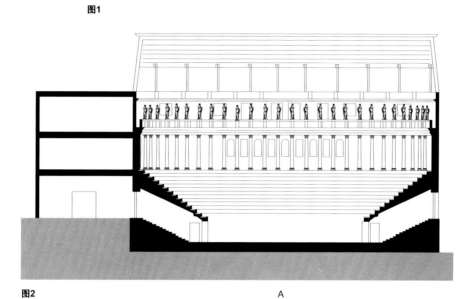

图1

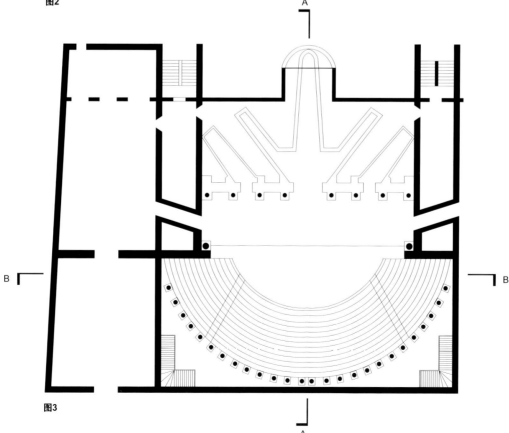

图2

图3

环球剧场

英国，伦敦；1598年

威廉·莎士比亚在其以英法阿金库尔战役为核心的戏剧《亨利五世》的开场白中阐述了自己对观众的期望。但是，两个大国的军队能在小小的舞台上大战一场吗？

这个小舞台能容下法国的万里山河吗？我们的木头圈子能容下阿金库尔那些气势磅礴的战士们吗？

答案是否定的。戏剧要想取得预想的效果，必须靠观众发挥想象力。"木头圈子"是一座开放式圆形剧场，现在叫作伦敦环球剧场，《亨利五世》首演就在此地。它之所以出名主要是因为莎士比亚的很多戏剧大都在此首演。原剧场很多年前就消失了，所以对页画的是修缮后的剧场。

不过，在泰晤士河南岸离原剧场不远的地方还真建有一个重建的环球剧场（如上图所示）。

环球剧场和帕拉第奥设计的奥林匹克剧场（见第272—273页）几乎是同时代建造的，但这两座建筑的风格却大不相同。环球剧场观众席的有些位置视线不好，看不到舞蹈演员们的表演，

但是剧场的音响效果却很好，观众几乎能听清演员们的所有台词。演员们可以从后台登台，特殊情况下，他们还可以从舞台上方的天花板或者天窗登台。不过这样一来，舞台布景带给人的想象空间就小了。

图画只能让观众想象，而莎士比亚戏剧里的对话却能把故事发生的地点描绘得很清楚。与21世纪的自然主义电影相比，莎士比亚的戏剧有大量台词，而21世纪的那些自然主义电影往往借助于音乐或外界声音来渲染故事的发生地和情节，演员有时只说一些很简单的台词，有时只是盯着某一场景，一言不发。对莎士比亚的戏剧而言，台词才是菁华。

如果去环球剧场观看戏剧表演，人们就会发现走廊里、庭院里甚至舞台上人头攒动。莎士比亚把剧场比作"脚手架"——其实整个剧场看起来的确很像一堆仅仅能够支撑住观众席的柱子，尤其是当演员的表演与观众产生共鸣时，这些柱子就会显得很不牢固。环球剧场的结构朴素、低

调，坚固的木质构架在世界各地的庄园建筑中随处可见。对于17世纪初的观众而言，环球剧场相貌平平，那时候的剧场只顾着迎接更多的顾客，对外观没有太高的要求。

巴洛克的建筑风格在英格兰起步较晚，同时随着安德烈亚·帕拉第奥继克里斯托弗·雷恩之后，对英国建筑风格的影响越来越大，这种建筑风格在英格兰的持续时间也很短。令人惊奇的是，"theatrical"（夸张的、做作的）一词常用来形容早期巴洛克建筑给人的印象，其实，那时候的剧院没法呈现今天所谓的这些夸张效果；后来有了人工照明的室内剧院，这些效果才得以实现。

图1：平面图

1. 舞台
2. 后台

图2：北侧立面图

图3：图1中A-A区域的剖面图

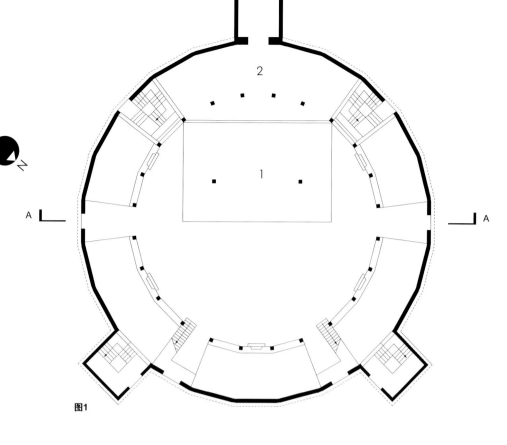

图1

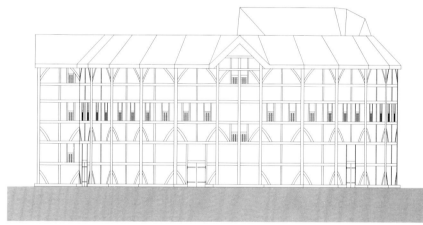

图2

图3

卢浮宫

皮埃尔·雷斯科（1515—1578年），克洛德·佩罗（1613—1688年），卢多维科·维斯孔蒂（1791—1853年）

法国，巴黎；约1190—1989年

巴黎到处都是笔直修长的街道，街道尽头多是宏伟、宽阔、结实的历史遗迹。放眼望去，这些历史遗迹清晰可见。街道将整个巴黎贯穿起来，形成了一道道熟悉的风景线。

最长的街道当属香榭丽舍大街，该街道的尽头是卢浮宫，或者说街道起点是卢浮宫，一路向西经过杜勒丽花园到达金顶方尖碑、老凯旋门，然后向远处延伸至新凯旋门。拿破仑中庭的卢浮宫门前是贝尼尼设计的路易十四骑马雕塑，从这儿望去，这些景点一字排开，非常完美。卢浮宫不仅仅是一座大厦，更是巴黎城市历史上浓墨重彩的一笔。

卢浮宫在12世纪时曾被用作防御工事，14世纪时皇室对其进行升级改造，因为坐落在西岱岛上的卢浮宫可以有更大的用武之地。以前的杜勒丽花园是设计师梅第奇从设计师菲利贝·德·洛梅（1510—1570年）手中接手杜勒丽宫时建造的，是现在的杜勒丽花园的一部分。那时候的花园位于城外，面对着城墙，周围是防御工事。

1590—1605年间，亨利四世建成了大回廊。

大回廊位于塞纳河畔，长400米（1300英尺），将卢浮宫和杜勒丽宫连在一起。大回廊的低层是居民住宅和作坊，住着很多艺术家和手工艺人。

1682年，皇家广场搬到了凡尔赛。在此之前，路易十四曾下令加固位于今天卢浮宫东部的方形广场（但还未完成）。方形广场上保存至今的苏利庭院由雅克·勒梅西埃设计，苏利庭院的设计风格和设计比例为后来的建筑设计树立了榜样。从那时起，建筑作品都没有护城墙，并且截止到1883年，杜勒丽宫的遗迹已不复存在。只有在那时候卢浮宫的地位才真的不可动摇。从那时起确定了卢浮宫作为一个博物馆的功能。

皇家广场搬到了凡尔赛后，路易十四将卢浮宫的古老雕塑进行了展览，并批准法兰西科学院使用卢浮宫。从1699年开始，法兰西皇家绘画与雕塑学院每年都要在卢浮宫举办展览。1789年法国大革命后，博物馆和画廊受到了更多的重视，拿破仑的战利品也丰富了卢浮宫的藏品。拿破仑三世为卢浮宫建造了带庭院的侧翼建筑（1857年

完工），这让卢浮宫的面积迅速扩大。侧翼建筑向西延伸，与杜勒丽宫尽头的一些展览馆连在一起。其中一个叫花廊的展览馆至今还和刚建好时一样，其他展览馆都是杜勒丽宫的其他部分被毁坏后重建的。

卢浮宫整体气势宏伟，但整体与内部的衔接直到20世纪80年代美籍华人建筑家贝聿铭（1917年—　）主持扩建工作后才得以完成。贝聿铭在拿破仑中庭下面设计了一个地下室，这样，北、东、南三翼就通过地下室这个流通空间连在了一起，今天的游客依然可以看到地下室里配备的各种设施。通过与街道同一层的玻璃金字塔，可以进入这个空间，然后就可以进入博物馆。

观察巴黎的整体规划图以及巴黎的道路和公园规划图，人们就会很明显地发现卢浮宫是巴黎最重要的建筑。难怪卢浮宫曾被当作国家首脑的住所——一个集政治权力和文化遗产为一体的地方。可是，政治权力随着杜勒丽宫的消失而消失了，如今的卢浮宫本身只不过是一处文化遗迹罢了。

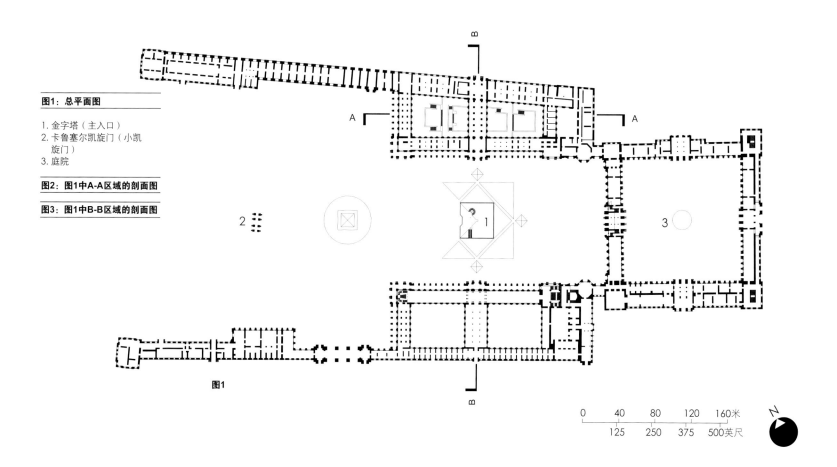

图1：总平面图

1. 金字塔（主入口）
2. 卡鲁塞尔凯旋门（小凯旋门）
3. 庭院

图2：图1中A-A区域的剖面图

图3：图1中B-B区域的剖面图

图1

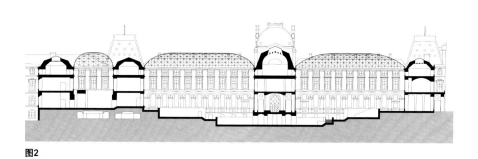

图2

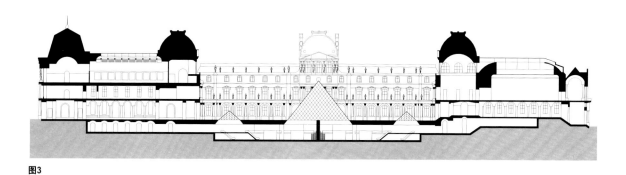

图3

柏林老博物馆

卡尔·弗里德里希·申克尔（1781—1841年）

德国，柏林；1823—1830年

卡尔·弗里德里希·申克尔晚年的杰作之一是雅典卫城（见第168—169页）。这座建筑颠覆了考古学的很多发现，为统治刚刚独立的希腊的巴伐利亚人奥托·维特尔斯巴赫接待外宾提供了一个好地方。

古希腊文化不仅对苏格兰，而且对西欧国家的很多知识分子都有很大影响。于1826年始建的苏格兰国家纪念碑位于卡尔顿山上，在此可以俯瞰整个爱丁堡，纪念碑就像帕特农神庙（见第16—17页）的翻版。巴伐利亚路德维希一世于1830年在雷根斯堡为自己修建了帕特农神庙的另一个翻版建筑——瓦尔哈拉殿堂。当然，瓦尔哈拉殿堂可能也有路德维希一世的儿子路德维希二世的功劳（路德维希二世曾修建了新天鹅堡，见第84—85页）。

19世纪20年代，时任柏林大学教授的哲学家格奥尔格·黑格尔指出，精神成就了古希腊的辉煌，现在轮到德国文化的辉煌时期了。100年以前，约翰·约阿希姆·温克尔曼对希腊艺术充满激情，这种激情感染了每一位读者。对温克尔曼来说，是艺术和体育的融合成就了伟大的希腊文化，这种融合给人们的思想和行为带来了力与美的享受。

整体来说，艺术的文化价值对社会大有裨益。1699年，卢浮宫（见第276—277页）的古董雕塑对普通大众开放；成立于1824年的英国国家美术馆于1838年对外开放；在柏林，普鲁士的弗里德里希·威廉三世将自己的藏品对外展览，并于1823年建立了王室博物馆。该博物馆由申克尔设计，1830年完工，后来新博物馆开始兴建，该博物馆就于1845年改名为老博物馆。

申克尔的设计遵循了古典主义的风格。老博物馆的中央仿照罗马的万神殿（见第108—109页）设计，营造了一种艺术氛围。博物馆的屋顶位于中部，周围有高栏杆，但人们看不到屋顶。申克尔认为这样设计的巧妙之处在于可以避免与隔壁巴洛克教堂屋顶的风格直接冲突。从外面看，博物馆就像一个爱奥尼亚式拱廊，但这个拱廊比古希腊很多经典建筑都要有纪念意义。它的柱子分为两层，规模堪比宏大的庙宇。柱子的柱基是一个巨大的正方形，整根柱子贯穿整个博物馆。柱子后面是很浅的门廊，但在门口的5个中央开间处变深。博物馆门口有两排柱子，博物馆的每一层都有相对成行排列的房间，可以用来展览。

申克尔设计的建筑轻盈、精致，即使最权威的作品也没有盛气凌人的感觉。令老博物馆的游客们感到惊喜的一个地方是博物馆中央广阔的空间，另一个是位于户外的楼梯全宽梯台，从梯台的后面可以看到门廊柱的全景（但这一"惊喜"被20世纪60年代安装的平板玻璃隔开了）。

博物馆外的檐口上是一排石鹰——每个柱子上都有一只，每只石鹰都蓄势待发，这些传统的装饰物充满了生机。博物馆顶部是裸体驯马师驯服烈马时的雕像，雕像坐落在屋顶底座上，以天空为背景。

图1：平面图

1. 圆形大厅
2. 庭院
3. 柱廊
4. 西厅
5. 北厅
6. 东厅

图2：南侧立面图

图3：图1中A-A区域的剖面图

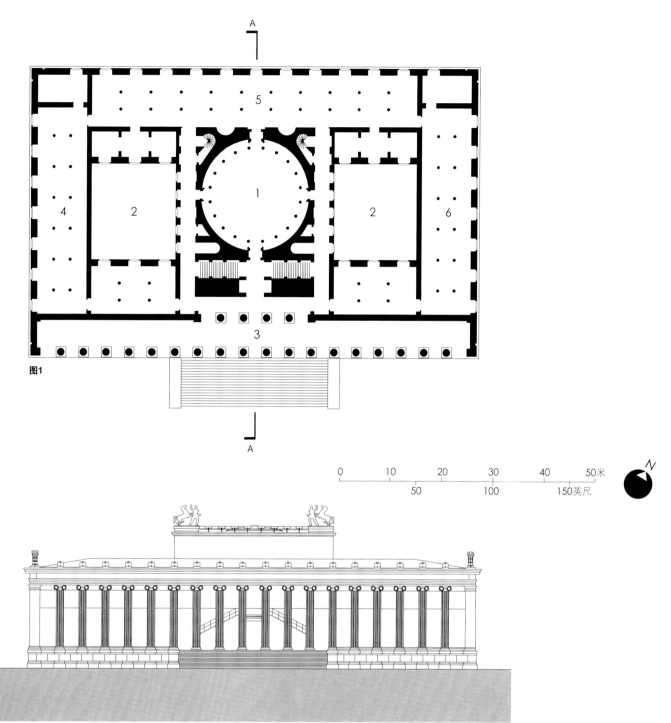

图1

图2

图3

水晶宫

约瑟夫·帕克斯顿（1803—1865年）

英国，伦敦；1851年

　　萨克森-科堡-哥达家族的阿尔伯特亲王与维多利亚女王结婚后，虽然没有成为英国国王，但他一直在幕后默默辅佐维多利亚，并把这项事业当作自己的信仰。他掌管着英国皇家专门调查委员会，负责监管威斯敏斯特宫（见第256—257页）的装修工作。在此期间，他负责挑选艺术家，并根据英国的历史选择装修的主题。他对成立于1774年的皇家艺术、制造和商业促进会的工作很感兴趣，并在1847年授予他们皇家勋章（今天人们所熟知的皇家艺术学会前身就是皇家艺术、制造和商业促进会）。

　　万国工业博览会的灵感源于皇家艺术学会每年都要举办的展览会。1850年，英国成立了皇家专门调查委员会，由阿尔伯特亲王任主席，亨利·科尔任行政长官。他们与学会的其他成员一起工作时曾组织过一次国际建筑大赛，希望能设计一座建筑可以在伦敦的海德公园开展览会，但是最终却不了了之。这样的建筑必须很大，并且要很快就能建好，同时展会结束之后必须拆除。

　　约瑟夫·帕克斯顿也有幸参与设计该建筑。他曾是德比郡查茨沃斯庄园的主管园丁，并为主人德文郡公爵建造了一间温室。他也曾是米德兰铁路公司的主管，在此期间他认识了英国皇家专门调查委员会的一个顾问。帕克斯顿认为如果采用工业方法生产温室的零部件——能排水的铁制构件，用来支撑巨大的玻璃层，温室就可以设计得更大一些。同时，零部件装配起来也比传统建筑方法更快。在米德兰铁路公司的一次董事局会议上，帕克斯顿在一张吸墨纸上大致画了一下自己的设计方案。8个月后，这座建筑就完工了。

　　万国博览会举办得非常成功。博览会上展出了很多先进技术，包括工业机械，还有其他领域的东西，比如，丝绸、家具、绘画、餐具、矿产——其中包括世界上最大、最著名的钻石"光之山"。游客带来的收入足够支付展览会的成本以及在海德公园南部购买土地的费用。海德公园南部那片土地后来被称为"阿尔伯特城"。该地

的教育建筑群充分展示了英国的制造实力和设计实力：帝国学院、维多利亚和阿尔伯特博物馆、自然历史博物馆、科学博物馆、皇家艺术学院以及皇家阿尔伯特艺术科学厅。皇家阿尔伯特音乐厅最初叫作艺术科学中央大厅，1871年建成后，维多利亚女王为纪念去世的夫婿而将其改名为皇家阿尔伯特音乐厅，与穿过海德公园的阿尔伯特纪念塔遥相呼应。

　　水晶宫的建成引起了巨大反响。有人说它是一种新式建筑，有人却认为它根本就不算建筑。帕克斯顿的设计摆脱了"风格"的束缚，而是选择从实用的立场出发。两侧走廊下面都有非常实用的底座——这样设计可以避免砍掉很多树。整个水晶宫几乎由脚手架组成，防水的屋顶可以保护展品和参观的游客，但人们几乎看不到屋顶。尽管如此，水晶宫还是凭借自身的现代化形象以及对国际展会或世界博览会传统的继承和发扬吸引了全世界的眼球。

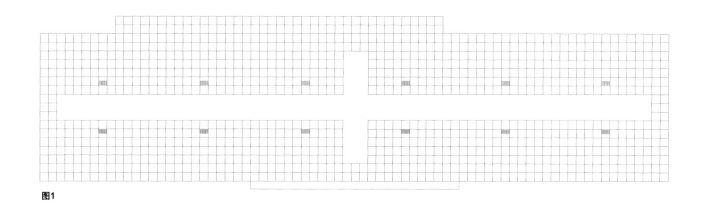

图1

图2

图3

图1：平面图

图2：东侧立面图

图3：南侧立面图

图4：细节图

图4

加尼叶歌剧院

查尔斯·加尼叶（1825—1898年）

法国，巴黎；1862—1875年

在巴黎市中心卢浮宫（见第276—277页）的转角处有一条街道，街道尽头就是加尼叶歌剧院。之所以改名为加尼叶歌剧院，是为了避免与巴士底广场新建的一个歌剧院混淆。加尼叶歌剧院以建筑师的名字命名，而没有以赞助人或者剧院某位作曲家的名字命名，该建筑意义重大，影响不可忽视。

与卢浮宫一样，加尼叶歌剧院也是巴黎的标志性建筑。歌剧院的外观，尤其是雕塑细致传神、非常气派。歌剧院颇具法兰西第二帝国的特点，采用了新巴洛克风格，在那之前最流行的是新古典主义——剧院投入了19世纪法国的财力和生产工艺，比18世纪巴洛克风格更加华丽。

只有进入歌剧院内部，人们才能见到一个真实的歌剧院，才能明白它的真正用途。将加尼叶歌剧院和环球剧场（见第274—275页）对比后就会发现，剧院形成自己的风格居然花了250年的时间。在环球剧院，观众席几乎占用了剧院的全部空间。但是，在加尼叶歌剧院，观众席设在歌剧院的纵深之处，观众席居于平面和割面的中央，但除此之外剧院还有更多的结构组成。首先，舞台上有一套巨大的装备，包括平台和电缆之类的东西，这样可以很快转换舞台布景：宏伟的宫殿很快就能变成森林、岩洞，或者艺术家的阁楼。

舞台后面每层都有很多小房间，里面是演员的演出设施。演出时，乐手们位于舞台前方的一个半隐半露的乐池里面，观众看不到他们。

起初，加尼叶歌剧院完全靠人工照明——通常是煤气灯，但是主要演员出场时会使用石灰聚光灯照明。剧院观众席的天花板上有一个巨大的煤气灯，用来加热顶部的空气并使空气通过透气的圆屋顶流到外面去。顶部流动的空气会降低底部的气压，这样一来，新鲜空气就流到了观众席。

加尼叶歌剧院的舞台和后台占据了剧院大约一半的面积，观众席占了另四分之一，剩下大部分空间用作人群疏散，这一切都颇具皇家风采。这些空间被一个风格夸张的大楼梯组织起来，楼梯采用雕花玻璃装修，非常精美，极具魅力，这是整个歌剧院的核心，当时法兰西第二帝国的贵族和资产阶级们曾在此争相炫耀自己的风采，标榜自己的时尚地位。

虽然歌剧院里的这些东西都不足为奇，但是整个歌剧院却可以令人想象出当时的盛况，至于舞台表演，那仅仅是诸多重大流程的一个附属环节罢了。

图1：南侧立面图

图2：图3中A-A区域的剖面图

图3：底层平面图

1. 排练室
2. 舞台
3. 观众席
4. 主楼梯
5. 入口大厅

图1

图2

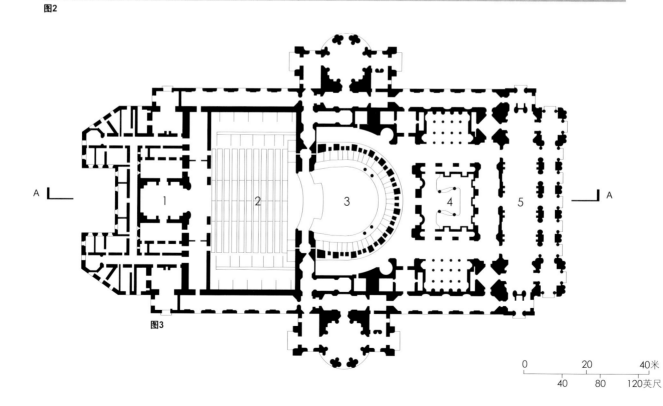

图3

第七章　文化与娱乐建筑

柏林爱乐音乐厅

汉斯·夏隆（1893—1972年）

德国，柏林；1956—1963年

交响乐团是西方文明的一大瑰宝，它既能调动人们的情绪，又能带给人安静。21世纪的人们听的大都是录制好的交响乐，或者在家、商店或者旅行途中用耳机听交响乐。但在过去，音乐却并不普及。

19世纪以前，古典音乐常常出现在教堂或者雇有私人乐师的贵族家庭里。社交场所或舞厅也常常演奏音乐，但那时候还没有专门演奏音乐的地方。虽然维也纳金色大厅于1870年开放、阿姆斯特丹音乐厅于1888年开放、波士顿交响乐厅于1900年开放，但专门用来演奏音乐的音乐厅大都是20世纪才建成的。

建造音乐厅要注意两个问题：一个是音响效果，另一个是观众的位置。这两个部分要分布在不同的方向，因为有一点很重要，那就是音乐厅必须要能提升音效。如果这两部分的方向不对，不管演奏者的技艺有多高超，声音都会听不清。声音要产生足够的共振需要一定量的空气，这就要求天花板一定要高，而且声音必须要能反射到观众席，否则听起来就会死气沉沉，而且听不清。随着音乐厅的不断发展，交响乐团为了产生更多的声音，规模也在不断壮大。

与罗马的圆形露天剧场一样，伦敦的皇家阿尔伯特音乐厅设计得就非常合理，坐在观众席上，音乐厅中央的演出一览无余。皇家阿尔伯特音乐厅的曲线墙具有聚声功能，但是，音乐厅有个很明显的缺点，那就是在1871年的一次开场表演中，能听到远处传来的回声（该问题直到1969年才得以解决）。好的音效得益于声音能很好地扩散，而不是很好地聚集。在装修华丽的建筑里，不规则的表面使得声音可以很好地扩散。在表面平坦的现代建筑里，要想取得如此效果还需另想办法。

汉斯·夏隆在设计柏林爱乐音乐厅时，采用的策略是修建一系列能从不同方向反射声音的行墙。音乐厅的屋顶自下向上凸起，这样更有助于声音的扩散。对观众台的布置反映出音乐厅不同位置的音效不同——不是所有位置都能听到同样大小的声音。大部分观众都坐在交响乐团面前，与乐队指挥面朝同一个方向。但是，乐团背后还有一些座位，因为那个地方离乐团比较近，无论如何要比远离乐队的位置好。

音乐厅的观众席也被分成了不同的区，每个区能容纳100人左右，每个区的占地面积与交响乐团的占地面积差不多。整个音乐厅远离地面，人们沿楼梯穿过宽阔的休息室后就能到达音乐厅中自己想去的地方。

爱乐音乐厅的平面图看起来相当复杂，据说，工人们看到之后都觉得很头疼。但现在一切进展都很顺利，音乐厅可以很好地服务听众，在演奏者当中也是口碑甚佳。爱乐音乐厅的音响效果非常好，听众们再也不用忍受嘈杂声音的煎熬了。

图1：图2中A-A区域的剖面图

图2：下层平面图

图3：上层平面图

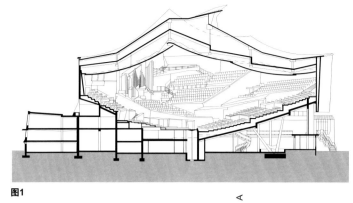

图1

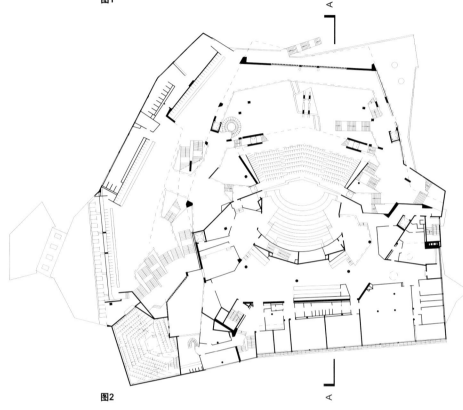

图2

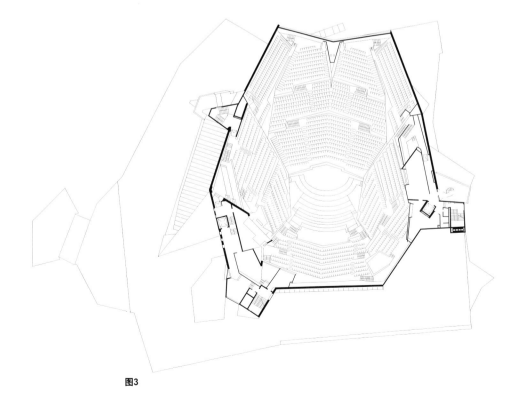

图3

第八章
纪念性建筑

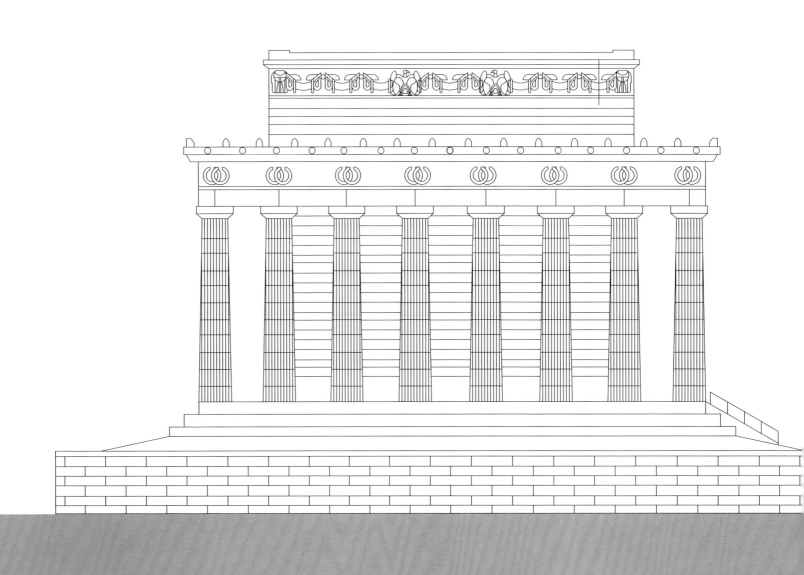

记忆可以被转瞬即逝的感觉所唤起。亭台楼阁的味道，一副儿时伙伴迷路的形象。但是那些寻求自己或他人长久名声的人通常都会通过建筑来青史留名。哈利卡纳苏斯的摩索拉斯纪念碑力压群雄，成为世界奇迹之一。它给来到这里观看奇迹的人心中植入了太多唤醒的记忆。参与施工的人都是最顶尖的雕刻家和建筑师，建筑规模十分庞大。宏伟的摩索拉斯陵墓在现代世界已经不再时尚，但是似乎这些纪念碑的规模都没有上限，只要工程在权力和金钱可以承受的极限之内。

一些埋葬地有着超自然的目的。很显然的是考虑到统治者的名声不朽，大金字塔的建造者和陵墓陪葬有兵马俑的中国首位皇帝，他们都认为死亡是可以战胜的，统治者在来世也会

有好的待遇。列宁的遗体被安放在红场的列宁墓中供人们参观。孙中山墓的修建与此类似，但遗体的处理方法略为不同。人们将墓修得规模宏大。华盛顿的林肯纪念堂前的雕像向外面对整条轴线，其对石棺的安置方式令人联想起巴黎荣军院的拿破仑墓。

罗马人不仅为国王修建了巨大的陵墓，也记载了重大的事件。他们会建设凯旋门作为临时建筑，迎接伟大的军队，当英雄国王非常正式地到达广场享受民众的欢呼之时，他们就会重修凯旋门作为永久性纪念碑，配上顶级的雕像来彰显这一成就。这一构想在图拉真国王的纪念柱上得以继续完善，这里的纪念碑造型优美，但却有一段连续性的雕带沿碑螺旋上升，用浅浮雕大理石展

示征服达契亚的喜悦之情。

纪念碑几乎都是庄严肃穆、形式老旧的。荣军院穹顶的历史在1861年拿破仑在这里安置老兵之时已有150年的历史了，建筑时尚已经从旺盛的巴洛克转变到新古典时代的严谨线条，这在陵墓上显而易见，再后来几个世纪犹在林肯纪念堂上得以重现。拿破仑和法国将军共处一墓，并不是圣丹尼斯陪伴着君王。到最后，他就位于最为不朽的城市——法国巴黎，比他的所作所为更加耀眼的地方。

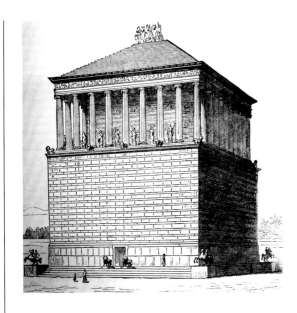

摩索拉斯陵墓

萨提罗斯和皮提亚

土耳其，哈利卡纳苏斯（博德鲁姆）；公元前353—公元前350年

摩索拉斯逝于公元前353年，他的妹妹阿尔特米西亚也是他的妻子，这在当时的波斯统治阶层中并不罕见。她对丈夫用情至深，这促使她饮尽了他的骨灰，这样他就可以永远埋在自己的身体里，不仅如此，她为其树立了一个巨大的墓碑，这也就是我们现在所熟知的世界奇迹：摩索拉斯陵墓，它最开始是摩索拉斯本人的名字，后来成了陵墓的通用名。

哈利卡纳苏斯城也是当时波斯帝国的一部分，摩索拉斯的官衔是总督而非国王。摩索拉斯是国家任命的官员，受巴比伦国王的领导，但是他的行事方式几乎是完全自治的。在他之前这里由他的父亲统治，但是他在安纳托利亚本土及其附属岛屿拓展了自己的疆土。他将其首府从麦腊莎搬到了哈利卡纳苏斯。他还改造了港口，建造了希腊式的建筑，其中包括一个剧院和一座阿瑞斯神庙（希腊战神）。阿尔特米西亚从希腊带来了很多艺术家来建造摩索拉斯陵墓。所以，尽管这里叫作卡利亚，处于波斯的统治之下，但是在文化上有着强烈的希腊特色。

萨提罗斯和皮提亚为世人所知主要是因为修建这座陵墓，但这不可能是他们第一次修建陵墓。皮提亚后来还为马其顿的国王亚历山大（亚历山大大帝）设计了普南城的雅典娜神庙，于公元前323年竣工。皮提亚还雕刻了巨大的驷马大理石战车，建造了陵墓的台阶式金字塔屋顶。其他的雕刻家还有帕罗斯岛的斯科帕斯、布莱恩瑟斯和提莫休斯，他们在当时都非常有名。

偶然遗留下来并得到鉴证的莱奥卡雷斯的作品意味着他更为现代世界所认知推崇。他雕刻过两个最为出名的古代人物——雅典娜和阿波罗，从凡尔赛宫和梵蒂冈的罗马人复制品中我们可以看出（凡尔赛的雅典娜雕像和阿波罗瞭望台）摩索拉斯陵墓的建筑和雕刻水平之高，据说这些艺术家工作都是没有报酬的，他们是为了艺术的荣耀而为之奋斗。

摩索拉斯陵墓地基标高以上没有残存任何东西。这里有一些雕像，如风化的摩索拉斯和阿尔特米西亚大理石雕像以及一头大理石狮子现存于大英博物馆。宏伟的建筑基本上完整无缺，1400年前后的一系列大地震使它上面的石块跌落不少，从那以后，这里堆积的石头成为附近建筑物的采石场。一些大理石板依然可以见之于博德鲁姆城堡，基督教十字军东征以及圣约翰骑士团导致摩索拉斯陵墓崩塌，博德鲁姆城堡随后才开始修建。

阿尔特米西亚死后，她的弟弟和妹妹伊地里尔斯和艾达接替了总督之位。伊地里尔斯死于公元前340年。艾达统治了短暂的一段时间，随后她的另一位弟弟披克索达洛司从其手中夺走了这里的控制权。在他死后，他的女婿奥朗托贝特斯在公元前334年执掌大权。就在这时，亚历山大大帝征服了这片土地，包围了这座城市，最后将这里夷为平地。亚历山大恢复了艾达先前的职位，并准备让她的养子继承这一头衔。公元前331年，巴比伦王庭投降，亚历山大进而控制了整个波斯帝国。从此，哈利卡纳苏斯彻底成为了希腊的领土。

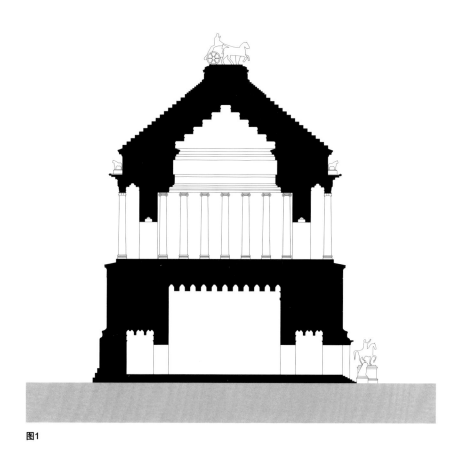

图1

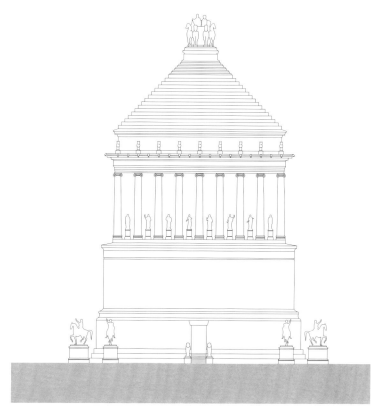

图2

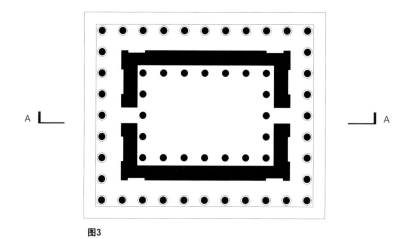

图3

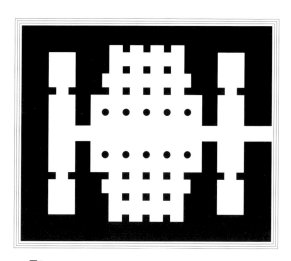

图4

图1：图3中A-A区域的剖面图

图2：立面图

图3：上层平面图

图4：底层平面图

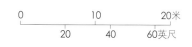

第八章 纪念性建筑

秦始皇陵

中国，陕西省；公元前246—公元前207年

在好莱坞电影中，似乎考古学家总因古墓的复杂构造遭遇生命危险。一旦坟墓里有宝物同死者陪葬，就总有盗墓者入侵墓地。尽管如此，大部分的墓地仅仅靠其坚固的外部结构和防护来达到保护墓地的作用（这种作用其实是很薄弱的），而不是借助于构造精巧的护墓陷阱来防止盗墓者的入侵。

陕西的皇陵却是个例外。据古书记载，在陵中的过道里设有很多十字弓，以便在有盗墓者入侵的时候能迅速直击盗墓者的头部。让人难以置信的是，直至今天这种防护设计仍发挥着有效作用，该皇陵至今也完好无损。

这个皇陵就是中国首位皇帝秦始皇（公元前259—公元前210年）的陵墓。他在13岁的时候就继承了皇位，并着手修筑自己的陵墓。当秦始皇统一中国之后，他拥有了至高无上的权力，陵墓的修筑力度也相应加大了。秦始皇开始修建道路，并着手建造古代长城的工程。秦始皇急于延长自己的寿命，派了很多探险者为他寻求长生不

老药。但是，由于这些探险者都深知，如果自己无法为秦始皇带回长生不老药，就会必死无疑，所以出去之后便不再回来。

据官方文件记载，秦始皇"焚书坑儒"，把与自己想法相悖的书籍统统焚烧，并且活埋了很多文人儒士。他似乎很希望有人能为他找出长生不死的良方，却未能如愿。为了长生不老，秦始皇听取方士的建议服用了大量的汞丸，由于这些汞丸在体内堆积成为毒素，秦始皇于49岁时中毒身亡。

7000名工匠辛苦劳作了39年才建成秦始皇陵的说法显然有些夸张，或许他的陵墓环绕有100条汞河的说法可能也不太真实。然而，这确实是一项巨大的工程，建筑面积和一座城市相当，而且所有的工程都是地下的。

陵墓的大多数地方还没有被发掘出来，已经发掘的地方令人吃惊。有4条甬道发掘出了站立的人形兵马俑。最后，因为秦朝存在的时间很短，这项工程还没有完工就被割弃了，那时只填满了3

条甬道，大约8000座兵马俑——这是一整支带有战车和马的军队。甬道内铺有夯土墙以及砖铺地板。这些陶俑都是由铸型部件制成的，再加以不同的面部特征和表情而显得具有个人特色。面部涂有彩绘，但是颜色已经褪去。

这里安置有20户家庭来守卫这座陵墓，和摩索拉斯陵墓截然相反的是，他们并不想宣传其居住者永恒的名声。虽远离公众视线，但必须有神秘的功能，保存秦始皇在另一个世界继续统治帝国的能力。

图1：总平面图及周边建筑示意图

1. 建筑遗址
2. 兵马俑陪葬坑
3. 青铜水禽陪葬坑
4. 陪葬墓
5. 工匠工作与生活遗址
6. 石料加工场遗址
7. 刑徒墓地
8. 沙河
9. 防洪堤

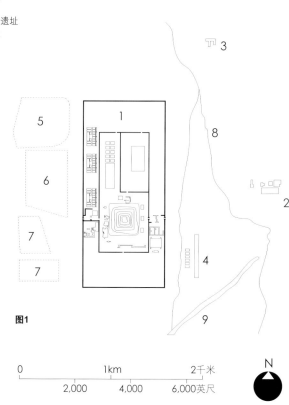

图1

```
0          1km          2千米
    2,000      4,000      6,000英尺
```

N

图2：陵墓平面图

1. 封土堆
2. 陪葬坑
3. 独厅
4. 铜车马陪葬坑
5. 原封土东界
6. 石甲胄陪葬坑
7. 百戏俑陪葬坑
8. 文官俑陪葬坑
9. 动物坑
10. 原封土西界
11. 飤官遗址
12. 便殿遗址
13. 妃嫔陪葬墓
14. 园寺吏舍遗址
15. 陪葬墓

图3：图2中A-A区域的剖面图

1. 封土堆
2. 墓室
3. 细夯土墙
4. 宫墙
5. 地下阻排水渠

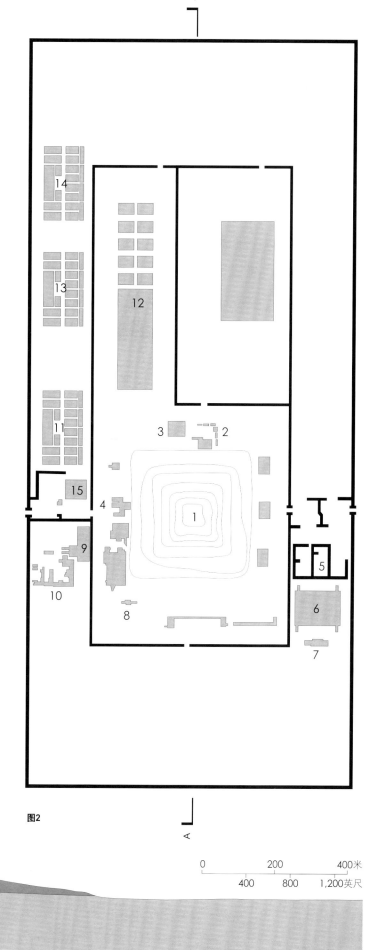

图2

```
0          200          400米
    400       800      1,200英尺
```

图3

纪念柱

罗马，图拉真纪念柱；106—113年 | 罗马，马可·奥里利乌斯纪念柱；193年 | 巴黎，旺多姆纪念柱；1806—1810 | 伦敦，纳尔逊纪念柱；1843年

图拉真皇帝（罗马皇帝，于公元98—117年在位）命人在罗马修建了一片宏大的建筑群，其中包括一个广场、一座神庙、一座长方形会堂、图书馆以及各种市场。它们中间唯一依然耸立且行使着最初的一些功能的是一座纪念柱，它曾经支撑着一个巨大的老鹰雕像，后来图拉真国王死后，它被国王本人的比人形稍大的雕像（上左图）所代替。纪念柱高约30米（100英尺），由20个直径约3.7米（12英尺）的鼓组成，由坚固的卡拉拉大理岩切割而来。每一个鼓面都被掏空，以容纳一座旋转楼梯（直接从鼓上完整雕刻而来，而非各自建好装配），楼梯通向一座木制围栏的平台，就在刻有简单的多利安字母的纪念柱之上。楼梯光线来自插入石鼓墙面上的窗槽，从外面难以看见，因为它被柱子上的装饰遮挡。

纪念柱的柱轴上雕刻有图拉真征服达契亚（今在罗马尼亚和匈牙利）时的图景。它们都雕刻在沿着柱盘旋而上的雕带上，高度逐渐增加，从约60厘米（24英寸）的地基增长到约120厘米（47英寸）的顶部，但是我们凭肉眼不可能看到

高处的具体细节。纪念柱竣工之时，它立于一座广场之上，图书馆侧面外环绕有几排美术馆，所以现在在雕带的上层雕刻更加容易看到，柱上的突出部分应该点饰的是镀金和彩色颜料。

马可·奥里利乌斯（西方哲学家）的纪念柱遵循了同样的建筑模式，1589年这一对纪念柱在教皇西斯都五世的主导下进行重修。马可·奥里利乌斯纪念柱的地面标高增加了大约3米（10英尺），底座上升到了新的地平面。后来，圣保罗的新雕像代替了马可·奥里利乌斯的雕像，正如圣彼得的雕像代替图拉真雕像一样。马可·奥里利乌斯纪念柱上雕带上的纹路更加滑稽，有可能是想要让他本人的影响力更为深远。雕像从帝王换成了圣徒，这和一些早期的拜占庭圣徒有着分不开的联系，其中最突出的是西米恩·斯戴利特斯，他决定要住在纪念柱顶上接受苦行。

旺多姆广场上的纪念柱是由拿破仑建立的，以宣布自己1805年在奥斯特里茨战役中的胜利。该广场是1702年路易十四在先前旺多姆公爵的土地上建造的。新建的广场被称作征服广场，其中

心装饰品是路易十四的骑马铜像，1792年该铜像被革命人士捣毁。拿破仑在奥斯特里茨击败了神圣的罗马帝国和俄罗斯的联军，这场战役的细节被雕刻在盘旋上升的纪念柱铜板之上，这是模仿了图拉真国王的纪念柱。这里已经和胜利相互联系起来，而且纪念柱上立有身着罗马服饰的拿破仑雕像，该雕像也多次被替代。整座纪念柱在1871年巴黎公社革命期间被革命人士推倒，随后又得以重建。

在英国伦敦也竖立有同样类型的纪念柱，以纪念海军中将纳尔逊勋爵，他生平多次击败拿破仑的海军，其最重要的胜利是1805年的特拉法加海战，他本人也在此结束了英雄的一生。该纪念柱竖立于1840—1843年，是在各种建筑的大杂院上修建起来的，放眼望去清晰可见，这里就被称为特拉法加广场。金铜立体板环绕着基座，人们可以清楚地看到这座雕像。纪念碑的主体部分是由花岗岩砌成，上面刻有凹槽，为科林斯柱头，有青铜雕刻。纳尔逊的花岗岩雕像看起来比伦敦最受欢迎的聚集地还要受人欢迎。

图1：罗马图拉真纪念柱图

图2：罗马马可·奥里利乌
斯纪念柱图

图3：巴黎旺多姆纪念柱图

图4：伦敦纳尔逊纪念柱图

图1　　　　　图2　　　　　图3　　　　　图4

帕奇小礼拜堂

菲利普·布鲁内莱斯基（1377—1446年），朱利亚诺·达·迈亚诺（约1432—1490年），米开罗佐·迪·巴托洛梅奥（1396—1472年）

意大利，佛罗伦萨；1440—1460年

佛罗伦萨的圣十字大教堂是最古老的也是最大的沿袭方济会风格的教堂之一，这是乔瓦尼·弗朗西斯科·德·圣伯尔纳（1181—1226年）所首创的建筑风格，其家乡是阿西西的圣弗朗西斯。教堂建筑始于1294年，后来它成为一些佛罗伦萨最杰出公民的埋葬地，其中包括米开朗琪罗、伽利略以及马基雅弗利。

帕奇家族是佛罗伦萨赫赫有名的家族，有着贵族血统，因为其家族有一名十字军士兵从耶路撒冷圣墓带回了一块石头。佛罗伦萨的复活节的庆祝方式是熄灭城内所有的灯火，然后通过火炬从大教堂采集来新火种再次点燃。新火是从耶路撒冷带来的那块石头划出的火花，每年都会由十字军的后裔来执行擦亮火种的仪式。

帕奇家族的财富虽然比不上美第奇家族，但却超过了其他的家族。家族有几位成员卷入了1478年在大教堂双杀未遂的纷争之中，对象是大弥撒朱利亚诺和洛伦佐·德·美第奇兄弟。人们称之为帕奇密谋，帕奇家族的荣耀从此黯然失色。密谋者被绞死，整个家族暂时被流放于佛罗伦萨之外。

帕奇家族依然雄心勃勃，志在取代美第奇进而统治这座城市，帕奇小礼拜堂是一种家族陵墓，同时也是有实际用处的建筑。它被建造为圣十字教堂的牧师会礼堂，也恰好就在人们所期待的位置之上：教堂南部回廊（这是方济会开会的地方，也是教堂的行政机关）。回廊形状并不规则，也没有形成环绕着中心开放空间的闭合线路。

小礼堂门廊看起来就像是回廊线路的一部分，但是对于一直相互联系的它们来说，回廊东边楼面和沿着北边回廊的建筑楼面高差过大，以至于难以连成一体。

门廊有6个科林斯式的纪念柱向外开放着，支撑着柱上楣构的装饰性雕带。为了明间显得更宽一些，柱上楣构上有一个缺口，装上了拱门。墙面相对平实，装饰有壁柱，以便和完整的纪念柱保持配对，但是柱上楣构之上的处理则是雕刻的极为精细、充分。用平顶镶板装饰的筒形拱顶之上雕刻有玫瑰花图案，位于拱门后面托架中部的位置有一个小穹顶，穹顶的装饰颜色为明亮的黄色和蓝色。弯曲的三角形（穹隅）就在圆屋顶之下，若置于平面上看，它们被雕刻成了扇贝壳的形状。

大型圆屋顶覆盖着主要的室内空间，从内部来看拱顶表面非常顺滑。如同几何学般精确，一排排的圆圈和方形就划分在塞茵那石上面，这是一种不同寻常的黑色石灰岩，装饰性雕刻手法极好，被应用在佛罗伦萨的主要纪念碑上面。罗比亚（1400—1482年）烧制好的陶器上面有蓝白色的圆形饰物，墙面上方还装饰有圣洁的人物。这样的建筑效果简朴，但是尽管如此，这也是善于交际、野心勃勃的家族非常得体的高尚礼仪。

这是文艺复兴时期最沉静的内部空间，优雅地解决了张力问题，而这在开始组合穹顶和立方体之时是不可避免的。

图1：平面图

图2：图1中A-A区域的剖面图

图3：西侧立面图

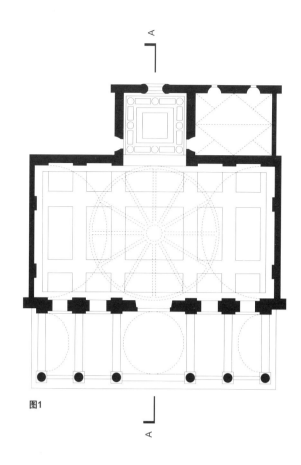

图1

图2

图3

坦比哀多礼拜堂

多纳托·布拉曼特（1444—1514年）

意大利，罗马；1508—1511年

　　1506年，布拉曼特开始着手在罗马建造圆顶的圣彼得大教堂。尽管动工时声势浩大，但是直到他去世后很多年这项工程才结束，但是由于期间有很多工匠改动了原来的设计，所以到最后完工的时候，这项工程便不再像布拉曼特的作品了。相反，他为蒙托里奥的圣彼得罗设计建造的神殿却拥有着比其规模所能表现的更为重大的意义。作为一个典型的布拉曼特式的建筑作品，它展现了布拉曼特对于一个建筑应有的理解。塞利奥和帕拉第奥在他们的有关建筑的书中介绍了坦比哀多以及其他古罗马建筑的改造。

　　依照传统，在尼禄国王因大火破坏了部分罗马城市而怪罪基督徒后，圣保罗在64岁被头朝下钉死在十字架上。坦比哀多由此也成为见证他们受难的场所。受难的地方据说是在卡里古拉以及尼禄的圆形广场，也就是在如今的圣彼得大教堂举行。尽管这个说法的准确性还有待商榷，但是这个传说却对理解布拉曼特的建筑非常重要。它被作为一个巨大的陵墓而建造起来，但是圣保罗的遗体却被认为不可能在这里。穹顶下面高一点

的空间内有一个圣坛，但太小不足以举行宴会。透过屋子中央的圆形格窗，就能看到在地下室有另外一个圣坛。圣坛的基石上记载着来自西班牙古国卡斯蒂尔的赞助人费迪南德以及伊莎贝拉的名字。这个建筑坐落在模特利尔的圣彼得罗教堂的回廊上，其中贮藏了很多华贵的艺术珍宝。

　　塞利奥在其对于坦比哀多的介绍中写到，它应该是被一个圆形的列柱廊环绕着（列柱廊在计划中是要修建的），最终却没有修建。它会把坦比哀多以及更大的建筑连成一体。正如此建筑一样，这个神庙被视作一个装饰品——一个比主教堂更具艺术凝聚力的建筑，它不仅为内部人员保存宝藏，而且也向世界展示了未经雕琢的面貌。

　　屹立在庭院中，坦比哀多从内到外都被精心雕琢，细节之处甚至达到了无可挑剔的地步，但也抹杀了一丝生机，展示出了肃穆、宁静的感觉。柱子呈现的是一种极尽普通（托斯卡纳）的样式，并且是无槽的，带着一个典型的基底和一个简单的柱头。它们托起的台口上多利安式的带状物与三竖线花纹装饰的柱间壁交替着。三竖线

花纹装饰是由矩形的面板一分为三而成，它代表着对梁的尽端的覆盖，并与下面的柱子对齐。

　　在希腊多利安式的教堂中，例如帕特农神庙以及坐落在巴塞的阿波罗·伊壁鸠鲁神庙中，三槽板中间的平面都是方形雕刻的嵌板，并且上面展示着作战的形象。在坦比哀多的建筑上显示着教堂礼拜仪式的元素——圣杯、捧香炉的侍僧以及烛台。建筑师甚至还成功避免了矩形神庙建造者面临的一个长期难以解决的问题：多利安式的带状物接近拐角，柱间壁就会改变比例来达到完美的队列（避免半个柱间壁在拐角的怪异现象的出现）。布拉曼特通过把带状物安装在一个没有拐角的圆形建筑物上回避了这个问题。

　　巴齐礼拜堂的建筑中体现了一些相似的改进，在壁龛顶部建造半穹顶时，出现了围堰、石雕以及扇贝壳。无论从构思还是从实施方面，它都是非常精确的，因此相较于花费了更多时间的项目来说，它也就成为一个更为完美的布拉曼特式建筑的例子。

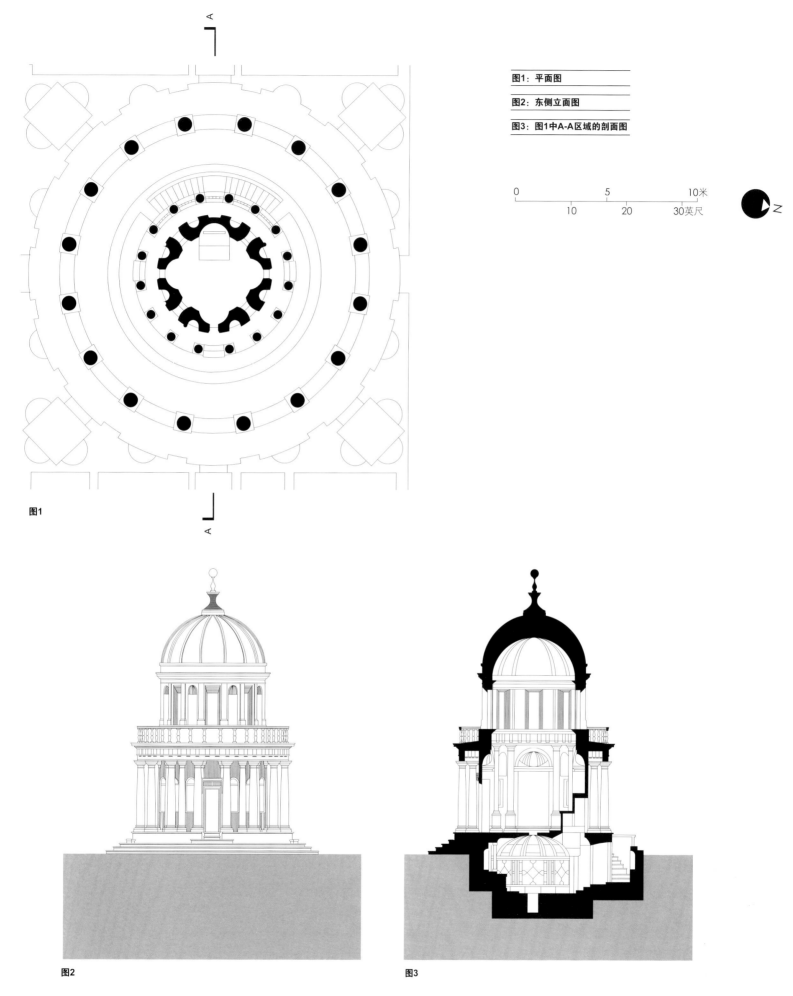

图1：平面图

图2：东侧立面图

图3：图1中A-A区域的剖面图

0　　　　　5　　　　　10米
　　10　　　20　　　30英尺

N

图1

图2

图3

第八章　纪念性建筑

巴黎荣军院

儒勒·阿杜恩·孟莎（1646—1708年）

法国，巴黎；1680—1708年

　　莱格利兹教堂是巴黎荣军院的皇家小教堂，荣军院是军事医院和退休地，年老的前法军官兵可以居住在这里，如果他们每天都参加礼拜的话。其穹顶规模相比于坦比哀多大教堂（见第296—297页）来说，更接近于圣彼得大教堂（见第32—33页），荣军院在这二者间寻求一致。

　　荣军院的住所由尼博拉尔·布吕昂设计，中心庭院面积稍大，中间有供军人使用的教堂，是圣路易斯所捐赠，其他14个庭院分布在其侧面。整体效果通过一座公园上的豪华轴线体现出来，公园里种植有成排的树木，种植规模和住所相一致。轴线始于香榭丽舍大道，有跨河大桥直通荣军院广场，竣工于1679年。

　　孟莎和布吕昂共同合作并监督教堂设计的完工，此后他们为圆顶礼堂做出的设计中引入石灰光灯，从而构成教堂的中心装饰品。路易十四的本意似乎是为自己以及他的继承人建造埋葬地，但是实际上他被埋葬在了圣丹尼斯，同其他法国国王一样，而荣军院则用来安葬和纪念军人中的

英雄。从1830年开始，拿破仑的陵墓直接位于圆屋顶之下，占据着中心位置：一个红色的石英岩石棺立在花岗岩灵柩台上，圆屋顶之下留出一个圆形均热炉建造成开放的教堂地下室。

　　从开工之时，荣军院穹顶就是巴黎一景，即使到现在，通过再次镀金和冷光照明，它的气势依旧恢宏。这并非偶然，因为成为城市的一道风景也是建筑的建造目的之一。

　　其内部空间尽可能高，但是由于外部屋顶上面有涂漆和镀金，所以屋顶再次升高，由巨大的空隙木材支撑着外层覆盖物。克里斯托弗·雷恩在修建英国的圣保罗大教堂时，也出于同样的原因而做出了相同的设计。

　　这个建造计划和泰姬陵（见第34—35页）惊人的相似，荣军院建造之时它就是一座崭新的建筑，此时其名声还未传至巴黎或者伦敦。最底层的厚墙有一些相对较小的开口，为了让它尽可能坚固，上层墙面要建得薄一些以减轻重量。

　　在荣军院，巴洛克式的剧院风格和夸张的手

法得到了完全展现。它们实际上有3层穹顶，最外层的是要给城市一种闪亮的效果。最下层的屋顶，也就是在檐口之上，由放射状的肋状镶板组成。这就留下了一只可以看见第三层屋顶的大眼睛——平滑的弯曲表面由小型远离视线的窗户照亮，上面涂有天空、云彩和活跃的人物的图景。这些设计都经过准确估量，效果确实辉煌至极。

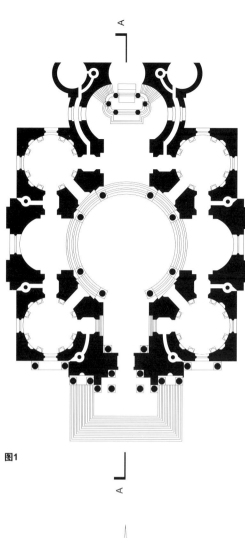

图1

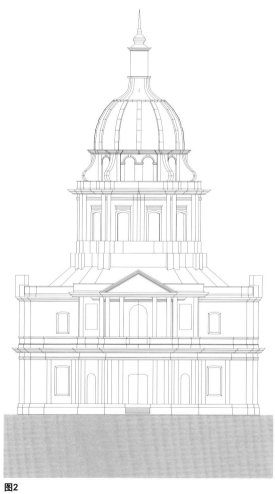

图2

图3

第八章　纪念性建筑

林肯纪念堂

亨利·培根（1866—1924年）

美国，华盛顿特区；1912—1922年

凡尔赛和巴黎豪华的巴洛克远景是由皮埃尔·查尔斯·郎方（1745—1825年）带到华盛顿的。他于1791年铺设了这里的第一条街道，正对着国家纪念碑的中央广场。他尽力控制设计的方案，但很快遭到摒弃，而国家广场的设想被保留了下来：辽阔的大片绿色视阈极佳，从东边的国会大厦到西边的林肯纪念堂只有3千米（1.86英里），纪念堂就建立在翻造的沼泽地上，使得比原来的建筑长度增长了两倍。

亚伯拉罕·林肯从1861年开始担任美国总统，直到1865年被刺杀。他见证了内战的爆发和结束，并且在1863年废除了奴隶制度。他并不是美国建国之时的元勋国父，但是他是最受美国人民爱戴的总统。

很早就有建立纪念堂的计划，但是直到1910年才获得国会的批准，决定建立一座最庄严的纪念堂。林肯纪念堂看起来像希腊神庙，这一说法是合理的，因为它和雅典的民主主义密切相关。一座巨大的林肯坐式雕像以米开朗琪罗的摩西姿势直面纪念堂入口，抑或是说君士坦丁的巨大雕像主持着他在罗马的长方形会堂，或者是奥林匹亚山的宙斯神庙。它面向通向首都的广场，沿着618米（2028英尺）长的池塘，倒映着华盛顿纪念碑的巨大方尖塔。

仔细观察，林肯纪念堂就不那么像一座神庙了。它的顶端并没有三角墙，却一直有平坦的屋顶，封闭的内室比周围有凹槽的巴黎多利安式纪念柱更高。

入口就在整座建筑物宽侧的中央，而非预想中的窄侧。拱廊设计上深藏寓意，正如柏林老博物馆（见第278—279页）。外层装饰的具体细节包括老鹰美国雄鹰，还有垂饰、花冠、狮头以及林肯所团结起来的州的名字。

室内空间被纪念柱分为三部分，而且侧面空间有着纯洁的白墙，除了削弱了颜色的标志性人物的喷漆雕饰挂在墙上，还有一块刻有林肯振奋人心演讲的大石板，被赋予法律的权威。（一侧是葛底斯堡演说的引语，另一侧是他第二次就职演讲的摘录。）

纪念堂内部由穿透半透明的优质大理石天花板的光线照亮，天花板由铜制的梁支撑，装饰有精致的橡树树叶和花朵。自从林肯白色大理石雕像落成以来，就一直使用安装有隐蔽的电力泛光灯，这也是最早一批使用的电子泛光灯。

这是一座20世纪的建筑物，纪念着一位富有勇气的社会改革家，一位行使过国王和先知权力的"伟人"。纪念碑的台阶也成为平民主义政治集会的所在地，包括总统在内都在此发表就职演讲。该纪念堂的分量得到有效地强化，因为马丁·路德·金就在这里发表了《我有一个梦》的演讲。

图1：东侧立面图

图2：南侧立面图

图3：平面图

图1

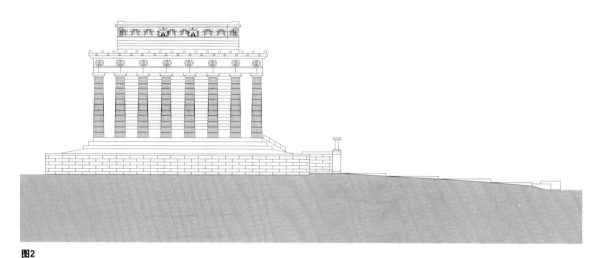

图2

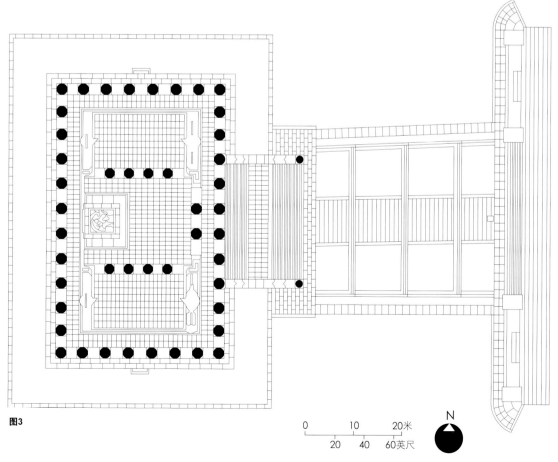

图3

0　　　10　　　20米

20　　40　　60英尺

N

第八章　纪念性建筑

中山陵

吕彦直（1894—1929年）

中国，江苏省，南京市；1925—1931年

在推翻清王朝统治，结束了2000多年的封建帝制之后，孙中山先生（1866—1925年）于1912年就任中华民国首任总统。尽管只当了44天的总统，孙中山先生仍坚持不懈地引领革命事业，发表振奋人心的著作以及不断地参与政治活动。他重组了国民党，并担任首任领导人。

孙中山在中国现代化进程中的重要性为其志同道合的革命同胞所称道。为遵照孙中山的遗愿，即将其遗体按列宁遗体的保存方式进行保存，这些革命同志举办了一场设计竞赛，要为孙中山设计一座纪念碑。吕彦直的中国古典风格（比赛规定的要求）的设计图获胜。但是，当时"中国古典风格"这一概念并没有清晰的界定。因此，在一定程度上，这座建筑的重要性就在于为这一概念确定了基本框架。

中山陵位于南京紫金山，孙中山曾想把现代中国的首都定在南京。获胜设计师是在欧洲和美国长大的中国人，其设计采纳了地下陵墓的建筑方式，能够让参观者绕石棺参观——这样的设计不禁让人想起巴黎荣军院（见第298—299页）。正如华盛顿特区的林肯纪念堂，中山陵也有一座宏伟的中山像，在外面远远地就可以看见。

现代的建筑方式将其建造得简单大方而非雄伟不凡。因此，虽然中山陵规模大，但是却没有皇家宫殿的恢宏，也没有咄咄逼人的气势，而颇具典雅精致之感。即使中山陵的屋顶借助了中国古典建筑形式，但是，那些充满想象力的雕塑尽量避免采用与近代皇家建筑类似的结构，比如皇家建筑群中龙是必不可少的装饰物。

中山陵规模宏大。陵墓正面共有8段又长又宽的台阶，可以同时容纳5万人。事实证明，这些台阶的布局具有重要的象征意义，因为在设计图上砌挡土墙使这一部分的平面看似为钟的形状。

中山陵旨在宣布中国历史翻开了新的一页，将敲响响彻世界的钟声。虽然参观者看不见这个钟的设计，建筑师也是无心插柳，但是当评阅人看到设计图的时候，认为这个钟的设计象征着力量，这也是这幅设计图在比赛中胜出的决定性因素。

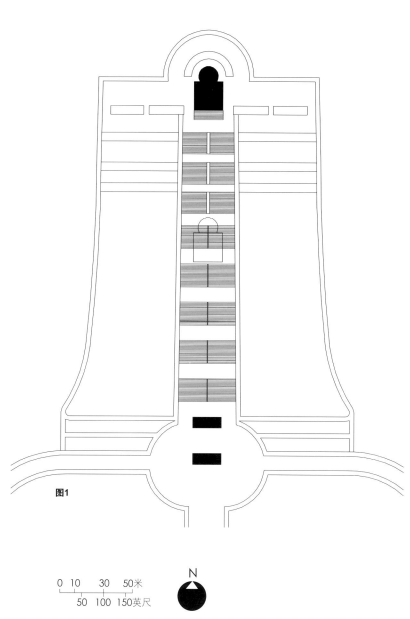

图1

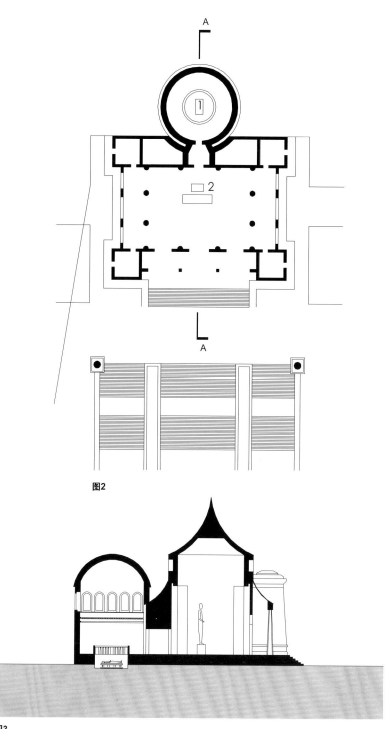

图2

图3

图1：总平面图

图2：纪念堂平面图

1. 石棺
2. 孙中山雕像

图3：图2中A-A区域的剖面图

图4：南侧立面图

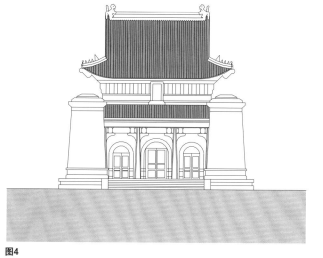

图4

第九章
公共空间

在村子里，大街上的人很有可能都相互认识。但是在城市里，人们会碰见很多人，但是这些人彼此之间差别很大，不像村子里的人，大家都打扮得差不多。

城市生活的吸引力和挑战性在于人们可以接触到与自己不一样的人，城市越大，碰到的人就越多。你可能会碰到穿着很有品位的人；也有可能和一位名人悄然擦肩而过，但这之后就突然熟悉起来；还可能碰到行为举止很得体的人，就如一个非常端庄的巴黎女人，走路的时候即使头上顶着一大杯水也依然可以自信地大步向前。

很多地方因为美景而名扬天下，而一些是出于政治原因，还有一些是因其充满活力而吸引力十足。要定义一个城市成功的原因并不那么简单，有时甚至连城市的设计者都会觉得惊诧不已。虽然孚日广场是个公认的美丽广场和休息场所，但是亨利四世的另一个杰作——新

桥却成了巴黎的中心。

莫斯科红场是权力的象征。克里姆林宫在广场的一侧，保卫着沙皇的宫殿和教堂。但是伊凡四世时期修建的华西里·柏拉仁诺教堂就不在克里姆林宫内，此处是广场的一角。这么多年来，红场上修建了很多纪念碑，其中最著名的就是列宁墓，它精确的抽象几何特征和华西里·柏拉仁诺教堂活泼的错落风格形成鲜明对比。苏维埃时期，每逢五一国际劳动节红场会举行庄严的阅兵仪式，彰显军队的实力。

然而，平日里红场却因古姆（GUM）百货商场而充满生机。古姆是一座大型购物中心，建筑内有200多家商店，与米兰埃玛努埃尔二世长廊购物中心形成鲜明对比。红场一侧戒备森严的防御因为对面的商业活动也舒缓不少。

要是单纯以生机活力来论，圣彼得堡的涅夫斯基大街绝对是首屈一指。该城的格局是按照抽

象几何来布置的，涅夫斯基大街不是城市最显眼的交通要道，但是这也正是它的意图所在。这条大街又宽又直，街道尽头的一边是宫殿，另一边是码头。街道上形形色色的人群来自社会各个阶层，这使得城市热闹非凡。其他交通网中倾斜的街道，如纽约的百老汇和巴塞罗那的兰布拉大道也有同样的特征。综上所述，一个城市最大的吸引力不在于漂亮的风景，而是它的生机和活力。在泰晤士广场、皮卡迪利广场以及波茨坦广场，尽管建筑外形并不完美，但是人们在这样充满活力的城市里仍然拥有存在感。

雅典阿哥拉 | 古罗马广场

希腊，雅典 | 意大利，罗马

古雅典时期，建筑没有现在这么多。但是古雅典城有一块指定的开放区域——阿哥拉。它与神殿分隔开来，对人们的生活起到至关重要的作用。事实上，阿哥拉是公民生活得以维持的重要工具。人们聚集在这里，有时是为了参加某些活动。早期，这里仅仅是一片空地，只有一座神殿矗立在这里（赫菲斯托斯神庙——供奉着雅典娜和她同父异母的兄弟赫菲斯托斯）。雅典人喜欢建筑，他们历经多年沿着阿哥拉的边缘修建了柱廊，形成了雅典古集市。在这个区域内也逐渐竖立起很多纪念碑。

阿哥拉最重要的政治作用之一就是在这里进行政治演讲和宣布重要决策。这些活动曾都在露天举行，但后来被移到了议事厅举行，其实它是阿哥拉里面的一栋楼，管理委员会就设在楼里面。后来它的部分作用被普尼克斯（见第236—237页）取代。其他政府大楼还有铸造雅典货币的造币厂。商店遍布大街小巷，在此之前，作为一种辅助，集市贸易广泛流行。

齐名英雄纪念碑是一个高基座、直线形的建筑，上面安置了10座神秘的雕像，分别为古雅典城邦10个部落的建立者。议会的官方决议、通知以及其他公开信息都会张贴在直立的纪念碑基座的表面。通过民众传播信息是当时的主要方式，在雅典就是通过这个纪念碑实现的。

起初古罗马广场（上图）也是重要的开放空间，经过几个世纪的发展，它的这种功能逐渐被纪念性建筑取代。

埃涅阿斯是特洛伊王子和女神维纳斯之子。被希腊人抛弃之后，埃涅阿斯带着传家之宝离开特洛伊，来到罗马，并改变了罗马的命运。埃涅阿斯的神像供奉在维斯塔圆庙，那里是神坛最神圣的地方，同时供奉着壁炉女神。每个家庭都有壁炉之神，火焰永不熄灭。有一种迷信的说法是如果火焰熄灭了，家庭中某一成员便会死亡。维斯塔圆庙是这个城市和整个帝国的重要神邸，由众多神职人员看守。如果圣火熄灭，所有人都会被处死。

原始神坛发挥着宗教和庆典仪式的作用。其北侧为艾米利大圣堂，它是由雷比达建造，他死于公元前152年。（建造此处圣堂时，拆毁了几家肉店。）南侧由恺撒（公元前100—公元前44年）建造的朱利亚会堂。恺撒也建造了与艾米利大圣堂相邻的参议院议厅，或者也可以叫作罗马元老院（见第238—239页）。

尤利乌斯·恺撒声称自己是维纳斯之后。他不仅在旧神坛中建造了元老院，还在北面建造了一个新的神庙，即新维纳斯神庙，纵向坐落在矩形区域内。这种形式也被之后的皇家神坛沿用，像图拉真广场、奥古斯都广场，它们都被压倒一切的战神庙所控制。而战神庙则是对尤利乌斯·恺撒的暗杀者们的复仇宣誓。在这个神坛中公众舆论得以被倾听。

经典建筑　平立剖

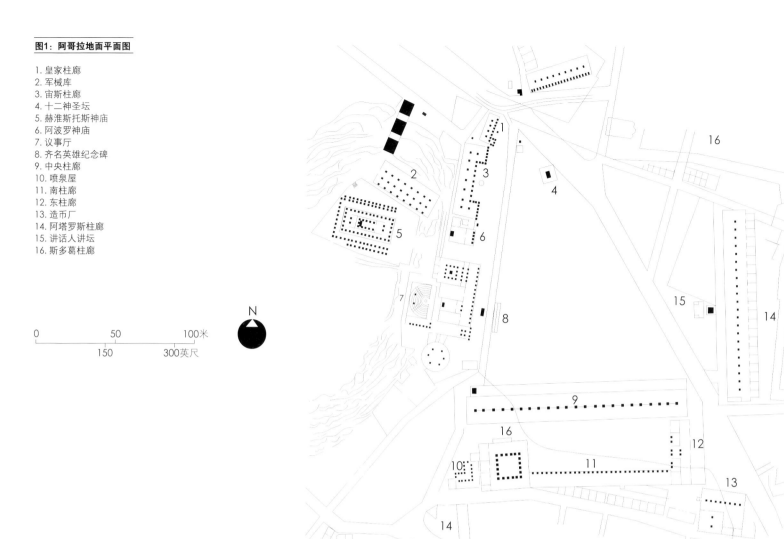

图1：阿哥拉地面平面图

1. 皇家柱廊
2. 军械库
3. 宙斯柱廊
4. 十二神圣坛
5. 赫淮斯托斯神庙
6. 阿波罗神庙
7. 议事厅
8. 齐名英雄纪念碑
9. 中央柱廊
10. 喷泉屋
11. 南柱廊
12. 东柱廊
13. 造币厂
14. 阿塔罗斯柱廊
15. 讲话人讲坛
16. 斯多葛柱廊

N

图1

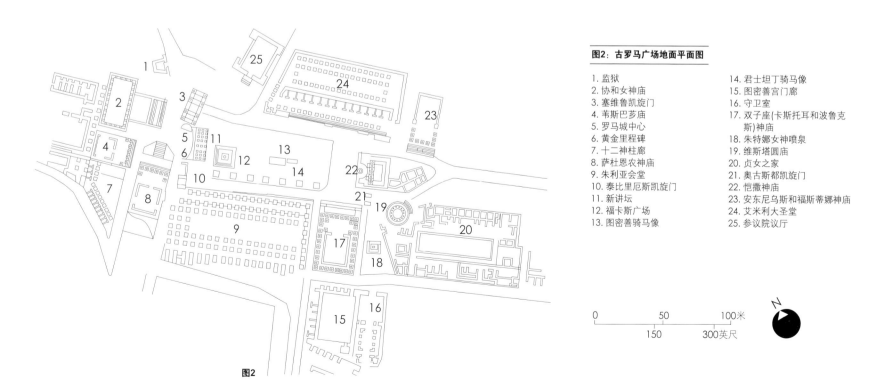

图2

图2：古罗马广场地面平面图

1. 监狱
2. 协和女神庙
3. 塞维鲁凯旋门
4. 苇斯巴芗庙
5. 罗马城中心
6. 黄金里程碑
7. 十二神柱廊
8. 萨杜恩农神庙
9. 朱利亚会堂
10. 泰比里厄斯凯旋门
11. 新讲坛
12. 福卡斯广场
13. 图密善骑马像

14. 君士坦丁骑马像
15. 图密善宫门廊
16. 守卫室
17. 双子座(卡斯托耳和波鲁克斯)神庙
18. 朱特娜女神喷泉
19. 维斯塔圆庙
20. 贞女之家
21. 奥古斯都凯旋门
22. 恺撒神庙
23. 安东尼乌斯和福斯蒂娜神庙
24. 艾米利大圣堂
25. 参议院议厅

N

田野广场 | 纳沃纳广场

意大利，锡耶纳 | 意大利，罗马

位于锡耶纳的田野广场（上图左）建于14世纪早期，是市民集会、活动的场所，如今仍在使用。这片露天的广场位于三条山脊会合处的山坡上，面积开阔。它的周围是三处连成一片但又相互独立的居民区，分处在城市的不同区域。根据传统，这些地区每年会举行两次赛马比赛，赛道便是广场最外围的一圈。这一比赛已成为一道亮丽的风景线，吸引着众多的游客会聚到广场的中央。

田野广场空间由锡耶纳市政厅建筑所主导。这座宏伟壮观的市政厅始建于1297年，内部由壁画装饰，外部是一座由砖砌成的大型塔楼，以凸显出它的重要性。锡耶纳曾一度可与佛罗伦萨比肩，但是1349年的大瘟疫中，该市很多人失去了生命，它也就再也没能重现辉煌。锡耶纳教堂在瘟疫之前就在建，它本可以成为世界上最大的教堂，但是那场瘟疫之后，工程量遭到削减，原本设计为教堂十字形翼部的部分（当时已经建成）改成了中堂，而原本的中堂建到一半就不再建了。很长一段时间内，这个城市的建筑材料都是供大于求，所以当地中世纪时期的建筑不必像那

些更繁华地方的建筑一样重建。在这座城市的中心，中世纪风格的建筑被完整地保留了下来。

通向田野广场的道路十分狭窄，不适合现代交通工具通行。这些道路从锡耶纳的各个方向延伸而来，会聚到田野广场。每一个在城中穿行的人都要途经这个广场，想要避开很难，除非有计划周详的路线。

人们沿着各个方向的小道一路走到开阔的广场上，顺着斜坡来到市政厅前，会突然有一种反差。广场周围是一圈居民建筑，大部分都是5到6层，只在道路出现的时候有个很窄的间隔。在斜坡的顶端有一个矩形喷泉，三面装饰有许多精美的浮雕。广场的地面由砌砖呈现出辐射状的纹理，这些纹理在市政厅那里会聚。许多工人和设计师参与了这座广场的建设，但是他们的初衷是想体现和谐。

任何一座城市里，相比单独的建筑，道路和广场会更能揭示这个城市的内涵。一个户主可以改造房屋的结构，但是要变更一条道路的路线或者建一个新的广场，那就费事多了。位于罗马的纳沃纳广场（上图右）属于巴洛克风格，这一点

可以从它的喷泉和建筑物的特征上得到证实。其中最重要的要数由弗朗西斯科·波洛米尼设计的圣埃格尼斯教堂、由拉依纳尔迪为教皇英诺森十世设计的潘菲利宫和乔瓦尼·洛伦茨·贝尼尼设计的四河喷泉——一个奖杯形的方尖塔，下面是一个古时候从埃及带到罗马来的底座，刻有栩栩如生的浪花。

尽管强大的商业赞助带来一些影响，但是纳沃纳广场的总体框架基本没变，仍然保留了类似图密善竞技场（也叫作古罗马阿戈纳利斯竞技场，是图密善皇帝于公元86年建成的）这样的古代广场的轮廓。上述教堂的名字就是取自于这一竞赛场的名称。这一露天的运动场是为体育竞技而建的，很久以前那里也有过一个纪念性的建筑，座位全部俯视讲台，就像罗马竞技场（见第18—19页）一样，只是其规模不及后者。如今，那个建筑已经不复存在，它的很多部分在周围的新建筑中被重新利用，但它的基本轮廓被保留了下来。

图1：田野广场地面平面图

1. 锡耶纳市政厅
2. 喷泉
3. 交易大厅

图1

图2：纳沃纳广场地面平面图

1. 圣埃格尼斯教堂
2. 四河喷泉
3. 多塔那菲利宫
4. 圣贾科莫-史帕格诺里教堂

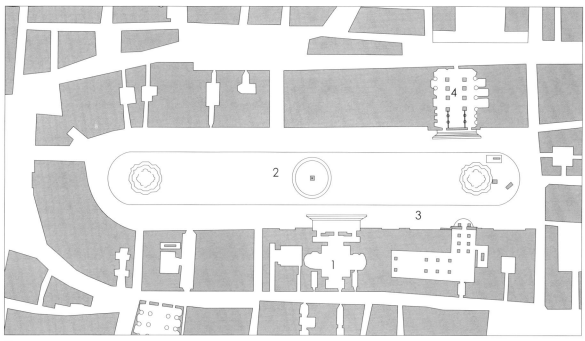

图2

孚日广场 | 天安门广场

法国，巴黎，1605年—1612年 | 中国，北京，1651年

孚日广场（上图左）是巴黎的公共广场，建筑风格统一，是继罗马帝国神坛后，第一个大型公共空间。

17世纪，亨利四世下令在皇家宫殿"小塔酒店"的旧址上修建孚日广场，由此其"皇家广场"的称号一直延续到1800年。1559年，亨利二世在参加比赛时受伤而死，他的遗孀凯瑟琳·梅德西出售了大部分房产，以此来支付在杜勒丽宫里的费用。

除了"皇家广场"，亨利四世还改变了整个巴黎的面貌，修建了卢浮宫的大画廊，建造太子广场，扩大了西岱岛的面积（巴黎的发源地），并修建桥梁，使西岱岛连通塞纳河两岸，这座桥就是"新桥"。在修建"皇家广场"的过程中，"道芬宫"初具雏形，但是原来的建筑无一幸存。而"皇家广场"（孚日广场）现在仍完好无损。

孚日广场北部和南部的中央楼阁是建筑的入口，略高于中心开放空间的其他建筑，这是一个标准的几何形。楼宇是拱形结构，因此人和车辆可以通过一条中心道路和两条人行道进入广场。贵族住宅的楼顶由砖围成。

外观一致的房屋和简洁明快的几何形设计使得孚日广场看起来更像是一个宫廷别院，而不像是一个中世纪的市场。早期的居民有很多是来自卢浮宫，最有名的当属主教黎赛留（1585—1642年）。中央区域原本是铺平的道路，但现在则是一个花园，里面有喷泉和形状各异的树木，就像是一个有小街道围绕的宁静绿洲。

北京天安门广场（上图右）的名字来源于位于广场北侧的天安门。天安门广场始建于1651年，是皇宫和中华门之间的空间，1959年进行了扩建。在20世纪60年代，天安门广场成为世界上最大的城市广场，最多可以容纳50万人。从天安门到北京老城门之一——正阳门，广场纵深长达1千米。

广场西侧是人民大会堂，东侧是中国国家博物馆。广场中心矗立着毛主席纪念堂和高达38米（125英尺）的人民英雄纪念碑。

天安门广场如此宏伟巨大，显得人类个体是那么的渺小，当人们聚集在这里举行群体性活动时，更能彰显它的核心价值。

图1：孚日广场地面平面图

1. 国王阁
2. 女王阁
3. 路易十三世雕像

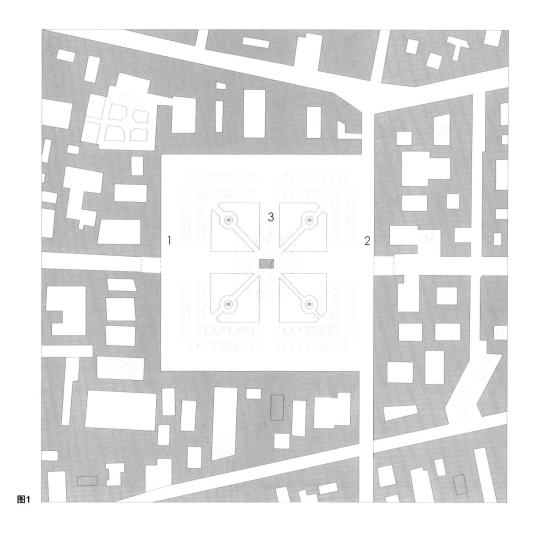

图1

图2：天安门广场地面平面图

1. 天安门（通往故宫）
2. 人民大会堂
3. 人民英雄纪念碑
4. 中国国家博物馆
5. 毛主席纪念堂

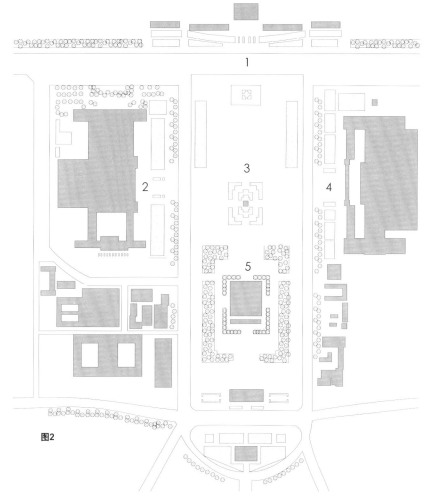

图2

圣马可广场 | 波茨坦广场

意大利，威尼斯 | 德国，柏林

在威尼斯这样土地稀缺的地方建造圣马可广场这么大的休憩用地是很奢侈的，但它却是这个城市保持活力的关键所在。擦身而过的邂逅让这个城市生气勃勃，虽然运河和环礁湖形成的美丽风光无与伦比，但在水道上邂逅的概率并不比在陆路上大得多。

威尼斯的街道小巷好像能引导着行人们不知不觉走向广场。也许威尼斯大运河风光无限，但圣马可广场却让人有种真正接触到这个城市的感觉，这是一个与人相会的地方。

广场东面的空间被教堂的西立面所界定，该教堂是为圣马可而建。这是一座拜占庭式建筑，但加入了很多哥特式尖顶，增加了动感。这里的艺术展品丰富，包括金箔画、马赛克镶嵌画作、雕像，其中有些是第四次十字军东征从君士坦丁堡掠夺回来的战利品，比如广场上著名的罗马战马铜像。

圣马可广场虽历经几个世纪的建设，但外观仍保持和谐。两座主建筑分别建于十六七世纪，相对而立，各踞南北两侧，底部是开放式走廊。1797年，拿破仑进占威尼斯后，拆掉了广场西侧的建筑，包括一座教堂，建立了一座更具新古典主义风格的建筑。虽无从考证拿破仑此举的确凿原因，但可以肯定的是，他想以此来展示他的权力。新的建筑并没有破坏建筑整体的连贯性，即使罗马青铜马被拿破仑带回巴黎，该建筑依旧协调，但这些却让拿破仑在威尼斯孤立无援。很快，1815年滑铁卢战役之后，青铜马又回到了圣马可广场的拱门上。不过，在20世纪80年代换上了它们的复制品，真品收藏在教堂的博物馆内。

柏林的波茨坦广场遭到了更为严重的毁坏。它最初被建造为该市尽头的交通枢纽，而不是公共广场。波茨坦广场紧邻古典主义风格的莱比锡广场——一个八角形广场。大道和电车轨道从四面八方在此汇集，为波茨坦广场带来了形形色色的人，因此也造就了它独有的特征。卡尔·弗里德里希（1781—1841年）完成了波茨坦大门的设计——一对多利安式楼阁遥相呼应，成为波茨坦广场和柏林城的入口。然而随着柏林的发展，波茨坦广场成为柏林最具生机的商业中心，也成为都市夜生活的代名词。波茨坦广场是世界上最先安装红绿灯来管理交通的地方之一。

波茨坦广场和莱比锡广场在二战时期都遭遇了严重的轰炸。1961年，柏林墙（第188—189页）将柏林一分为二，波茨坦广场成为一片废墟。柏林墙穿过这两个广场。由于波茨坦广场被视为城市生命力的中心，所以它的分割和消失有着重要的象征意义。因此，这个地方的柏林墙仿佛比其他地方更快地促进了柏林城的概念的消逝。

1989—1990年间，德国统一，之后波茨坦广场得到了重建，意义重大并极具商业吸引力。新的建筑突出了波茨坦广场的重要性，也没有特别的形式强加于该公共广场。无论如何，该地恢复了商业活力，柏林首都的心脏再次跳动起来。

图1：圣马可广场地面平面图

1. 广场
2. 钟楼
3. 圣马可教堂
4. 小广场
5. 总督宫

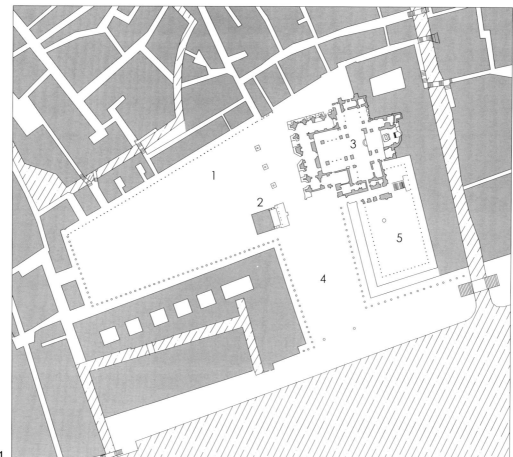

图1

图2：波茨坦广场地面平面图

1. 波茨坦广场
2. 莱比锡广场

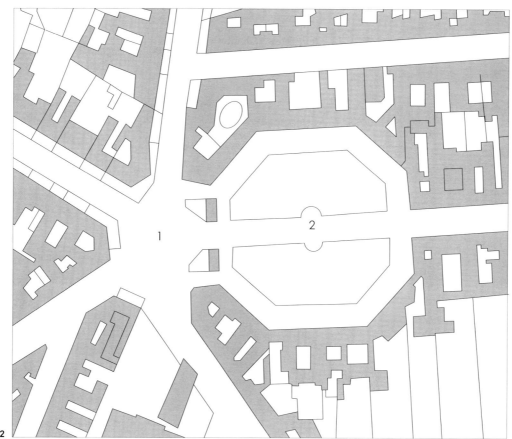

图2

补充书目

如果想做进一步阅读，本书推荐以下书籍。在本书中讲到的许多建筑和建筑师都有许多专门讲述的书籍，但本书的记载最为详细。下面所列图书也附有其延伸阅读建议，如果有意向读完这些书，那么任何人都要穷尽一生的时间。其中有一些书较厚，另一些书较薄。与其他大陆相比，欧洲的书籍记载更加详尽，一部分原因可能是那里的建筑有更多的人研究以及著书立说。

现代建筑也是国际文化的一部分，许多顶级建筑师走出国门设计建筑。悉尼歌剧院的设计师是丹麦人，虽然这座歌剧院已是澳大利亚的象征，但其设计却更贴近斯堪的纳维亚风格而非澳大利亚风格。同样，虽然密斯·凡·德·罗在纽约和芝加哥设计建造的建筑是20世纪中期美国建筑的杰作，但是其设计却源于20世纪20年代的德国建筑文化。列表中的一些书籍涉及国际现代建筑，本列表按区域对早期书籍进行分类。

一般类书籍

Dan Cruickshank (ed.), Sir Banister Fletcher's A History of Architecture, 20th Edition (Oxford: Architectural Press, 1996)
The 'classic' reference work in architectural history for architects. It first appeared in 1896, but none of the original text survives in recent editions.

Michael Fazio, Marian Moffat and Lawrence Wodehouse, A World History of Architecture (London: Laurence King, 2008)
Offers a good orientation in world architecture.

Paul Oliver (ed.), Encyclopedia of Vernacular Architecture of the World, 3 vols. (Cambridge, UK: Cambridge University Press, 1997)
A monumental work that catalogues varieties of ordinary buildings from around the globe.

国际现代建筑类

Alan Colquhoun, Modern Architecture (Oxford: Oxford University Press, 2002)

Kenneth Frampton, Modern Architecture: A Critical History (London: Thames and Hudson, 1980, revised 2007)

非洲

Dieter Arnold, The Encyclopaedia of Ancient Egyptian Architecture (London: I.B. Tauris, 2003)

N. Elleh, African Architecture: Evolution and Transformation (New York: McGraw Hill, 1996)

Peter Garlake, Early Art and Architecture of Africa (Oxford: Oxford University Press, 2002)

北美洲

David P. Handlin, American Architecture (London: Thames and Hudson, 1997)

Tom Martinson, The Atlas of American Architecture (New York: Rizzoli, 2009)

Dell Upton, Architecture of the United States (Oxford: Oxford University Press, 1998)

中美洲和南美洲

Adriana Von Hagen and Craig Morris, The Cities of the Ancient Andes (London: Thames and Hudson, 1998)

Michael E. Moseley, The Incas and their Ancestors: The Archaeology of Peru (London: Thames and Hudson, 2001).

Charles Phillips, The Art and Architecture of the Aztec and Maya: An Illustrated Encyclopedia of the Buildings, Sculptures and Art of the Peoples of Mesoamerica (New York: Lorenz, 2004)

Henri Stierlin, Living Architecture: Ancient Mexico (New York: Grosset and Dunlap, 1968)

亚洲

Gaudenz Domenig, Peter J. M. Nas and Reimar Schefold (eds.), Indonesian Houses: Tradition and Transformation in Vernacular Architecture (Jakarta: Kitlv Press, 2004)

J. C. Harle, The Art and Architecture of the Indian Sub-Continent (London: Penguin, 1986)

E. B. Havel, Encyclopaedia of Architecture in the Indian Subcontinent (New Delhi: Aryan Books, 2002)

Alexander Soper, The Art and Architecture of China, revised by Laurence Sickman (London: Penguin, 1979)

Liang Ssu-Ch'eng, Chinese Architecture: A Pictorial History (Cambridge, MA: MIT Press, 1984)

Nancy S. Steinhardt (ed.), A History of Chinese Architecture (New Haven, CT: Yale University Press, 2003)

Roxana Waterson, The Living House: An Anthropology of Architecture in South-East Asia (New York: Watson-Guptill, 1998)

大洋洲

Patrick Bingham-Hall, Austral Eden: 200 Years of Australian Architecture (Boorowa, NSW: Watermark Press, 2000)

Charles Pearcy Mountford, Ayers Rock: Its People, Their Beliefs and Their Art (Sydney: Angus and Robertson, 1965)

欧洲

Barry Bergdoll, European Architecture 1750–1890 (Oxford: Oxford University Press, 2000)

Axel Boethius, Etruscan and Early Roman Architecture (London: Penguin, 1970)

William C. Brumfield, A History of Russian Architecture (Seattle: University of Washington Press, 2003)

Nicola Coldstream, Medieval Architecture (Oxford: Oxford University Press, 2002)

Kenneth John Conant, Carolingian and Romanesque Architecture 800–1200 (London: Penguin, 1974)

Mark Wilson Jones, Principles of Roman Architecture (New Haven, CT: Yale University Press, 2003)

Richard Krautheimer, Early Christian and Byzantine Architecture (London: Penguin, 1965)

Arnold Walter Lawrence, Greek Architecture, revised by Richard Tomlinson (New Haven, CT: Yale University Press, 1996)

Nikolaus Pevsner, An Outline of European Architecture, (London: Thames and Hudson, 2009)

Lyn Rodley, Byzantine Art and Architecture: An Introduction (Cambridge, UK: Cambridge University Press, 1994)

Roger Stalley, Early Medieval Architecture (Oxford: Oxford University Press, 1999)

John Travlos, Pictorial Dictionary of Ancient Athens (New York: Hacker Art Books, 1981)

John Bryan Ward-Perkins, Roman Imperial Architecture (London: Penguin, 1981)

David Watkin, A History of Western Architecture, 5th edition (London: Laurence King, 2011)

中东地区

Richard Ettinghausen and Oleg Grabar, The Art and Architecture of Islam 650–1250 (London: Penguin, 1987)

图片出处说明

除以下图片外，全书图片为@ALAMY所有：

14 © Paul M.R. Maeyaert
16 Craig & Marie Mauzy, Athens
26 *left* Corbis © Gideon Mendel; *right* Corbis © Werner Forman
36 *left* © Paul M.R. Maeyaert; *right* Andrew Ballantyne
40 *both* © Corbis
42 *both* Richard Weston
48 *left* Corbis © Yann Arthus-Bertrand; *right* Laurence King Publishing
54 *left* Corbis © Mimmo Jodice; *right* © Fotografica Foglia, Naples
56 *right* Andrew Ballantyne
58 *right* Corbis © Paul Almasy
66 © Paul M.R. Maeyaert
68 Corbis © Bob Krist
72 *left* Corbis © Richard Bryant/Arcaid
76 *both* The Art Archive/Gianni Dagli Orti
78 akg-images/A.F. Kersting
80 *both* Andrew Ballantyne
86 *left* © DACS 2011; *right* akg-images/Erich Lessing © DACS 2011
88 *both* Paul Koslowski © FLC/ADAGP, Paris and DACS, London 2011
90 *left* Corbis © G. E. Kidder Smith © DACS 2011; *right* Corbis © Underwood & Underwood © DACS 2011
92 *both* Richard Weston © DACS 2011
98 *right* Laurence King Publishing
104 *right* Andrew Ballantyne

108 *both* © Vincenzo Pirozzi, Rome
110 *right* Fotolia © bulldognoi
112 *right* Fotolia © Paul Fisher
130 *right* © Paul M.R. Maeyaert
138 *left* Corbis © Werner Dieterich/Westend61
140 *right* Fotolia © Ashwin
148 *left* Alinari Archives/Seat Archive; *right* © 2011 Photo Scala, Florence, courtesy of Diocesi di Mantova
158 © Inigo Bujedo Aguirre, London
160 *right* Corbis © Pawel Libera
162 *right* Corbis © Remi Benali
168 *right* Henrietta Heald
170 *right* The Art Archive/Museum of Carthage/Gianni Dagli Orti
172 *left* © Paul M.R. Maeyaert; *right* Andrew Ballantyne
180 *right* Thinkstock/Hemera
182 *left* TopFoto/Roger-Viollet; *right* © Norbert Blau
186 *right* Peter Silver and Will McLean
200 *both* Andrew Ballantyne
220 *left* akg-images; *right* akg-images/Florian Profitlich
222 © DACS 2011
224 Corbis © Angelo Hornak
226 *right* Corbis © Michael S. Yamashita
230 *right* Corbis © Imaginechina; *both* © OMA/DACS 2011
236 *right* Getty Images/Time & Life Pictures
240 © Paul M.R. Maeyaert
246 *left* Corbis © Yann Arthus-Bertrand

248 Corbis © Carl & Ann Purcell
250 *left* © Paul M.R. Maeyaert
256 *left* © Peter Ashworth, London; *right* Corbis © Hulton-Deutsch Collection
258 Arie den Dikken
260 Richard Weston © DACS 2011
264 Getty Images/Robert Harding World Imagery/Luca Tettoni
268 © Vincenzo Pirozzi, Rome
280 *left* Corbis © Historical Picture Archive
284 © DACS 2011
290 *right* Corbis © Bob Krist
292 *left* © Vincenzo Pirozzi, Rome; *right* © Paul M.R. Maeyaert
294 *right* © Quattrone, Florence
296 © Vincenzo Pirozzi, Rome
310 *right* Corbis © Diego Azubel/epa

Drawings of works by Alvar Aalto are © DACS 2011
Drawings of works by Le Corbusier are © FLC/ADAGP, Paris and DACS, London 2011
Drawings of works by Victor Horta are © DACS 2011
Drawings of works by OMA are © OMA/DACS 2011
Drawings of works by Gerrit Rietveld are © DACS 2011
Drawings of works by Ludwig Mies van der Rohe are © DACS 2011
Drawings of works by Hans Scharoun are © DACS 2011

绘图出处说明

Carolyn Fahey, Sally Anne Atkinson和Giles Shorter，在信息查找不便的情况下依然完成修正了整本书中的绘图，在此我们表示特别鸣谢。

书中的独立绘图作者：

Sally Anne Atkinson
Christopher Beale
Rebecca Berry
Joanna Doherty
Carolyn Fahey

Seun Idowu Gbolade
Sarah Louise Gibbons
Tanya Haslehurst
James Harrington
Ruth Heyes

Dominic Lamb
Ceri Lewis
Jo Meyer
Edward Perera
Rachel Phillips

Alexander Price
Glenn Robinson
Nicholas Simpson

图书在版编目（CIP）数据

经典建筑：平立剖／（英）巴兰坦著；马骏译. —
北京：北京美术摄影出版社，2015.11
书名原文：Key Buildings from Prehistory to the Present: Plans, Sections and Elevations
ISBN 978-7-80501-850-8

Ⅰ. ①经… Ⅱ. ①巴… ②马… Ⅲ. ①建筑艺术—艺术评论—世界 Ⅳ. ① TU-861

中国版本图书馆 CIP 数据核字 (2015) 第 214670 号

北京市版权局著作权合同登记号：01-2012-1772

责任编辑：马步匀
责任印制：彭军芳

经典建筑
平立剖
JINGDIAN JIANZHU

［英］安德鲁·巴兰坦 著 马骏 译

出　版　北京出版集团公司
　　　　　北京美术摄影出版社
地　址　北京北三环中路 6 号
邮　编　100120
网　址　www.bph.com.cn
总发行　北京出版集团公司
发　行　京版北美（北京）文化艺术传媒有限公司
经　销　新华书店
印　刷　北京艺堂印刷有限公司
版　次　2015 年 11 月第 1 版第 1 次印刷
开　本　250 毫米 × 290 毫米　1/16
印　张　19.75
字　数　230 千字
书　号　ISBN 978-7-80501-850-8
定　价　99.00 元
质量监督电话　010-58572393